**WOLF SINGER
MATTHIEU RICARD**

CÉREBRO E MEDITAÇÃO

DIÁLOGOS ENTRE
O BUDISMO E A NEUROCIÊNCIA

Prefácio de
Christophe André

Tradução de
Fernando Santos

Copyright © Allary Éditions 2017
Copyright da tradução © 2018 Alaúde Editorial Ltda.

Título original: *Cerveau & Méditation: dialogue entre le bouddhisme et les neurosciences.*

Publicado mediante acordo com Allary Éditions em conjunto com a 2 Seas Literary Agency e seu coagente Villas-Boas & Moss Agency.

Todos os direitos reservados. Nenhuma parte desta edição pode ser utilizada ou reproduzida – em qualquer meio ou forma, seja mecânico ou eletrônico –, nem apropriada ou estocada em sistema de banco de dados sem a expressa autorização da editora.

O texto deste livro foi fixado conforme o acordo ortográfico vigente no Brasil desde 1º de janeiro de 2009.

PREPARAÇÃO: Cacilda Guerra
REVISÃO: Dan Duplat e Claudia Vilas Gomes
CAPA: Amanda Cestaro
IMAGENS DE CAPA: Martial Red (cérebro), Natthapon Chinon (Buda), Julia Korchevska (montanhas), Lauritta (nuvens)/ShutterStock.com
PROJETO GRÁFICO E DIAGRAMAÇÃO: Cesar Godoy
IMPRESSÃO E ACABAMENTO: EGB – Editora e Gráfica Bernardi

1ª edição, 2018 (1 reimpressão)
Impresso no Brasil

Dados Internacionais de Catalogação na Publicação (CIP)
(Câmara Brasileira do Livro, SP, Brasil)

Ricard, Matthieu
    Cérebro e meditação : diálogos entre o budismo e a neurociência / Matthieu Ricard, Wolf Singer ; prefácio de Christophe André ; tradução de Fernando Santos. -- São Paulo : Alaúde Editorial, 2018.

    Título original: Cerveau et méditation : dialogue entre le bouddhisme et les neurosciences
    Bibliografia.
    ISBN 978-85-7881-502-8

    1. Budismo e ciência I. Singer, Wolf. II. André, Christophe. III. Título.

17-11505   CDD-294.33

Índices para catálogo sistemático:
1. Budismo e ciência 294.33

2018
Alaúde Editorial Ltda.
Avenida Paulista, 1337, conjunto 11
São Paulo, SP, 01311-200
Tel.: (11) 5572-9474
www.alaude.com.br

Compartilhe a sua opinião sobre este livro usando a hashtag
#CérebroEMeditação
nas nossas redes sociais:

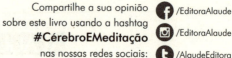

/EditoraAlaude
/EditoraAlaude
/AlaudeEditora

SUMÁRIO

PREFÁCIO **7**

INTRODUÇÃO **9**

1 A MEDITAÇÃO E O CÉREBRO **11**
Uma ciência da mente **13**; A consciência desperta e as construções mentais **17**; Trabalhar as emoções **22**; Mudanças graduais e duradouras **24**; Enriquecimento exterior e interior **27**; O processo de transformações neuronais **30**; As nuances emocionais **33**; Uma habilidade natural **34**; A ligação com o mundo **37**; A partir de que idade se pode começar a meditar? **39**; As perturbações mentais **41**; A atenção e o controle cognitivo **42**; A piscadela atencional **50**; A atenção, a ruminação e a presença aberta **55**; Atenção e distração **60**; Consolidação da aprendizagem durante o sono **63**; A compaixão e a ação **71**; Meditação sobre a compaixão e coerência cerebral **73**; Altruísmo e bem-estar **80**; Momentos mágicos **81**; Pode o *feedback* substituir o treinamento da mente? **82**; Existem limites para o treinamento da mente? **90**; A meditação e a ação **96**

2 OS PROCESSOS INCONSCIENTES E AS EMOÇÕES **103**
Da natureza do inconsciente **105**; Os efeitos colaterais da meditação **110**; O amor corrompido pelo apego **115**; A alegria da paz interior **118**; Observar e treinar a mente **121**

3 COMO SABEMOS O QUE SABEMOS? **125**

Que realidade percebemos? **127**; Como adquirimos conhecimentos? **132**; Pode haver uma cognição válida de certos aspectos da realidade? **138**; A ilusão cognitiva é inevitável? **143**; A cada um sua realidade? **150**; Existe uma realidade objetiva "em algum lugar"? **152**; A causalidade como correlato da interdependência **155**; Construção e desconstrução da realidade **158**; Afinar os instrumentos de introspecção **162**; Experiências na primeira, na segunda e na terceira pessoas **165**; O médico e o tratamento **169**; A ética da prática e a ciência **171**; Três aspectos da filosofia budista **172**; Resumindo **177**

4 O EXAME DO EGO **183**

A análise do ego **187**; O ego existe de maneira convencional **193**; O ego e a liberdade **195**; Um ego fraco para uma mente forte **196**; Ego e ausência de ego **201**; A praga da ruminação **204**; Há alguém no comando? **207**

5 LIVRE-ARBÍTRIO, RESPONSABILIDADE E JUSTIÇA **213**

O processo de tomada de decisão **215**; A responsabilidade de mudar **234**; Livre-arbítrio e leque de opções **239**; Circunstâncias atenuantes **242**; Ver com o olhar de médico **246**; A verdadeira reabilitação **251**; Desvios horríveis **255**; Romper o ciclo do ódio **258**; Existe um ego responsável? **261**; É possível comprovar o livre-arbítrio? **266**; Os arquitetos do futuro **270**

6 A NATUREZA DA CONSCIÊNCIA **275**

Algo em vez de nada **277**; Como desenvolver estados sutis de consciência ou a pura consciência desperta **295**; Diferentes níveis de consciência **301**; Experiências perturbadoras **321**; Lembrar vidas passadas? **330**; O que podemos aprender com as experiências de quase morte? **333**; Seria a consciência formada por algo que não é matéria? **336**

CONCLUSÃO EM FORMA DE GRATIDÃO **341**

NOTAS **343**

PREFÁCIO

Quem já praticou alpinismo ou gosta de caminhar pelas montanhas sabe que chegar ao topo é cansativo. Mas também sabe que, quando chega lá, nunca se arrepende do esforço despendido: o ar absolutamente puro, o vento que sopra nos cumes e as vistas que se descortinam são uma bela recompensa para todo o esforço.

Do mesmo modo, existem alguns livros cujo acesso não é fácil: é impossível lê-los pensando em outra coisa. Dizemos, então, que se trata de livros "exigentes", pois requerem que mobilizemos nossa atenção e nossa inteligência para percorrê-los, compreendê-los, saboreá-los.

O livro que você tem nas mãos é um livro exigente. Sua leitura demandará, sem dúvida, algum esforço, assim como a subida ao cume de uma montanha. Mas esse esforço vale a pena.

Principalmente porque, durante o trajeto, você será acompanhado por duas mentes fora do comum, cuja conversa irá deixá-lo fascinado.

Conheço os dois autores desta obra. Eles aliam inteligência e sensibilidade, curiosidade intelectual e rigor, saber e humildade. Dialogam a respeito do cérebro, da consciência, da meditação e do livre-arbítrio; em suma, a respeito de tudo que nos torna plenamente humanos.

Para além das divergências de pontos de vista, ambos estão convencidos de que uma compreensão mais apurada do funcionamento da mente é um dos recursos privilegiados de que dispomos para nos transformar e tornar o mundo melhor, de maneira duradoura e profunda.

Eles abordam um grande número de perguntas.

Algumas se referem aos níveis conceituais: A melhor psicologia é feita na primeira pessoa (por meio da introspecção), na segunda pessoa (por meio do diálogo com um pesquisador competente) ou na terceira pessoa (por meio da observação externa)? Existe, de fato, o livre-arbítrio, ou na maioria dos casos o cérebro decide sozinho? A consciência pode ser concebida fora de qualquer inserção material? Outras perguntas são mais concretas e mais próximas do nosso cotidiano: É possível modificar o cérebro? A partir de que idade se pode meditar? O sono é um momento favorável ao aprendizado? É possível amar os outros sem torná-los prisioneiros do nosso amor (e sem nos tornarmos prisioneiros dele)? A paz interior é realmente acessível? Se for, com o que ela se parece?

Por fim, entre todas as perguntas que eles fazem um ao outro, há algumas que nos surpreendem, tendo em vista a grande cultura científica de ambos; como, por exemplo, as interrogações a respeito da reencarnação e da lembrança de vidas passadas.

Em todas as situações, ouvir as respostas e os argumentos é um prazer.

Que a leitura deste livro sincero e profundo seja, portanto, como a escalada do cume de uma montanha: suba devagar, no seu ritmo, parando quando estiver cansado; aproveite, então, para saborear as paisagens que se descortinam aos olhos da sua mente.

E não se esqueça de se alegrar e de se maravilhar. Existe na língua inglesa uma palavra sem equivalente em francês que designa uma sensação específica: "*awe*", que exprime um respeito mesclado de admiração, uma admiração intimidada e impressionada. Podemos experimentar essa sensação diante de uma maravilha da natureza: um pico elevado, uma tempestade oceânica, penhascos vertiginosos. Podemos experimentá-la também diante de certas pessoas sábias, heroicas, completas, exemplares. E podemos experimentá-la, por fim, diante de determinados temas existenciais vertiginosos como a consciência, o tempo e a matéria.

Você irá sentir várias vezes essa emoção na leitura que está por vir...

Christophe André

Psiquiatra, coautor de *O caminho da sabedoria*

INTRODUÇÃO

Tudo começou em Londres, em 2005, em torno de um primeiro diálogo sobre o tema da consciência. No mesmo ano, reencontramo-nos em Washington para discutir as bases neurais da meditação, por ocasião de um encontro organizado pelo Instituto Mind and Life.[1] Durante oito anos, aproveitamos todas as oportunidades de dar prosseguimento a esse intercâmbio no mundo inteiro, duas vezes no Nepal, na floresta tropical tailandesa e junto a Sua Santidade o dalai-lama, em Dharamsala, na Índia.[2] Este livro é o resultado dessa longa conversa alimentada pela amizade e por nossos interesses comuns.

O diálogo entre a ciência ocidental e o budismo se diferencia do debate muitas vezes difícil entre ciência e religião. É verdade que o budismo não é uma religião tal como a concebemos habitualmente no Ocidente. Ele não se baseia na ideia de um criador e, portanto, não exige um ato de fé. Poderíamos definir o budismo como uma "ciência da mente" e um caminho de transformação que leva da confusão à sabedoria, do sofrimento à liberdade. Ele partilha com as ciências a capacidade de examinar a mente de maneira empírica. É isso que torna possível e fecundo o diálogo entre um monge budista e um neurocientista: eles podem abordar um grande leque de questões, que vão de física quântica a problemas éticos.

Procuramos fazer uma comparação entre as visões ocidentais e orientais; em outras palavras, entre as diversas teorias que tratam da constituição do eu e da natureza da consciência, examinadas dos pontos de vista científico e contemplativo. Até recentemente, a maioria das filosofias ocidentais se organizou com base na separação entre mente e matéria. Hoje, as teorias científicas que procuram explicar o funcionamento do cérebro se libertaram desse dualismo. Quanto ao budismo, ele propõe, desde o início, uma abordagem não dualista da realidade. As ciências cognitivas consideram que a consciência está inserida num corpo, numa sociedade e numa cultura.

Centenas de livros e artigos foram dedicados às teorias do conhecimento, à meditação, ao conceito do eu, às emoções, à existência do livre-arbítrio e à natureza da consciência. Nosso intuito aqui não é fazer o inventário dos inúmeros pontos de vista predominantes a respeito desses temas. Nosso objetivo é confrontar duas perspectivas enraizadas em tradições ricas: de um lado, a prática contemplativa budista; do outro, a epistemologia e a pesquisa em neurociência. Pudemos, assim, disponibilizar nossas experiências e competências para tentar responder às seguintes perguntas: Os diversos estados de consciência a que chegamos por meio da meditação e do treinamento da mente estão ligados a processos neurais? E, se for esse o caso, de que modo essa correlação ocorre?

Este diálogo não passa de uma modesta contribuição a um projeto de grande envergadura: o confronto entre os pontos de vista e os conhecimentos sobre o cérebro e a consciência de meditadores e cientistas. Em outras palavras, o encontro entre um conhecimento na primeira pessoa e um conhecimento na terceira pessoa. Os textos que se seguem vão por esse caminho. Às vezes nos deixamos levar pelos temas que nos são caros, o que, em determinados momentos, se traduz em mudanças de orientação ou repetições; mas escolhemos preservar, no todo, a autenticidade desse diálogo, pois é uma experiência rara e fecunda sustentar uma troca durante um período tão longo. De todo modo, fazemos questão de nos desculpar junto aos leitores por aquilo que possa parecer descuido.

Esse diálogo nos permitiu avançar na compreensão mútua dos temas abordados, mas também experimentar um sentimento de humildade frente à magnitude da tarefa. Ao convidar os leitores a se juntar a nós, esperamos que eles também se beneficiem dos anos de trabalho e de pesquisa que dedicamos aos aspectos fundamentais da existência humana.

Matthieu Ricard e Wolf Singer

1

A meditação e o cérebro

Dispomos de uma capacidade de aprendizagem muito superior à das outras espécies animais. É possível, por meio do treinamento, desenvolver nossas capacidades mentais como fazemos com nossas capacidades físicas? O treinamento da mente pode nos transformar em pessoas mais atentas, mais altruístas e mais serenas? Essas perguntas são estudadas há cerca de vinte anos por neurocientistas e psicólogos que colaboram com meditadores experientes. Podemos aprender a administrar de maneira ótima as emoções que nos incomodam? Quais são as transformações funcionais e estruturais produzidas no cérebro pelos diversos tipos de meditação? Quanto tempo é necessário para se constatar essas transformações nos meditadores iniciantes?

Uma ciência da mente

MATTHIEU: Creio que, antes de mais nada, é preciso fazer uma constatação: ao contrário das civilizações ocidentais, o budismo tibetano não se concentrou no conhecimento do mundo físico e das ciências naturais, apesar da existência, na literatura budista, de tratados de medicina tradicional e de cosmologia. Por outro lado, ele conduz há 2.500 anos uma pesquisa exaustiva da mente, acumulando, assim, de maneira empírica, uma quantidade considerável de resultados experimentais. Inúmeras pessoas dedicaram toda a sua vida a essa ciência contemplativa, ao passo que a psicologia ocidental começou apenas com William James, há pouco mais de um século. Não posso deixar de citar o comentário de Stephen Kosslyn, então diretor do departamento de psicologia da Universidade Harvard, por ocasião do encontro do Instituto Mind and Life organizado no Instituto de Tecnologia de Massachusetts (MIT), em 2003, sobre o tema "A pesquisa da mente": "Gostaria de começar por uma declaração de humildade diante da quantidade considerável de dados que os contemplativos põem à disposição da psicologia moderna".

Pois não basta refletir sobre o funcionamento do psiquismo humano e deduzir dessa reflexão teorias complexas, como fez Freud, por exemplo. Essas construções intelectuais não podem substituir dois milênios e meio de pesquisas diretas do funcionamento da mente, graças a uma introspecção profunda conduzida por mentes perfeitamente treinadas que atingiram, ao mesmo tempo, uma grande estabilidade mental e uma clareza penetrante. Não é possível comparar teorias elaboradas por intelectos brilhantes à experiência acumulada de milhões de pessoas que dedicaram a vida ao aprofundamento dos aspectos mais sutis da mente por meio da vivência direta. Ao se basear numa abordagem empírica, e dispondo de uma mente bem treinada, esses contemplativos descobriram métodos eficazes para realizar uma transformação gradual das emoções, do temperamento e dos traços de personalidade, bem como para enfraquecer as tendências atávicas mais enraizadas que tantos obstáculos representam a um modo de ser ideal.

Perceber essa conquista muda a qualidade de cada momento da nossa vida, ao reforçar características humanas fundamentais como bondade, liberdade, paz e força interior.

WOLF: Você poderia explicar melhor essa afirmação no mínimo audaciosa? Por que aquilo que a natureza nos deu seria essencialmente negativo a ponto de exigir práticas mentais particulares que eliminem essa herança? E por que essa abordagem contemplativa seria superior à educação convencional, às inúmeras formas de psicoterapia, incluindo a psicanálise?

MATTHIEU: O que a natureza nos deu não é, de modo algum, negativo; não passa de um ponto de partida. A maior parte das nossas capacidades inatas permanece em estado latente, a menos que façamos alguma coisa para levá-las ao ponto de funcionamento ótimo, recorrendo, em especial, ao treinamento da mente. Sabemos que a mente pode ser nossa melhor amiga ou nossa pior inimiga. A mente de que a natureza nos dotou tem, de fato, o potencial de desenvolver uma bondade infinita, mas também pode gerar sofrimentos inúteis significativos, para nós e para os outros. Se tivermos a coragem de nos encarar com toda a sinceridade, seremos obrigados a constatar que somos uma mistura de qualidades e defeitos. Será que isso é o melhor que podemos ser? É esse o nosso modo de ser ideal? É importante fazer essas perguntas.

Pouquíssimas pessoas afirmariam, com toda a honestidade, que não há nada a ser aperfeiçoado em seu modo de vida e na maneira como concebem o mundo. Algumas consideram as próprias fraquezas e emoções conflituosas como uma parte característica e preciosa da sua "personalidade", como elementos que contribuem para que elas tenham uma vida plena. Acreditam que é isso que as torna únicas e afirmam que devem se aceitar como são. Mas essa não é uma maneira fácil demais de abandonar qualquer ideia de aperfeiçoamento da qualidade de sua vida?

Nossa mente vive cheia de problemas. Passamos um tempo considerável sendo vítimas de pensamentos insuportáveis, da ansiedade e da raiva. Gostaríamos muitas vezes de conseguir administrar bem nossas emoções para nos livrarmos desses estados mentais que perturbam e ofuscam a mente. Na verdade, porém, mergulhados numa confusão que desconhece os métodos que podem ser empregados para chegar a esse tipo de controle, achamos mais fácil considerar que esse caos é "normal", que a "natureza humana" é assim. Não há dúvida de que tudo que é relativo à natureza é "natural", inclusive a doença, mas nem por isso é desejável.

Ninguém acorda de manhã pensando: "Gostaria de sofrer o dia inteiro, até mesmo a vida inteira". Sempre esperamos retirar das atividades que nos ocupam certo benefício ou alguma satisfação, ou, pelo menos, uma diminuição do sofrimento. Se considerássemos que nossas atividades só nos trazem aflição, não faríamos mais nada e mergulharíamos no desespero.

Não achamos estranho passar anos aprendendo a ler e a escrever e, mais tarde, adquirindo habilidades para exercer uma profissão. Passamos várias horas fazendo ginástica para manter o corpo em forma. É indispensável ter um mínimo de interesse ou de entusiasmo para prosseguir nessas atividades. Esse interesse vem do fato de estarmos convencidos de que tais esforços nos trarão benefícios no longo prazo. O trabalho com a mente segue a mesma lógica. Como a mente poderia mudar sem fazermos esforço algum, limitando-nos a desejar essa mudança?

Passamos bastante tempo melhorando as condições exteriores da nossa vida, mas, no fim das contas, é sempre a mente que cria nossa experiência do mundo e a traduz em bem-estar ou sofrimento. Ao transformar nosso modo de perceber as coisas, transformamos a qualidade de nossa vida. É esse tipo de transformação que o treinamento da mente traz, e a ele damos o nome de "meditação".

Subestimamos demais nossa capacidade de mudança. Nossos traços de personalidade permanecem os mesmos enquanto não fazemos nada para modificá-los e enquanto continuamos a tolerar e reforçar nossos hábitos e padrões de comportamento, pensamento após pensamento. Na verdade, o estado que qualificamos de "normal" é apenas um ponto de partida, não a meta que deveríamos estabelecer; pois é possível, sim, atingir aos poucos um modo excelente de ser.

A natureza também nos dá a possibilidade de compreender o nosso potencial de mudança, não importa o que somos agora e o que fizemos antes. Essa é uma fonte de inspiração muito poderosa para iniciar um processo de transformação interior. Empregar toda a nossa energia na execução dessa mudança interior constitui, em si, um processo de cura.

A educação convencional moderna não se concentra na transformação da mente nem no desenvolvimento de qualidades humanas básicas como a bondade e a atenção. Veremos mais adiante que a ciência contemplativa budista tem inúmeros pontos em comum com as terapias cognitivas e, de maneira especial, com aquelas que utilizam a atenção como a base que permite sanar o desequilíbrio mental. Quanto à psicanálise, ela parece estimular a ruminação e explorar continuamente, e nos mínimos detalhes, os segredos nebulosos da confusão mental e do egocentrismo que mascaram o aspecto mais essencial da mente: o esplendor da consciência desperta.

WOLF: Quer dizer que a ruminação seria o oposto do que acontece na meditação?

MATTHIEU: Exatamente. Aliás, todos sabem que a ruminação contínua é um dos principais sintomas da depressão.

WOLF: Temos visões diferentes sobre as estratégias que permitem curar a mente; é um sinal estimulante no contexto deste diálogo. Tenho a impressão de que a meditação é frequentemente mal compreendida. Eu mesmo tive uma curta experiência com essa prática, que, ao menos, me levou a compreender o que ela não é: não é uma tentativa de enfrentar os problemas não resolvidos, procurar suas causas e eliminá-las. Muito pelo contrário.

MATTHIEU: Quando se observa o processo de ruminação, é fácil perceber o quanto ele constitui um fator de perturbação. É indispensável nos libertarmos dos grilhões das reações mentais que a repetição alimenta sem cessar. Precisamos aprender a deixar os pensamentos se elevarem e se dissiparem assim que eles aparecem, em vez de deixá-los invadir nossa mente. No frescor do momento presente, o passado não existe mais e o futuro ainda não chegou; se permanecemos na pura consciência desperta – a verdadeira liberdade –, os pensamentos que teriam o poder de nos perturbar se elevam e se dissolvem sem deixar vestígios.

WOLF: Você escreveu em um de seus livros que cada ser humano possui uma "pepita de ouro" dentro da mente, um núcleo de pureza e qualidades positivas que, no entanto, está escondido e ofuscado pelas inúmeras emoções e traços de personalidade negativos que distorcem nossas percepções e constituem a causa principal dos nossos sofrimentos. Essa ideia me parece uma hipótese excessivamente otimista e não comprovada. Ela está próxima dos devaneios de Rousseau e parece contradizer certos casos, como o de Kaspar Hauser, "a criança selvagem". Somos aquilo que a evolução inseriu em nós por intermédio dos genes e aquilo que a cultura nos inculcou por meio da educação, das normas morais e das convenções sociais. O que é, então, essa "pepita de ouro"?

MATTHIEU: Um fragmento de ouro que está enterrado profundamente em sua ganga, na rocha ou na lama. O ouro, em si mesmo, não perde sua pureza intrínseca, mas seu valor não é atualizado. Igualmente, se quisermos que o nosso potencial humano se exprima em sua plenitude, ele deve encontrar as condições adequadas ao seu desenvolvimento. O mesmo ocorre com a semente: ela deve ser plantada num terreno fértil e suficientemente úmido.

A consciência desperta e as construções mentais

MATTHIEU: A ideia de uma consciência cuja natureza fundamental seria absolutamente pura não passa de uma simples concepção ingênua da natureza humana. Ela se baseia no raciocínio e na experiência introspectiva. Se considerarmos os pensamentos, as emoções e as sensações, assim como todos os outros eventos mentais, constataremos que todos eles têm um denominador comum: a capacidade de conhecer. De acordo com o budismo, essa capacidade fundamental da consciência é chamada de *natureza fundamental da mente*. Essa natureza é "luminosa", no sentido de que ela permite conhecer o mundo exterior por intermédio das nossas percepções e de que ela ilumina nosso mundo interior por meio de nossas sensações, pensamentos, lembranças, previsões e consciência do momento presente. Ela é luminosa em comparação a um objeto inanimado, que é opaco, isto é, privado de qualquer capacidade cognitiva.

Vamos usar a imagem da luz. Se, com a ajuda de uma tocha, você iluminar sucessivamente um belo rosto sorridente, um rosto colérico, uma montanha de joias e um monte de lixo, nem por isso a luz se torna bela, colérica, preciosa ou suja. Outro exemplo é o do espelho. A especificidade de um espelho é refletir todo tipo de imagem. No entanto, nenhuma dessas imagens pertence ao espelho, não o penetra nem permanece nele. Se assim fosse, todas elas ficariam superpostas e o espelho se tornaria inútil. Do mesmo modo, a característica fundamental da mente é permitir que todas as construções mentais (o amor e a raiva, a alegria e o ciúme, o prazer e a dor) se manifestem sem que ela se altere. Os eventos mentais não fazem parte intrinsecamente do aspecto mais fundamental da consciência. Eles se manifestam simplesmente no espaço da consciência desperta, ao longo dos diversos momentos de consciência; é essa consciência desperta fundamental que permite sua manifestação. Podemos, portanto, denominar essa consciência de *consciência pura*, ou de *componente fundamental da mente*.

WOLF: O que você acaba de dizer implica duas coisas. A primeira é que você parece atribuir um valor à estabilidade, ou à objetividade, que funcionaria como um critério de legitimação. A segunda é que você separa a consciência fundamental de seus conteúdos. Você supõe que existiria no cérebro uma entidade básica que funcionaria como um espelho ideal, uma entidade que, em si mesma, não introduziria nenhuma distorção e não seria influenciada pelos conteúdos que ela reflete. Será que você não está defendendo uma posição dualista, uma dicotomia entre, de um lado, uma mente imaculada que seria o observador e, do outro, os conteúdos que aparecem nessa mente e que apresentariam inúmeras interferências e distorções? As concepções contemporâneas da organização do cérebro negam categoricamente qualquer diferença entre as funções sensoriais e executivas, entendendo que a consciência é uma característica emergente das funções do cérebro. Portanto, para mim é difícil imaginar a diferença que existiria entre um espelho imaculado e os conteúdos que ele refletiria. Não consigo pensar numa consciência, uma entidade básica, que fosse vazia: se ela está vazia, simplesmente não existe; e, portanto, é impossível defini-la.

MATTHIEU: Não se trata de dualidade. Não existem dois fluxos de consciência. Trata-se mais de aspectos diferentes da consciência: um aspecto fundamental, uma consciência desperta, que está sempre presente, e aspectos secundários, a saber, as elaborações mentais, que mudam sem parar. O aspecto fundamental é a qualidade principal da consciência, essa capacidade de conhecer que está sempre presente, seja qual for o conteúdo da mente. Deveríamos falar, de preferência, em termos de continuidade. A consciência, em todos os níveis, é um fluxo dinâmico constituído de instantes de consciência que incluem, ou não, conteúdos. A qualquer momento, para além da tela dos pensamentos, podemos identificar uma capacidade pura de conhecimento que está na base de todos os pensamentos.

WOLF: Esse reconhecimento implicaria, no mínimo, duas entidades distintas: um espaço vazio, que preenche a função de receptáculo dotado de todas as qualidades que você descreveu, e os conteúdos, que não afetam esse receptáculo, seja qual for o nível de perturbação.

MATTHIEU: Por que duas entidades? A mente pode estar consciente de si mesma sem precisar recorrer a outra mente para exercer essa função. Um dos aspectos da mente, na verdade seu aspecto mais fundamental – a consciência pura –, consiste em estar consciente de si mesma, sem que seja necessária a interferência de outro observador. Se a imagem do espelho incomoda você, podemos comparar a consciência pura à chama que ilumina todos os objetos em torno dela, mas que não precisa de outra chama para se iluminar.

Wolf: A meu ver, esse tipo de olhar interior, imaculado, esse tipo de espelho ideal que jamais seria afetado pelas emoções nem dissociado delas, requer uma personalidade dividida. De um lado haveria o observador puro, desvinculado das emoções, dos afetos e das percepções enganosas; de outro, existiria uma instância diversa que também faria parte dele, que seria atormentada pelos conflitos e incapaz de apreender corretamente as situações porque teria se apaixonado ou porque estaria sofrendo uma grande decepção. O treinamento da mente é uma prática destinada a realizar esse tipo de divisão do eu? Se for esse – a criação de tal dissociação – o objetivo da meditação, não é uma experiência arriscada?

Matthieu: Não se trata de fragmentar o ego, mas de tirar partido da capacidade que a consciência tem de se observar para se libertar do sofrimento. Na verdade, falamos de uma *consciência desperta não dual que ilumina a si mesma*, expressão que ressalta a ausência de divisão. É inútil realizar uma dissociação da personalidade, já que a mente tem a capacidade inerente de se observar.

A questão fundamental é a seguinte: podemos observar nossos próprios pensamentos, incluindo nossas emoções violentas, a partir da perspectiva oferecida pela vigilância pura, ou consciência plena. Os pensamentos são a manifestação da presença pura desperta, como as ondas que se elevam do oceano e se dissolvem novamente. O oceano e as ondas não são duas coisas fundamentalmente distintas.

Costumamos ficar tão absorvidos pelo conteúdo de nossos pensamentos que nos identificamos completamente com eles, e, por causa disso, não nos damos conta da natureza fundamental da consciência, a pura consciência desperta. Essa "inconsciência" nos mergulha, então, na ilusão e no sofrimento.

O caminho budista expõe, em seu conjunto, os diversos métodos que permitem eliminar esse mal-entendido enganoso. Tomemos o exemplo de uma experiência intensa de raiva violenta. A raiva nos transforma num ser indivisível. Ela preenche completamente nosso horizonte mental e projeta sua interpretação incorreta da realidade sobre pessoas e acontecimentos. Além disso, perpetuamos o círculo vicioso dessa emoção perturbadora reavivando-a todas as vezes que vemos a pessoa que a provocou ou que nos lembramos dela. Embora a raiva não seja, de modo algum, um estado de espírito agradável, não conseguimos deixar de provocá-la o tempo todo, jogando cada vez mais lenha na fogueira. É assim que nos tornamos dependentes da própria causa do sofrimento. Mas, se nos dissociamos da raiva, olhando-a calmamente com a ajuda da atenção nua e direta, constatamos que ela não passa de um conjunto de pensamentos e que não é algo a ser temido. A raiva não anda armada, não queima como o fogo nem esmaga como a rocha; ela nada mais é que um produto da mente.

WOLF: Isso não significa que as emoções positivas são igualmente perniciosas, já que também desencadeiam percepções enganosas e conduzem, portanto, ao sofrimento?

MATTHIEU: Não necessariamente. Tudo depende de um evento mental alterar ou não a realidade. Por exemplo, se a mente reconhece que todos os seres desejam se libertar do sofrimento, se ela transborda de amor altruísta e é impelida pelo desejo poderoso de libertá-los da aflição, então, desde que contenha esse componente de sabedoria, ela permanece em harmonia com a realidade. Falamos de uma mente que admite plenamente a interdependência de todos os seres, reconhece seu desejo comum de evitar o sofrimento e conhecer a felicidade, e discerne as causas profundas de seus tormentos. Além disso, se o amor altruísta não é maculado por nossas diversas formas de apego e cobiça, ele não assume um caráter aflitivo. Longe de encobrir a sabedoria, ele será a expressão natural dessa sabedoria.

22 Cérebro e meditação

Mas vamos concluir nossa análise da raiva. Em vez de "sermos" a raiva e nos identificarmos inteiramente com ela, devemos simplesmente mirá-la e manter nosso olhar vigilante sobre ela. O que acontece quando fazemos esse exercício? Quando paramos de alimentar o fogo, ele não tarda a se extinguir; do mesmo modo, sob o crivo de uma vigilância contínua, a raiva não consegue continuar existindo por si mesma. Ela diminui de intensidade e desaparece.

WOLF: O mesmo acontece com o amor, a empatia, a mágoa e outras emoções intensas. Uma mente clara e livre de emoções: é esse o objetivo do budismo? Duvido que esses seres humanos, livres de qualquer emoção, possam sobreviver e se reproduzir, a menos que tenham o privilégio de viver num ambiente extremamente protegido.

Trabalhar as emoções

MATTHIEU: O objetivo não é deixar de sentir emoções, e sim não ser mais escravo delas. A palavra "emoção" tem origem, nas línguas ocidentais, no verbo latino *emovere*, que significa "pôr em movimento", "agitar". Uma emoção é algo que põe a mente em movimento, mas tudo depende de como esta se põe em movimento. Desejar aliviar o sofrimento de alguém pode agitar a mente. Nesse caso, não se trata de uma emoção aflitiva. Além disso, é inútil tentar impedir que pensamentos e emoções emerjam, já que, inevitavelmente, eles surgirão na mente. A questão crucial é o que vai acontecer nos momentos e nos pensamentos que virão em seguida. Quando emoções conflituosas invadem a mente, existe um grande perigo de sermos perturbados por elas. Porém, se no instante em que elas surgem conseguimos deixá-las se dissipar, então as teremos enfrentando com sagacidade.

Desse modo, ao deixar a raiva se dissipar no momento em que ela se manifesta, evitamos duas maneiras inadequadas de tratá-la. Não deixamos que ela exploda, com todas as consequências negativas que essas explosões suscitam, como magoar o outro, destruir nossa paz interior e reforçar nossa tendência a nos enfurecermos com frequência e por qualquer motivo. Evitamos também simplesmente recalcá-la, pondo uma tampa em cima dela, o que a deixaria intacta num canto obscuro da mente, como uma bomba-relógio. Teremos abordado a raiva de maneira inteligente, deixando suas chamas se extinguir. Se repetirmos esse processo várias vezes, a raiva acabará acontecendo com menos frequência e com menos intensidade. Assim, a tendência a nos enraivecermos diminuirá gradualmente e nossos traços de personalidade se modificarão.

WOLF: Portanto, precisamos aprender a adotar uma abordagem muito mais sutil do nosso teatro interior, aprender a identificar com mais perspicácia as diferentes conotações dos nossos sentimentos.

MATTHIEU: Exatamente. No começo, é difícil atuar sobre uma emoção assim que ela acontece; porém, à medida que nos acostumamos com essa abordagem, ela se torna perfeitamente natural. Toda vez que a raiva está prestes a se manifestar, nós a identificamos imediatamente e a administramos antes que ela se torne intensa demais. Se conhecemos a identidade de um batedor de carteira, conseguimos localizá-lo com rapidez, mesmo no meio de um grupo de vinte ou trinta pessoas, e o vigiamos atentamente para que ele não nos roube a carteira.

WOLF: O objetivo, portanto, é aumentar nossa sensibilidade ao fluxo sutil das emoções, a fim de sermos capazes de controlá-las antes que elas se tornem uma ameaça.

MATTHIEU: Sim. Quanto mais nos acostumamos ao modo de funcionamento da mente, quanto mais desenvolvemos a consciência plena do momento presente, menos deixamos que a fagulha das emoções aflitivas se torne um incêndio devastador e incontrolável, capaz de destruir tanto a nossa felicidade como a dos outros. No começo, manter essa atenção exige muito esforço e determinação. Com o tempo, isso pode se tornar mais fácil.

Mudanças graduais e duradouras

WOLF: É um procedimento que lembra a postura científica, com a diferença de que, nesse caso, o esforço se dirige para o mundo interior, não para o mundo exterior. A ciência também procura apreender a realidade aumentando o poder e a precisão de seus instrumentos de pesquisa, educando a mente para que ela compreenda as relações complexas e decompondo os sistemas em elementos cada vez menores.

MATTHIEU: Os ensinamentos budistas dizem que não existe tarefa tão difícil que não possa ser decomposta numa série de tarefas menores e mais fáceis.

WOLF: Parece que o objeto de estudo dos budistas é o conjunto das funções mentais, e seu instrumento de análise, a introspecção. É uma abordagem interessante do indivíduo, que se diferencia das ciências da mente do Ocidente na medida em que ressalta a perspectiva na primeira pessoa, mas também na medida em que o instrumento de observação acaba se confundindo com seu objeto. Embora a abordagem ocidental utilize a perspectiva na primeira pessoa para definir os fenômenos mentais, ela favorece muito claramente a perspectiva na terceira pessoa para analisá-los.

Tenho curiosidade de saber se os resultados da introspecção analítica correspondem aos obtidos pela neurociência cognitiva. É evidente que as duas abordagens procuram desenvolver concepções distintas e realistas dos processos cognitivos. É possível que o modo de introspecção ocidental não seja suficientemente sofisticado. Também não deixa de ser verdade que determinadas concepções da organização do cérebro humano que foram reveladas por meio da intuição e da introspecção estão em flagrante contradição com as concepções adquiridas por meio da investigação científica, o que às vezes provoca debates acalorados entre neurocientistas e pesquisadores das ciências humanas. De fato, o que garante que o método introspectivo aplicado na análise dos fenômenos mentais é confiável? Se o critério de confiabilidade é o consenso alcançado por aqueles que se consideram especialistas, como é possível comparar e validar estados mentais subjetivos? Não existe mais ninguém, além deles próprios, para validá-los; um observador externo só pode se basear no testemunho verbal desses estados mentais subjetivos.

MATTHIEU: O mesmo acontece com o conhecimento científico. Devemos, inicialmente, confiar nas afirmações críveis dos cientistas, mas só mais tarde é que podemos nos formar nesta ou naquela disciplina e verificar, por nós mesmos, a validade de suas afirmações. Esse processo se assemelha bastante ao da ciência contemplativa. Antes de mais nada, precisamos passar anos ajustando o telescópio da mente e aprofundando os métodos de investigação para encontrar, por nós mesmos, o que outros contemplativos descobriram e que é consensual entre eles. O estado de pura consciência, desprovida de qualquer conteúdo, tema que pode parecer desconcertante à primeira vista, é um estado que todos os contemplativos experimentaram. Portanto, não se trata de uma teoria budista estranha e dogmática! Todo aquele que faz o esforço para estabilizar e clarear a mente pode passar por essa experiência.

Quanto à verificação interpessoal e sistemática da experiência, os testemunhos diretos dos contemplativos e os textos que falam das diversas experiências que o meditador pode enfrentar oferecem descrições bastante precisas. Quando um aluno narra seus estados interiores a um mestre de meditação experiente, não se trata simplesmente de vagas descrições poéticas. O mestre espiritual faz perguntas muito precisas, às quais o aluno deve responder. É perfeitamente claro que eles se referem a temas bem definidos e perfeitamente compreendidos de ambos os lados.

Mas, em última análise, o que realmente importa é a mudança gradual que se produz em nós. Se, ao longo dos meses e dos anos, nos tornamos menos impacientes, menos propensos à raiva e menos atormentados por esperanças e temores, é sinal de que o método utilizado é válido. Se achamos impensável prejudicar deliberadamente o outro, se desenvolvemos pouco a pouco os recursos internos que nos permitem enfrentar as vicissitudes da vida, é incontestável que alcançamos um verdadeiro progresso. Dizem os ensinamentos que é fácil ser um grande meditador quando se está sentado ao sol, com o estômago cheio, e que os verdadeiros praticantes se revelam quando enfrentam a adversidade. É nesses momentos que avaliamos realmente as transformações ocorridas em nossa postura. Quando, diante de alguém que nos critica ou insulta, não explodimos, mas tratamos a situação com diplomacia, conservando, ao mesmo tempo, a paz interior, isso significa que atingimos um autêntico equilíbrio emocional e uma verdadeira liberdade interior. Nós nos tornamos menos vulneráveis às circunstâncias externas e menos frágeis perante nossos próprios pensamentos equivocados.

Um estudo em curso parece indicar que, enquanto estão envolvidos com a prática da meditação, meditadores conseguem diferenciar com bastante clareza os estímulos agradáveis dos desagradáveis, mas apresentam reações emocionais muito menos intensas que as dos sujeitos do grupo de controle (isto é, grupo de pessoas que participam do estudo, com perfil – idade, condições de saúde, nível educacional etc. – semelhante ao dos meditadores, mas que nunca praticaram a meditação). Ao mesmo tempo que conservam a capacidade de ficar plenamente conscientes do que acontece, eles conseguem não se deixar levar por suas reações emocionais.[1] Já os sujeitos do grupo de controle ou não percebem os estímulos (por exemplo, quando os pesquisadores os distraem de propósito, pedindo que realizem uma tarefa cognitiva relativamente difícil) e não reagem, ou os percebem e reagem de forma exagerada.

WOLF: Entendo os benefícios dessa atitude. No entanto, as emoções negativas têm uma função importante na sobrevivência. Não é por acaso que elas não evoluíram e se conservaram: porque contribuem para nossa sobrevivência. Elas nos protegem, ao permitir que evitemos situações perigosas. Discutimos apenas a necessidade de nos desvincularmos e nos distanciarmos das emoções negativas, preservando, ao mesmo tempo, as emoções positivas como a empatia, o amor, a preocupação com o outro, a atenção e a perseverança. Por uma questão de simetria, deveríamos pensar que as emoções positivas também impedem uma concepção correta do mundo, e que elas desaparecem gradualmente à medida que a mente vai sendo treinada.

Matthieu: Se o amor e a empatia são desvirtuados com apego e avidez, eles serão acompanhados, inevitavelmente, de uma distorção da realidade. Assim, do ponto de vista budista, uma empatia parcial e um amor marcado pelo apego não são emoções positivas, porque conduzem ao sofrimento. Por outro lado, o amor altruísta faz bem tanto àqueles que dele se beneficiam como a quem o sente. Portanto, trata-se realmente de uma emoção positiva. Do mesmo modo, uma indignação profunda diante da injustiça pode estimular alguém a se envolver ativamente em atos que reparem os erros cometidos. Se esse sentimento de revolta não estiver maculado pelo ódio e for justificado, ele é construtivo, e é isso que o diferencia da raiva maldosa e descontrolada. Esse sentimento de justa indignação reduzirá o sofrimento e trará bem-estar a todos. Portanto, o caráter positivo ou negativo de uma emoção e de qualquer estado de espírito é avaliado em relação a suas consequências em termos de bem-estar ou de sofrimento.

Wolf: Como podemos conceber um processo que seja desencadeado unicamente por nossa própria mente? Sua conduta se baseia na vontade de mudar alguma coisa no cérebro. Ao reduzir ao máximo as intervenções externas, você consegue desencadear uma espécie de processo interminável em seu próprio cérebro, processo esse que procura suscitar determinados sentimentos. Essa atitude parece exigir um grau significativo de dissociação, pois é preciso haver um agente que atue em outro nível para induzir tal transformação. A fim de experimentar essas emoções positivas, é preciso controlar todas as emoções, mobilizar os próprios sentimentos – pois penso que só se pode atuar sobre os sentimentos se os ativarmos –, depois se aprende a diferenciá-los. Como você faz isso? Quais são as suas ferramentas?

Enriquecimento exterior e interior

Matthieu: É evidente que a mente tem a capacidade de se conhecer e se treinar. Fazemos isso o tempo todo, sem recorrer à meditação.

Memorizamos espontaneamente informações, como fazem os estudantes, aumentamos nossa capacidade mental jogando xadrez e resolvendo problemas variados; isso exige que recorramos ao treinamento mental. A meditação é simplesmente uma maneira mais sistemática de fazer isso com sabedoria, ou seja, compreendendo os mecanismos da felicidade e do sofrimento. Esse processo exige perseverança. Não se aprende a jogar tênis empunhando a raquete alguns minutos por dia. O objetivo do esforço da meditação é desenvolver um enriquecimento *interior*, não uma aptidão física.

Sei que o desenvolvimento das funções do cérebro decorre da exposição ao mundo exterior. Nos indivíduos que nascem cegos, as áreas cerebrais ligadas à visão não irão se desenvolver, sendo "colonizadas" pelas funções auditivas, que são extremamente úteis para eles.[2] Pesquisas realizadas no final dos anos 1990 demonstraram que ratos confinados em caixas de papelão tinham uma conectividade neuronal reduzida. No entanto, após eles serem colocados numa espécie de parque de diversões para ratos – uma área com rodas, túneis e labirintos cheios de animais da mesma espécie –, novas conexões neuronais se formaram no espaço de um mês.[3] Pouco tempo depois dessa descoberta, foi demonstrado que nos seres humanos a neuroplasticidade existe ao longo de toda a vida.[4] Contudo, na maior parte do tempo nós nos ligamos ao mundo de uma forma denominada de semipassiva: somos expostos a uma situação e reagimos a ela, o que permite aumentar nossa experiência. Nesse caso, trata-se de um enriquecimento *exterior*.

No contexto da meditação e do treinamento da mente, as mudanças provenientes do ambiente exterior são mínimas. Em casos extremos, o meditador vive num espaço de retiro muito simples em que nada se modifica, ou então se senta sozinho, diariamente, diante da mesma paisagem. Nessas circunstâncias, o enriquecimento exterior é quase nulo, mas o enriquecimento interior é máximo. Esses meditadores treinam a mente ao longo do dia, ao passo que os estímulos exteriores são extremamente reduzidos. Além disso, esse enriquecimento nunca é passivo, mas sempre deliberado e conduzido de maneira sistemática. Quando a pessoa passa oito horas do dia, ou mais, estimulando determinados estados mentais que decidiu cultivar e que aprendeu a aprimorar, penso que esse processo reprograma efetivamente o cérebro.

WOLF: De certo modo, pode-se dizer que o cérebro é considerado objeto de um processo cognitivo complexo voltado para si mesmo, não para o mundo exterior. Aplica-se essa operação cognitiva ao cérebro com a mesma determinação e a mesma concentração aplicada aos acontecimentos do mundo exterior, organizando os sinais sensoriais em representações coerentes ou perceptos. Atribui-se um valor a determinados estados mentais e procura-se aumentar sua repetição, o que, provavelmente, acontece em paralelo com uma transformação nas redes sinápticas responsáveis pelos processos cognitivos, da mesma forma que isso acontece nos processos de aprendizagem que resultam de interações com o mundo exterior.[5]

Recapitulemos as modalidades segundo as quais o cérebro humano se adapta ao ambiente, pois o processo de desenvolvimento através da meditação também pode ser interpretado como uma modificação, uma reprogramação das funções cerebrais. O desenvolvimento do cérebro se caracteriza por uma proliferação maciça de conexões neurais que é acompanhada de um processo de modelagem graças ao qual as conexões que foram formadas ou se consolidam ou são eliminadas, de acordo com critérios funcionais que utilizam a experiência e a interação com o ambiente como critérios de validação.[6] Essa reorganização do desenvolvimento continua mais ou menos até os 20 anos de idade. As primeiras etapas de desenvolvimento se referem à adaptação das funções sensoriais e motoras, enquanto as etapas posteriores envolvem os sistemas cerebrais responsáveis pelas aptidões sociais. Quando esses processos de desenvolvimento chegam ao fim, a conectividade funcional do cérebro está implantada, e as modificações em grande escala não são mais possíveis.

MATTHIEU: Até certo ponto.

WOLF: Sim, até certo ponto. As conexões sinápticas existentes ainda podem ser modificadas, mas é impossível desenvolver novas conexões neuronais muito significativas. Em algumas áreas específicas do cérebro, como o hipocampo e o bulbo olfativo, novos neurônios se desenvolvem ao longo de toda a vida e são inseridos nos circuitos existentes; no entanto, não se trata de um processo em grande escala, pelo menos não no neocórtex, onde se imagina que as funções cognitivas superiores estejam definitivamente implantadas.[7]

MATTHIEU: Um estudo realizado com pessoas que praticaram meditação durante muito tempo demonstra que a conectividade estrutural entre as diversas áreas do cérebro é mais significativa nos meditadores experientes do que nos sujeitos do grupo de controle.[8] Deve ocorrer, portanto, outra forma de transformação no cérebro.

O processo de transformações neuronais

WOLF: Não tenho nenhuma dificuldade em aceitar que um processo de aprendizagem possa mudar propensões comportamentais, mesmo em adultos. Uma prova evidente disso são os programas de reeducação, nos quais os métodos empregados levam a modificações de comportamento modestas mas progressivas. Também temos provas de que se podem produzir mudanças repentinas e drásticas na cognição, nos estados emocionais e nas estratégias de enfrentamento. Nesses casos extremos, os mesmos mecanismos que estão na base dos processos de aprendizagem – mudanças amplamente distribuídas que permitem que as conexões sinápticas sejam eficazes – provocam alterações radicais em todos os estados do cérebro. Esse fenômeno se explica pelo fato de que, num sistema complexo e não linear como o cérebro, mudanças relativamente secundárias que intervêm na conexão dos neurônios podem provocar transições de fase que, por sua vez, podem acarretar transformações importantes nas propriedades do sistema nervoso. É o que acontece em decorrência de experiências traumáticas ou catárticas. É também o que acontece por ocasião do desencadeamento súbito de crises psicóticas. Aparentemente, porém, não é o que ocorre no caso da meditação, já que essa prática provoca mudanças extremamente lentas.[9]

MATTHIEU: Também é possível modificar o fluxo da atividade neuronal, a exemplo do tráfego rodoviário que, em determinados momentos, aumenta consideravelmente.

WOLF: Sim. O que muda com a aprendizagem e o treinamento mental no adulto é o fluxo da atividade neuronal. A constituição física das ligações anatômicas do cérebro permanece bastante estável depois dos 20 anos. É possível modificar a força das interações entre as zonas cerebrais, seja modulando o funcionamento das ligações sinápticas, seja configurando novas vias sinápticas. Essa última estratégia se baseia no mesmo princípio de ajuste de um receptor de rádio numa determinada estação. O receptor é ajustado na mesma frequência do emissor.[10] Existem milhares de emissores permanentemente ativados no cérebro. Suas mensagens devem ser enviadas seletivamente a pontos específicos e essa transmissão se realiza de maneira interdependente. O que significa que várias redes funcionais devem ser configuradas a cada instante, o que ocorre em intervalos de tempo muito menores que as mudanças da eficácia sináptica incorporadas na aprendizagem. No contexto da meditação, a rapidez de entrada em determinados estados meditativos de que são capazes os meditadores experientes depende, ao que tudo indica, de estratégias de transmissão mais dinâmicas.

MATTHIEU: Dessa forma, poderíamos obstruir gradualmente a via do ódio e escancarar a da compaixão. Até o momento, os resultados de estudos conduzidos com meditadores experientes indicam que eles têm a capacidade de produzir estados mentais claros, intensos e bem específicos, e que essa capacidade está associada, sem dúvida, a determinados padrões de atividade do cérebro. O treinamento da mente permite produzir esses estados mentais à vontade e modular sua intensidade, mesmo quando não enfrentamos situações complicadas, tais como fortes estímulos emocionais positivos ou negativos. Adquirimos, assim, a capacidade de manter um equilíbrio geral do nível emocional que favorece a força e a paz interiores.

WOLF: Nesse caso, suponho que você recorre a suas capacidades cognitivas para identificar claramente e discernir com precisão os diferentes estados emocionais, bem como para treinar seus sistemas de controle – situados, ao que parece, no lobo frontal –, a fim de aumentar ou diminuir seletivamente a atividade dos subsistemas responsáveis pelas diferentes emoções.

MATTHIEU: É possível refinar de forma extraordinária o próprio conhecimento dos diferentes aspectos dos processos mentais.

WOLF: Certamente. É inegável que você tem consciência dos processos mentais, que pode se familiarizar com esses processos ao concentrar neles sua atenção, ao aprender a diferenciá-los e a delimitar as fronteiras categoriais, exatamente como se faz quando percebemos o mundo exterior.

MATTHIEU: Podemos identificar, assim, os processos mentais que levam ao sofrimento e distingui-los dos que contribuem para o bem-estar; diferenciar os que alimentam a confusão mental dos que preservam a lucidez e a plena consciência.

WOLF: Outro exemplo que ilustra bem esse processo de refinamento é o da diferenciação dos objetos da percepção relacionada à aprendizagem. Com apenas uma experiência mínima, o indivíduo consegue reconhecer que o cão é um animal. Com mais experiência, ele aguça o olhar e refina os critérios de diferenciação até poder distinguir, com precisão cada vez maior, os cães muito parecidos. Do mesmo modo, é possível que o treinamento da mente permita aguçar o olhar interior a fim de distinguir com grande precisão os diferentes estados emocionais. Uma mente não treinada só é capaz de estabelecer uma distinção muito geral entre sentimentos "bons" e "ruins". Com a prática, essas distinções ficam progressivamente mais refinadas, até que se consegue distinguir nelas cada vez mais nuances. A taxonomia, ou classificação, dos estados mentais deve, portanto, se tornar mais diferenciada. Se for assim, as culturas que estimulam o treinamento da mente como fonte de conhecimento devem dispor, a meu ver, de um vocabulário muito mais rico para designar os diversos estados mentais do que aquelas mais voltadas para a análise dos fenômenos do mundo exterior.

As nuances emocionais

Matthieu: A taxonomia budista enumera 58 eventos mentais principais, cada um com várias subdivisões. É correto afirmar que quando realizamos uma análise profunda dos eventos mentais adquirimos uma capacidade crescente de discernir a sutileza de suas nuances. Se contemplamos um mural de longe, ele dá a impressão de ser bastante homogêneo. Porém, ao olharmos mais de perto, constatamos que a superfície não é tão lisa como parecia à primeira vista, é levemente ondulada, e que o fundo branco é manchado com pontos amarelados e pretos, e assim por diante. Do mesmo modo, quando observamos atentamente nossas emoções, constatamos que elas apresentam inúmeras nuances. Retomemos o exemplo da raiva. Na maioria das vezes, ela tem um componente de maldade. Mas também pode se exprimir na forma de uma indignação legítima diante de uma injustiça. Ela pode ser uma reação que permite superar rapidamente um obstáculo que nos impede de realizar uma ação louvável ou de afastar uma dificuldade que representa uma ameaça. Contudo, também pode refletir uma tendência à agressividade.

Se você examinar a raiva atentamente, observará que ela contém aspectos de clareza, atenção e eficácia que, em si mesmos, não são perniciosos. Do mesmo modo, o desejo inclui um elemento de beatitude que é diferente do apego; o orgulho esconde um componente de autoconfiança que não descamba para a arrogância; e, por fim, a inveja contém um fator dinâmico favorável à ação que, em si, não é nocivo, como se torna mais tarde quando o aflitivo estado mental do ciúme se manifesta.

Portanto, se formos capazes de identificar esses aspectos antes que eles se tornem negativos e deixar a mente se ater a seus aspectos positivos, sem nos deixar levar por suas facetas destrutivas, essas emoções não irão nos perturbar nem criar mais confusão dentro de nós. Certamente não é fácil, mas a experiência nos permite desenvolver essa capacidade.

Uma habilidade natural

Matthieu: Outro resultado do empenho em desenvolver aptidões mentais é que, depois de algum tempo, não é mais necessário fazer um grande esforço para cultivá-las. Podemos até administrar a manifestação de emoções perturbadoras como fazem as águias que vejo da janela de meu mosteiro no Himalaia. Essas aves são atacadas frequentemente por corvos, que, no entanto, são muito menores que elas. No céu, os corvos mergulham em cima das águias, tentando bicá-las. A águia, porém, longe de se preocupar e se entregar a todo tipo de esquiva aérea, retrai uma das asas no último minuto, deixa o corvo passar a toda a velocidade e depois estende de novo a asa. Essa estratégia requer um esforço mínimo e se mostra plenamente eficaz. Dominar a arte de lidar com as emoções no momento em que elas surgem funciona de maneira análoga. Quando somos capazes de manter um estado de clara presença desperta, percebemos as emoções surgindo e deixamos que elas atravessem nossa mente sem tentar detê-las nem provocá-las. É assim que elas desaparecem sem criar muitas ondas emocionais.

Wolf: Isso me faz lembrar as reações que temos ao enfrentar dificuldades graves que exigem soluções rápidas; por exemplo, quando ficamos presos num enorme congestionamento de trânsito. Recorremos imediatamente a um vasto repertório de estratégias de fuga que aprendemos e pusemos em prática, escolhendo uma delas sem usar um raciocínio elaborado. Não há dúvida nenhuma de que, se não tivermos experiência da prática contemplativa, não são os cursos de autoescola que irão nos ajudar a administrar conflitos emocionais! Você acha essa analogia válida?

MATTHIEU: Sim. As situações complexas ficam mais simples graças ao treinamento da mente e ao desenvolvimento da consciência plena de que ele não exige esforço. Um iniciante que aprende a andar a cavalo fica com medo de cair a qualquer momento. Se o cavalo dispara em galope, o cavaleiro entra num estado de hipervigilância. Porém, quando ele passa a dominar a arte da equitação, tudo lhe parece fácil. Os cavaleiros experientes do leste do Tibete, por exemplo, não só montam cavalos com uma naturalidade absoluta como também se entregam a todo tipo de acrobacia equestre, como atirar flechas num alvo ou pegar um objeto no solo em pleno galope.

Um estudo realizado com meditadores mostrou que eles conseguem manter a concentração em nível máximo durante períodos relativamente longos. Quando executam as chamadas tarefas de "vigilância contínua", não ficam tensos nem distraídos um só instante, mesmo depois de 45 minutos. Quando realizei essa experiência, constatei que os primeiros cinco minutos exigiam um esforço verdadeiro; porém, assim que entrei no estado de "fluxo atencional", ficou muito mais fácil.[11]

WOLF: Isso lembra a estratégia geral que o cérebro utiliza quando adquire novas aptidões. No início, o indivíduo não treinado recorre ao controle consciente para realizar uma determinada tarefa, subdividindo-a numa série de subtarefas, executadas de acordo com uma ordem cronológica precisa. Esse processo exige atenção, tempo e esforço. Depois, com a prática, a performance se torna automatizada. Habitualmente, a execução de uma competência especializada é realizada por meio de estruturas cerebrais diferentes das que estão envolvidas nas fases iniciais de aprendizagem e execução de uma determinada tarefa. Quando esse deslocamento das áreas cerebrais ocorre, a tarefa torna-se automática, rápida e fácil, não exigindo mais um controle cognitivo. Esse tipo de aprendizagem é chamado de *aprendizagem procedural* e exige treino. As competências assim automatizadas podem nos salvar de situações difíceis, porque podemos acessá-las muito rapidamente. Essas aptidões também permitem enfrentar outras variáveis, graças ao processamento simultâneo realizado pelo cérebro nos diferentes sistemas neuronais. Como esse processamento consciente é mais sequencial, ele exige mais tempo. Você acredita que é possível aplicar a mesma estratégia nas emoções, aprendendo a ficar atento a elas, a diferenciá-las umas das outras e, portanto, a nos familiarizar com sua dinâmica, de modo que possamos confiar nos automatismos para administrá-las em caso de conflito?

MATTHIEU: Você está descrevendo o próprio processo de meditação. Os ensinamentos dizem que, no começo, quando um meditador treina para meditar, por exemplo, sobre a compaixão, ele experimenta um sentimento de compaixão um pouco forçado e artificial. Porém, de tanto produzir esse sentimento, este se torna uma segunda natureza e se manifesta espontaneamente, mesmo no meio de uma situação complicada e delicada. Quando a compaixão passa a integrar o fluxo mental, não é mais preciso se esforçar para mantê-la presente na consciência. Chamamos isso de "meditar sem meditação": o meditador não está "meditando" ativamente, mas ao mesmo tempo nunca se separa da meditação. Ele simplesmente permanece, sem esforço e sem se distrair, naquele estado mental saudável e transbordante de compaixão.

WOLF: Seria realmente interessante analisar esse modo de funcionamento à luz da neurobiologia, para ver se ocorre o mesmo deslocamento de funções que observamos quando a familiarização por meio da aprendizagem e do treinamento conduz à automatização dos processos. Tomografias revelam que estruturas cerebrais que não são responsáveis pela aprendizagem consciente assumem o lugar quando as competências inicialmente adquiridas sob o controle da consciência se tornam automáticas.

MATTHIEU: É exatamente isso que um estudo conduzido por Julie Brefczynski e Antoine Lutz, no laboratório de Richard Davidson, parece indicar. Brefczynski e Lutz estudaram a atividade cerebral, durante períodos de atenção concentrada, de indivíduos não treinados, de meditadores relativamente experientes e de meditadores experientes.

Eles observaram diferentes padrões de atividade em função do nível de experiência meditativa do sujeito. Em comparação com os neófitos, os meditadores relativamente experientes (que totalizavam uma média de 19.000 horas de prática) apresentaram uma atividade maior nas áreas cerebrais ligadas à atenção. Paradoxalmente, os meditadores mais experientes (que totalizaram uma média de 44.000 horas de prática) apresentaram menos ativação dessas mesmas áreas que os praticantes relativamente experientes. Os meditadores experientes parecem ter adquirido um nível de aptidão que lhes permite alcançar um estado mental perfeitamente concentrado com menos esforço. Isso lembra a capacidade que músicos e atletas profissionais têm de mergulhar totalmente no "fluxo" de suas atividades com uma sensação mínima de controle do esforço.[12] Essa observação corrobora outros estudos que mostram que, quando se domina uma tarefa, as estruturas cerebrais ativadas durante sua execução são geralmente menos ativas do que quando o cérebro ainda se encontrava na fase de aprendizagem, isto é, na fase de aquisição dessa competência.

WOLF: Esse estudo indica que, quando as competências se tornam inteiramente familiares e são executadas com grande facilidade, as codificações neuronais se tornam mais esparsas, envolvendo menos neurônios, mas neurônios mais especializados. Tornar-se um autêntico expert em meditação parece então requerer pelo menos tanto treino quanto o que é exigido para alguém se tornar um violinista ou pianista de primeiro time. Com quatro horas de treino por dia, o indivíduo levaria trinta anos de meditação diária para chegar a 44.000 horas. Isso é notável!

A ligação com o mundo

MATTHIEU: O treinamento da mente permite compreender, com extrema sutileza, se um pensamento ou uma emoção são aflitivos ou não, se estão de acordo com a realidade ou se estão baseados numa percepção totalmente incorreta dela.

WOLF: Qual é a diferença entre os dois? Para você, o estado aflitivo é um estado tirânico, redutor, destruidor de cognições válidas, em suma, um estado basicamente negativo que não está de acordo com a realidade. Compreendo perfeitamente que sua estratégia funciona de maneira eficaz contanto que a origem do conflito se restrinja à patologia de uma pessoa; a maioria dos conflitos, porém, decorre de interações com o mundo, que, evidentemente, não está livre de antagonismos. Será que você não está defendendo a hipótese de um mundo ideal e bom, e dizendo que bastaria purificar a própria mente para reconhecer esse fato?

MATTHIEU: Existem duas maneiras de considerar essa questão. A primeira é reconhecer claramente os defeitos e imperfeições deste mundo, no qual os indivíduos são possuídos, na maior parte do tempo, pela confusão mental, pelas emoções negativas e pelo sofrimento. A segunda é reconhecer que cada indivíduo tem o potencial de eliminar essas aflições e pôr em prática a sabedoria, a compaixão e muitas outras qualidades.

A origem dos estados mentais aflitivos é o egoísmo, que aumenta a distância entre o eu e os outros, mas também entre o eu e o mundo. Esses estados estão ligados a um sentimento desproporcional de autoimportância, a um amor-próprio exagerado, a uma falta de preocupação genuína com os outros, a esperanças e temores irracionais, além de uma avidez compulsiva com relação aos objetos e às pessoas consideradas desejáveis. Esses estados mentais perturbadores são acompanhados de uma grave distorção da realidade. Nesse caso, congelamos mentalmente a realidade exterior, atribuindo-lhe características intrínsecas. Atribuímos a indivíduos e situações qualidades como bom ou mau, agradável ou desagradável, acreditando que esses epítetos se aplicam a eles, em vez de compreender que geralmente não passam de projeções da nossa mente.

Por outro lado, um ato de benevolência incondicional, de pura generosidade – um gesto que faz uma criança feliz, ajuda uma pessoa em necessidade ou até salva uma vida, sem esperar nada em troca –, mesmo que ninguém saiba que partiu de você, gera um sentimento de profunda satisfação e realização.

Wolf: Fico fascinado com o fato de você insistir no desenvolvimento de um eu autônomo. Não um ego possessivo, egoísta, mas um eu vigoroso, confiante em si mesmo.

Matthieu: Não estou falando da força do ego nem do egocentrismo, que são verdadeiros criadores de confusão, mas de um profundo sentimento de confiança em si que resulta da aquisição de um certo conhecimento dos mecanismos internos da felicidade e do sofrimento, e do fato de saber administrar as emoções, reunindo, assim, os recursos internos que permitem lidar com tudo que possa acontecer.[13]

A partir de que idade se pode começar a meditar?

Wolf: Depreende-se, de sua análise, que a meditação exige um alto nível de controle cognitivo. No entanto, o controle cognitivo depende do córtex pré-frontal, que só se torna plenamente funcional no fim da adolescência. Isso significa que só adultos podem praticar meditação? Se não for esse o caso, seria interessante começar a meditar o mais cedo possível a fim de explorar ao máximo a plasticidade do cérebro e tornar a meditação uma parte integrante da educação, não? Sabemos que é muito mais fácil adquirir determinadas aptidões, como tocar violino ou aprender outra língua, quando se começa na infância. Será que crianças conseguem dominar um método que exige tamanho controle cognitivo?

Matthieu: De fato, há etapas no nosso desenvolvimento emocional, mas penso que é possível introduzir desde a mais tenra idade uma certa modalidade de treinamento da mente. No nosso mosteiro em Shechen não ensinamos meditação formal às crianças e aos jovens noviços (entre 8 e 14 anos), mas eles participam de longas cerimônias no templo, que podem ter semelhanças com os grupos de meditação, pois reina um clima muito relaxante de calma interior e repouso emocional. Portanto, as crianças são iniciadas desde muito cedo nesses estados mentais. Penso que oferecer um ambiente que relaxe a mente em vez de provocar ondas de perturbações emocionais – como acontece tantas vezes no mundo de hoje, com barulho, violência na televisão, videogames e assim por diante – ajuda bastante.

Além disso, num ambiente budista tradicional, a aprendizagem por meio do exemplo é a principal forma de educar crianças pequenas. Elas constatam por si mesmas que o comportamento dos pais e dos educadores se baseia nos princípios da não violência em relação aos seres humanos, aos animais e ao meio ambiente. Não se pode, é claro, subestimar a força do contágio emocional, mas é preciso contar com o que eu chamaria de "contágio comportamental". As qualidades internas de uma pessoa influenciam consideravelmente aqueles que convivem com ela. O mais importante é ajudar as crianças a identificar suas emoções e as dos outros, e mostrar-lhes os métodos elementares que permitem lidar com explosões emocionais.

WOLF: Reforçar a habilidade de controlar as próprias emoções é um dos objetivos de qualquer sistema educativo. Dispomos, para isso, de uma gama variada de recursos: recompensa e punição, criação de vínculos com pessoas que servem de modelo, jogos educativos, contação de histórias, entre outros. Todas as culturas reconheceram o valor do controle emocional e, com essa finalidade, desenvolveram um grande número de estratégias educativas.

MATTHIEU: Eu acrescentaria que, embora seja necessária uma certa maturidade para se conseguir estabilizar o controle das emoções, é possível iniciar esse processo desde muito cedo. As crianças descobrem estratégias para recuperar o sentimento de equilíbrio e de paz interior depois de terem enfrentado explosões emocionais. No livro intitulado *A alegria de viver*, Mingyur Rinpoche conta que foi uma criança muito ansiosa. Ele vivia então em Nubri, nas montanhas do Nepal, próximo da fronteira tibetana. Embora pertencesse a uma família afetuosa e harmoniosa – o pai e o avô eram grandes meditadores – e nunca tivesse passado por nenhum acontecimento traumático, tinha frequentes e incontroláveis ataques de pânico. A partir dos 6 ou 7 anos de idade, contudo, ele encontrou uma maneira de aliviar o pânico: habituou-se a se sentar sozinho no interior de uma gruta, perto de casa, onde meditava a seu modo durante duas ou três horas. Experimentava, então, um salutar sentimento de paz e alívio que lhe permitia "relaxar a pressão". Ele apreciava imensamente a qualidade desses momentos de contemplação. No entanto, essas meditações não foram suficientes para livrá-lo da ansiedade. Aos 13 anos, como desejasse fazer um retiro contemplativo, deu início ao tradicional retiro de três anos cuja prática é frequente no budismo tibetano. No começo, as coisas pioraram. Certo dia, então, ele concluiu que estava na hora de tirar proveito de todos os ensinamentos recebidos do pai para realmente mergulhar no seu problema. Meditou durante três dias ininterruptos, sem sair da cela, examinando profundamente a natureza de sua mente. Ao cabo desses dias de intensa meditação, ele ficou livre da ansiedade para sempre. Hoje, quando encontramos esse ser de uma bondade, uma cordialidade e uma abertura mental inacreditáveis, irradiando bem-estar e paz interior, dotado de grande senso de humor e que atualmente transmite ensinamentos sobre a natureza da mente com clareza e limpidez inegáveis, é difícil acreditar que essa mesma pessoa tenha podido sentir um dia qualquer coisa parecida com angústia. Ele é um testemunho vivo da força do treinamento da mente e a comprovação de que isso é possível desde a infância.[14]

As perturbações mentais

WOLF: Há um provérbio alemão, "*Komm zu dir*", que significa "Volte a si". Não somos soltos no mundo, há laços que nos ligam a alguma coisa, que nos levam a fazer o que os outros querem, a crer no que os outros creem, a ser dóceis porque alguém quer que sejamos dóceis. Quando nos enredamos nesse emaranhado de dependências, costumamos dizer que "nos perdemos". Por isso é indispensável que as crianças usufruam de um ambiente protetor enquanto seus mecanismos de controle cognitivo não estão suficientemente fortes para protegê-las do risco de se perderem diante das expectativas e intrusões que lhes são impostas.

MATTHIEU: Depois de um ataque de raiva, muitas vezes dizemos: "Eu estava fora de mim", "Não era eu".

WOLF: Em alemão também dizemos "*Ich war außer mir*", "Eu estava fora de mim". Às vezes, a vida nos põe diante de situações que nos deixam "fora de nós" e nos fazem perder a serenidade. No entanto, desenvolvemos estratégias para recuperar o equilíbrio. Algumas são inatas, outras, adquiridas por meio da aprendizagem.

MATTHIEU: É isso que queremos dizer quando falamos do efeito da prática. As emoções continuam surgindo, porém, em vez de invadir a mente, elas desaparecem como um suspiro.

WOLF: Parece maravilhoso! Normalmente é preciso um certo tempo para recuperar a calma, pois os hormônios do estresse liberados no corpo em situações extremas desaparecem devagar.

MATTHIEU: Com um pouco de experiência meditativa, não é preciso esperar muito tempo. Na verdade, a emoção pode se tornar menos intensa na mesma velocidade que baixa a fervura de uma panela retirada do fogo prestes a transbordar. Se você deixar a emoção atravessar sua mente sem alimentá-la, sem permitir que a espiral de pensamentos se torne incontrolável, ela não vai durar muito e desaparecerá por si só.

A atenção e o controle cognitivo

WOLF: Há pouco falávamos sobre a possibilidade de se recorrer à prática meditativa como se recorre a uma ferramenta, um instrumento capaz de apurar nosso olhar interior, do mesmo modo que se pode apurar a percepção do mundo exterior. Nas indústrias de perfumes, os *experts* em fragrâncias, chamados de "narizes", aprendem a diferenciar nuances de aromas que nos parecem indistinguíveis. Portanto, é possível imaginar que a prática meditativa faz o mesmo no que se refere às habilidades cognitivas do cérebro e apura a consciência que temos de nossos processos cognitivos. Isso exige um alto nível de controle cognitivo, porque nesse caso a atenção – diferentemente do que ocorre com os "narizes" – deve ser direcionada a processos que têm origem no cérebro. Trata-se de uma diferença considerável.

Dispomos de indícios neurobiológicos convincentes que permitem afirmar que as práticas meditativas recorrem aos mecanismos atencionais que ativam e analisam os processos internos, de modo que eles se tornem o suporte dos processos de aprendizagem.[15] Refiro-me aqui aos trabalhos fundamentais de Richard Davidson e Antoine Lutz, que gravaram eletroencefalogramas seus e de outros grandes praticantes budistas, enquanto vocês meditavam.[16] Quando tomei conhecimento desses exames, por ocasião do nosso encontro em Paris organizado em memória de nosso grande amigo Francisco Varela, fiquei surpreso ao constatar que o cérebro dos grandes meditadores apresentava um aumento impressionante da amplitude da atividade oscilatória numa faixa de frequência de 40 hertz, a célebre faixa de frequência gama. Quando essas oscilações foram descobertas no córtex visual, há 25 anos, logo se aventou a hipótese de que elas desempenhavam papel importante nos processos cognitivos. Desde então muitas pesquisas têm sido feitas para investigar as supostas funções de oscilações e sincronias nos processos neuronais.

Dentre as diversas funções que essa estrutura temporal da atividade neuronal executa, parece particularmente importante o seu envolvimento nos mecanismos da atenção. Em vários laboratórios, obtiveram-se indícios de que a atenção concentrada está associada a um aumento das oscilações gama e à sincronia neuronal.[17] Se a atenção é dirigida para um determinado subsistema no cérebro a fim de prepará-lo para o processamento, observa-se um aumento de oscilações gama sincrônicas naquele sistema. Descobriu-se que, se o sujeito está prestes a dirigir sua atenção para um objeto visual, antes mesmo de processar os sinais provenientes desse objeto visual, já se produz nas áreas visuais do córtex cerebral um aumento da atividade oscilatória nas faixas de frequência beta e gama.

Igualmente, se o sujeito antecipa o fato de que tem de processar um sinal auditivo e transformá-lo num gesto motor, o cérebro começa a sincronizar a atividade oscilatória nas áreas que estarão envolvidas no futuro processo, isto é, no exemplo em questão, no córtex auditivo e nas áreas pré-motoras e motoras. O desencadeamento das oscilações sincrônicas facilita um contato rápido entre essas diferentes áreas e ajuda a preparar a coordenação indispensável entre as estruturas sensoriais e as estruturas motoras.[18]

Portanto, no momento em que se produz um estímulo, as respostas a ele são intensificadas e mais bem sincronizadas quando o sujeito dá atenção prévia a esse estímulo do que quando não o antecipa. A atenção preliminar é uma condição que assegura o processamento rápido da informação e a transmissão adequada dos resultados computacionais, isto é, de programação, em toda a rede cortical.[19]

O fenômeno da rivalidade binocular também ilustra as relações estreitas entre a atividade oscilatória sincronizada, a percepção consciente e a atenção. Quando se colocam duas imagens diferentes diante dos olhos de um sujeito, ele percebe apenas uma única imagem, seja a que ele vê com o olho direito, seja a que vê com o olho esquerdo. Por exemplo, se mostrarmos uma grade vertical ao olho direito e uma grade horizontal ao olho esquerdo, o sujeito não percebe uma superposição das duas grades, que comporia um tabuleiro de damas: ele vê ou a grade vertical ou a horizontal. Esses perceptos, ou representações dos objetos percebidos, se alternam a cada poucos segundos devido a mecanismos internos de troca de posição. Como, então, esses processos de seleção e de troca de posição visual ocorrem no nível neuronal?

É interessante observar que desde as etapas iniciais do processo visual, no nível do córtex primário, a troca de posição da percepção é acompanhada por uma modificação da sincronização das respostas neuronais às próprias grades. A grade que, na verdade, é percebida num momento preciso provoca respostas que estão mais sincronizadas com o nível da atividade oscilatória na faixa de frequência de 40 hertz do que as respostas à grade que não é percebida nesse mesmo momento.[20] No nível físico, cada olho "vê" a mesma imagem o tempo todo, mas o sujeito só percebe, alternadamente, a grade vertical ou a horizontal. Esses experimentos permitem pensar que os sinais sensoriais acedem mais facilmente ao nível de processamento consciente da informação se estiverem sincronizados.

MATTHIEU: Mas por que essa troca de posição se realiza sem que o sujeito seja capaz de controlá-la?

WOLF: Os sinais provenientes do olho direito ou do olho esquerdo são eliminados para evitar que se veja uma imagem dupla. Realizamos continuamente essa eliminação sem nos darmos conta dela, e ela é observada apenas sob condições experimentais. Como envolve um processo de decisão interno sobre quais dos sinais sensoriais disponíveis devem ter acesso à consciência, esse fenômeno com frequência serve de modelo para a investigação das marcas da atividade neuronal necessária para alcançar a percepção consciente. É importante ressaltar que meditadores são capazes de desacelerar deliberadamente a alternância da troca de posição na rivalidade binocular.[21] Eu mesmo tive essa experiência depois de alguns dias de uma prática meditativa do zen-budismo que consistia em olhar fixamente para uma parede branca. Como pude deduzir das mudanças que ocorriam na periferia distante do meu campo visual, os sinais que meus olhos enviavam ao cérebro sofriam uma troca de posição cujo ritmo, extraordinariamente lento, era de alguns segundos.

MATTHIEU: Passei pela mesma experiência no laboratório de Anne Treisman, da Universidade de Princeton. Percebi, de fato, que era possível desacelerar a troca de posição automática entre as imagens percebidas pelo olho esquerdo e pelo olho direito, e manter a percepção de uma única imagem durante trinta segundos, chegando até a um minuto.

WOLF: Contrariamente ao processamento de uma percepção não consciente, o correlato neurológico de uma percepção consciente se manifesta por meio de um aumento súbito e forte da fase de sincronia – em outras palavras, um aumento da coerência da atividade oscilatória, primeiro na faixa de frequência gama e, depois, durante a fase de manutenção, nas faixas de frequência mais baixas. Portanto, parece que o acesso à consciência exige um funcionamento incrivelmente bem organizado do cérebro como um todo.[22]

MATTHIEU: Trata-se do mesmo experimento dos "rostos de Mooney",* realizado por Francisco Varela?

WOLF: Sim, essa pesquisa é bastante próxima do experimento de Francisco Varela. Ele descobriu que ocorria um aumento de oscilações gama e de sincronia entre áreas corticais quando os sujeitos conseguiam identificar um rosto humano nos pictogramas. Por outro lado, se eles só enxergavam na imagem contornos pictográficos não interpretáveis, as oscilações gama tinham amplitude mais baixa e menos bem sincronizadas.[23]

Essa exposição relativamente longa me pareceu necessária porque ela tem uma ligação estreita com os correlatos neurológicos da meditação. Foi o que Richard Davidson constatou no seu cérebro quando você estava em estado de meditação.

MATTHIEU: Não apenas no meu, mas também no dos outros meditadores.

WOLF: Sim, e foi muito bom que isso tenha ocorrido, pois no campo da ciência é indispensável que um experimento seja repetido para

---

* Imagens criadas em 1957 pelo psicólogo americano Craig Mooney. Trata-se de rostos bastante esquemáticos em preto e branco que são identificáveis se forem apresentados do lado direito, mas que são percebidos simplesmente como manchas desprovidas de significado quando apresentados no avesso. (N. da Edição Francesa.)

ser considerado válido. Davidson constatou, portanto, um aumento surpreendente de uma atividade oscilatória de grande regularidade na faixa de frequência gama que vai de 40 a 60 hertz.

A observação mais interessante foi que esse aumento ocorreu nas regiões central e frontal do cérebro, não nas áreas sensoriais, como acontece quando se dirige a atenção para o mundo exterior. Isso indica que você mobilizou seus mecanismos atencionais, concentrando-os nos processos que têm lugar nas zonas corticais superiores, as áreas associadas a conceitos de alto nível de abstração, como símbolos, e, talvez, também a sensações e emoções. Embora seja muito difícil localizar com precisão as áreas ativadas com a ajuda de técnicas eletroencefalográficas, trata-se, evidentemente, de zonas diferentes das áreas sensoriais primárias, porque não havia estimulação sensorial. Alterações provocadas por processos não neurais como contração muscular ou movimentos oculares podem embaralhar seriamente esses cálculos. Espero que essas fontes de erros potenciais tenham sido controladas nos experimentos realizados com meditadores.

Podemos interpretar essas descobertas pressupondo que você ativa intencionalmente representações internas nas quais concentra a atenção e nas quais a seguir trabalha, da mesma maneira que processamos as informações provenientes do mundo exterior; você aplica suas capacidades cognitivas a eventos internos.

MATTHIEU: Também se pode dizer que mantemos a metaconsciência – uma acuidade de consciência mais apurada – de um estado particular que procuramos desenvolver, como a compaixão, e nos esforçamos em manter esse estado meditativo a todo momento.

WOLF: Sim, trata-se, portanto, de manter a atenção concentrada em estados interiores específicos, que podem ser emoções ou conteúdos imaginários. Trata-se basicamente da mesma estratégia que aplicamos às percepções do mundo exterior. No entanto, a maioria das pessoas não está familiarizada com o processo que consiste em dirigir a atenção aos estados interiores.

MATTHIEU: O que corresponde à definição de meditação, cujo objetivo, precisamente, é cultivar um estado mental particular sem se distrair. As línguas asiáticas possuem duas palavras para traduzir o termo "meditação": o termo sânscrito *bhavana*, que significa "cultivar, desenvolver", e o termo tibetano *gom*, que significa "familiarizar-se com as qualidades e as perspectivas novas associadas a um novo modo de ser". Portanto, não se pode reduzir a meditação aos clichês habituais que a identificam com o "esvaziamento da mente" ou o "relaxamento".

WOLF: Concordo. Trata-se de um processo de aprendizagem idêntico ao que empregamos quando focalizamos a atenção em eventos exteriores. Na verdade, quando observamos atentamente um objeto, extraímos dele determinadas informações, o que se traduz em transformações nas conexões sinápticas entre os neurônios, de tal sorte que, ao vermos novamente esse objeto, ele nos parece mais familiar. Nós o reconhecemos com mais facilidade e mais rapidamente, e, por essa razão, o mantemos presente na mente. Nós nos lembramos dele. Contudo, esse processo só é possível se dirigirmos nossa atenção ao objeto no instante em que o percebermos.

MATTHIEU: Isso pode ser aplicado à experiência da benevolência. O amor altruísta, por exemplo, surge na mente de todos de tempos em tempos, de forma intermitente, e logo é substituído por outro estado mental. Como não cultivamos o amor altruísta de forma sistemática, esse estado fugaz de bondade não se integra de maneira adequada à mente, e, assim, não resulta em transformações duradouras enraizadas em nossa personalidade. Todos nós temos pensamentos de bondade, de generosidade, de paz interior e de desejo de nos livrar dos conflitos, mas esses pensamentos são inconstantes. Outros estados mentais se seguem a eles, podendo ser estados aflitivos, como a raiva e o ciúme. Para integrar de maneira plena o altruísmo e a compaixão no nosso fluxo mental, é preciso cultivá-los por períodos muito mais longos. É preciso mantê-los presentes na mente e cuidar deles, insistir neles, preservá-los e fortalecê-los, de modo que preencham nosso espaço mental de maneira muito mais estável e duradoura.

Portanto, não se trata apenas de gerar, mas de conservar no longo prazo um vigoroso estado mental "saturado" de amor e de benevolência. Esse processo contém fatores de repetição e de perseverança que são comuns a todas as formas de treinamento. Nesse caso, a particularidade está no fato de que as aptidões que desenvolvemos são qualidades humanas fundamentais, como a compaixão, a atenção e o equilíbrio emocional.

WOLF: Exato. A meditação é mesmo um processo atencional extremamente ativo. Ao concentrarmos a atenção nos estados interiores, nós nos familiarizamos com eles e aprendemos a conhecê-los, o que facilita sua recordação quando quisermos reativá-los.

Esse fenômeno deve ocorrer junto com transformações duradouras no nível neural. Toda atividade cerebral que transcorre sob o controle da atenção é memorizada. As modificações ocorrem no nível das transmissões sinápticas; as sinapses ficam mais fortes ou mais fracas, resultando em mudanças no estado dinâmico das assembleias de neurônios (ou vastas redes de neurônios). Assim, graças ao treinamento da mente, você consegue criar novos estados mentais e aprende a trazê-los à consciência de maneira intencional. É extraordinário que tal possibilidade tenha sido demonstrada de modo incontestável. O que pode ter estimulado as pessoas a desviar a atenção do mundo exterior para os estados interiores de consciência e depois a submetê-los a uma dissecação cognitiva para conseguir controlá-los? Como é possível que as tradições orientais tenham se concentrado no universo interior e não no mundo exterior?

MATTHIEU: Bem, imagino que é porque esses estados mentais são os fatores determinantes da alegria e do sofrimento. Eles são fundamentais na vida de todos nós. O que mais me admira é constatar que o Ocidente tenha dado tão pouca atenção às condições internas de bem-estar e que tenha subestimado a tal ponto a capacidade da mente de transformar nossa experiência de vida!

WOLF: É particularmente fascinante constatar que esse treinamento mental provoca mudanças duradouras no cérebro, modificações que persistem para além do próprio processo de meditação. Um estudo recente realizado por pesquisadores da Universidade Harvard mostrou que em meditadores de longa data o volume do córtex é aumentado em determinadas áreas do cérebro.[24] Tania Singer também observou modificações estruturais do cérebro em grupos de novatos na prática da meditação que se submeteram a um treinamento de nove meses: três meses dedicados à atenção plena (*mindfulness*), três meses à consideração da situação do outro e três meses ao amor benevolente. Cada tipo de meditação produz modificações estruturais em áreas específicas, que variam de uma prática para outra. Esses aumentos de volume também foram observados depois da aprendizagem de capacidades motoras, ou depois de uma estimulação sensorial intensiva, aumentos que são provocados pela ativação dos neurópilos (os espaços que contêm as conexões interneurais) relacionados ao processo de aprendizagem. O número e o tamanho das sinapses e os espinhos dendríticos aumentam, tal como se observa em outras formas de treinamento e de aprendizagem.[25]

A piscadela atencional

WOLF: Outro estudo muito rigoroso vai na mesma direção, mostrando que as mudanças dos mecanismos que controlam a atenção são duradouras. Parece que a manutenção do nível elevado de atenção indispensável para sustentar estados meditativos provoca uma modificação nos mecanismos responsáveis pela atenção.

Permita-me explicar essa descoberta. Um pesquisador do laboratório de Anne Treisman – uma especialista em estudos sobre a atenção – analisou a capacidade de meditadores experientes de produzir um fenômeno chamado *piscadela atencional*.[26] Quando se mostra a um sujeito uma sequência de estímulos visuais (sejam eles palavras ou imagens) numa sucessão rápida, observa-se de maneira geral, no caso dos sujeitos não treinados, que, quando eles percebem corretamente o primeiro estímulo, o segundo e os seguintes não são notados, porque o cérebro continua envolvido no processamento do primeiro estímulo percebido conscientemente e não dispõe de outros recursos atencionais para processar os demais. Chamamos essa incapacidade de processar as imagens seguintes de "piscadela atencional". Os pesquisadores deduziram que, quando a atenção está envolvida no processamento de uma imagem percebida conscientemente, ela não se encontra mais disponível para processar a imagem seguinte. Contudo, meditadores são claramente menos afetados pela piscadela atencional. Heleen Slagter e Antoine Lutz também demonstraram que, depois de três meses de treinamento intensivo na meditação em plena consciência, a piscadela atencional se encontrava consideravelmente reduzida.[27]

MATTHIEU: Portanto, quando o sujeito está diante de uma sucessão rápida de imagens, letras ou palavras e identifica claramente uma delas, esse processo envolve sua mente de tal maneira que ele não consegue perceber a imagem seguinte, e com muito mais razão as outras, logo depois de ter reconhecido a primeira.

WOLF: O intervalo de tempo durante o qual o sujeito fica "cego" às outras imagens varia de 50 a algumas centenas de milissegundos, de acordo com a complexidade da imagem processada e a idade do sujeito. O mais surpreendente nessa descoberta foi constatar que meditadores experientes, mesmo idosos (o intervalo da piscadela atencional aumenta com a idade porque os mecanismos da atenção ficam mais lentos), apresentavam intervalos incrivelmente curtos. Eles percebiam todos os estímulos que desfilavam à sua frente numa velocidade de apresentação extremamente rápida.

MATHIEU: Há um estudo não publicado em que um meditador de 65 anos não apresentava nenhuma piscadela atencional.

WOLF: Nós confirmamos esse resultado. Em praticantes experientes e idosos, a piscadela atencional era tão curta quanto nos grupos de controle compostos de sujeitos jovens.[28] Isso indica que, praticada no longo prazo, a meditação transforma os mecanismos da atenção. É importante demonstrar que existem essas correlações entre medidas biofísicas e fenômenos subjetivos, porque, se existe mesmo uma correlação estatisticamente significativa, é provável que não estejamos diante de uma coincidência acidental, mas, certamente, de uma relação de causa e efeito. Até onde sei, esses dados sólidos e convincentes mostram que a meditação está associada a um estado específico do cérebro e que ela de fato tem efeitos duradouros nas funções cerebrais.

MATTHIEU: No que concerne à piscadela atencional, de uma perspectiva da introspecção, em princípio parece que a atenção é despertada por um objeto porque ela se dirige na direção dele, apega-se a ele e é obrigada, em seguida, a se separar dele. Vemos uma imagem e pensamos: "Ah, vi um tigre", ou então: "Vi essa palavra". Depois, é preciso um certo tempo para que esses pensamentos insignificantes se afastem. Porém, se simplesmente permanecemos num estado de presença aberta – que é o estado mais apropriado para reduzir o tempo da piscadela atencional –, apenas vemos a imagem, sem nos apegarmos a ela e, portanto, sem precisarmos nos afastar dela. Quando, um vigésimo de segundo – ou 50 milissegundos – depois, surge a imagem seguinte, estamos presentes, prontos para percebê-la.

WOLF: Portanto, o processo de meditação tem dois efeitos: antes de mais nada, você aprende a trabalhar os próprios mecanismos atencionais; depois, controla inteiramente, a seu bel-prazer, o envolvimento da atenção com determinado objeto e seu afastamento dele. A questão é saber com que nível de profundidade esses meditadores processam cada imagem. Poderíamos admitir que eles atribuem menos importância a cada imagem e podem, assim, perceber mais facilmente as imagens seguintes. Será que isso significa que eles processam a imagem com menos profundidade, o que lhes permite perceber as imagens seguintes mais rapidamente que os sujeitos comuns? Que eles as analisam menos e são, portanto, menos receptivos? Os meditadores em

A meditação e o cérebro   53

geral abordam os fenômenos do mundo exterior de maneira diferente, talvez de forma mais superficial, sem levá-los realmente a sério?

MATTHIEU: Não penso que seja uma questão de encarar de maneira "séria" ou superficial, mas, sim, de agarrar-se, apegar-se com maior ou menor intensidade às percepções e a fenômenos externos.

WOLF: Não deveríamos, então, nos apegar?

MATTHIEU: Exato. O budismo ensina que é extremamente libertador não se envolver sem cessar no processo de atração e rejeição, não "colar" em nossas percepções. Como dissemos anteriormente, de acordo com a perspectiva contemplativa, refinar a própria capacidade de introspecção a fim de observar os processos perceptivos e mentais – em vez de ficar impotentes diante deles, cegos e presos nos automatismos que eles desencadeiam – equivale a aumentar a qualidade e a capacidade de definição do telescópio da mente. Essa acuidade mental permite observar o desenrolar desses processos em tempo real e, portanto, não se deixar levar nem se enganar por eles.

Parece que as diversas formas de meditação que foram pesquisadas deixam marcas diferentes no cérebro. Se todas desencadeiam ondas gama de magnitudes diferentes, elas certamente ativam áreas do cérebro muito distintas.

WOLF: De fato, esse é um resultado previsível. Quando o meditador direciona sua atenção para emoções específicas – se ele se exercita no desenvolvimento da compaixão ou se dedica a cultivar a atenção em estado puro e a esvaziar o espaço da consciência de todo conteúdo conceitual –, não há dúvida de que ativa partes diferentes do cérebro, o que se traduz em modelos de ativação específicos. Você vai cair invariavelmente no modelo relacionado à atenção, porque a meditação exige sempre uma atenção focalizada; contudo, os sistemas de ativação associados ao conteúdo dependerão do objeto da atenção, conforme o meditador a dirija a conteúdos visuais, emocionais ou sociais.

Podemos, então, esperar encontrar modelos de ativação específicos nas áreas do cérebro relacionadas, respectivamente, às diferentes formas de meditação. Apesar disso, existe um denominador comum que vem do fato de que devemos controlar nossa atenção, um esforço que envolve as regiões do córtex frontal.

MATTHIEU: Depois da conferência do Instituto Mind and Life em 2000, fui me encontrar com Paul Ekman, o maior especialista internacional em expressões faciais das emoções, em seu laboratório em San Francisco. Fui submetido a um experimento, com alguns outros meditadores, em que nos apresentaram rostos com uma expressão neutra. Em seguida, durante ⅓₀ de segundo, uma imagem desse mesmo rosto passava diante de nós, mostrando uma das seis emoções básicas que encontramos em todos os seres humanos: alegria, tristeza, raiva, surpresa, medo e nojo. Dava para notar que tinha havido uma mudança, mas ela era muito, muito rápida. Imediatamente depois, o rosto retomava sua expressão inicial. Se as imagens desfilassem devagar uma depois da outra, seria fácil reconhecer a expressão estampada em cada rosto – um sorriso amplo, o movimento de recuo do nojo e assim por diante. Porém, quando a imagem é mostrada durante apenas ⅓₀ de segundo, só se percebe uma distorção ínfima do rosto, que logo retoma sua expressão neutra. Sem treinamento, é extremamente difícil identificar a emoção que se apresenta muito brevemente no rosto. Essas "microexpressões", como as denomina Paul Ekman, são movimentos involuntários que ocorrem a todo momento na vida diária e representam indicadores não censurados dos sentimentos internos que, normalmente, temos dificuldade em decifrar.

WOLF: Certamente.

MATTHIEU: Cabe dizer que pouquíssimas pessoas são naturalmente capazes de reconhecer bem essas microexpressões. No entanto, é possível aprender a identificá-las por meio do treinamento. No caso em questão, dois meditadores se submeteram ao teste. Pessoalmente, não fiquei com a impressão de ter sido bem-sucedido; por outro lado, me pareceu que as competências exigidas não tinham muito a ver com meditação. O resultado, porém, mostrou que tínhamos tido um desempenho muito melhor que os milhares de pessoas que haviam sido testadas antes de nós, e que éramos mais precisos, além de mais sensíveis, às microexpressões estampadas nos rostos.[29]

Segundo Paul Ekman, essa capacidade de identificar microexpressões pode estar relacionada ou à aptidão para detectar, de maneira geral, mudanças de estímulo muito rápidas, o que facilita sua percepção, ou à maior capacidade de ressonância às emoções do outro, o que facilita sua interpretação. A capacidade de identificar essas expressões fugazes parece sinalizar maior capacidade de empatia. As pessoas que melhor reconhecem essas emoções sutis são mais perspicazes, mais curiosas e se mostram mais abertas a experiências novas. Elas têm a fama de ser mais escrupulosas, mais eficientes e mais sérias.

WOLF: Isso também pode ser explicado pela redução da piscadela atencional e pela capacidade de perceber acontecimentos de duração extremamente curta. Ou, então, isso mostra que a acuidade das suas percepções emocionais é mais elevada que a da maioria das pessoas.

A atenção, a ruminação e a presença aberta

MATTHIEU: Sabe, no que concerne à atenção durante o experimento das expressões faciais, se sua mente está distraída no momento em que ocorre, muito rapidamente, a mudança de expressão, ela leva a atenção para o rosto, mas aí já é tarde demais: a expressão estampada no rosto desapareceu. Em compensação, se a atenção permanece, sem ambiguidade, no momento presente, num estado de receptividade total, quando ocorre a troca de imagem, a mente está presente! Ela não precisa que uma mudança repentina a leve ao momento presente. Portanto, esse fenômeno se explica ou pela atenção "nua", ou por um aumento de sensibilidade e abertura às emoções do outro. Trata-se, certamente, de uma combinação dos dois fatores. Agora, creio que devo retomar os pontos que você mencionou.

WOLF: Concordo.

MATTHIEU: Você dizia que a atenção dos meditadores está dirigida para o interior. O fato é que, para a grande maioria das pessoas, a atenção é constantemente solicitada pelo exterior. Na maior parte do tempo, elas dirigem sua atenção para o mundo exterior, para formas, cores, sons, sabores, texturas etc.

WOLF: Isso é muito importante para a sobrevivência.

MATTHIEU: Quanto a isso não há dúvida. Se você vai atravessar a rua, precisa estar consciente de tudo que se passa ao seu redor. Um dos grandes mestres tibetanos tinha o costume de ilustrar esse fato mostrando a palma da mão voltada para o exterior, depois virando-a para o interior e dizendo: "Agora devemos olhar para o interior de nós mesmos e ficar atentos ao que se passa em nossa mente, à verdadeira natureza da própria consciência". Esse é um dos pontos fundamentais da meditação. Alguns consideram que se trata de uma atitude estranha; pensam que não faz bem atribuir uma importância excessiva aos nossos processos mentais, e que é preferível se envolver com o mundo. Outros a consideram mesmo uma aventura angustiante.

WOLF: Posso interrompê-lo? Você disse anteriormente que se preocupar consigo mesmo, com seus próprios estados interiores, não passa de ruminação, que, ela mesma, é o contrário da meditação. Você consegue estabelecer uma diferença entre essas duas afirmações?

MATTHIEU: Olhar para dentro de si mesmo é diferente da ruminação, que consiste em dar livre curso à tagarelice interna, em se deixar invadir por pensamentos do passado, em ficar atormentado por determinados acontecimentos anteriores, em perscrutar sem descanso o futuro, o que alimenta esperanças e medos e significa que nunca se vive, de fato, o momento presente. Agindo assim, ficamos cada vez mais inquietos e centrados em nós mesmos, preocupados com todas as nossas elucubrações mentais e, no final das contas, deprimidos. Não prestamos realmente atenção ao momento presente: somos simplesmente absorvidos por nossos pensamentos, que se tornam um círculo vicioso que, por sua vez, alimenta nosso egocentrismo. Nós nos perdemos por completo numa distração interior, exatamente do mesmo modo como nos deixamos distrair pela oscilação infinita dos acontecimentos externos. Essa atitude mental se situa, portanto, no oposto da atenção nua. Voltar a atenção para dentro de si significa contemplar a pura consciência desperta e permanecer, sem se distrair, mas também sem se esforçar, no frescor do momento presente, sem alimentar nossas construções mentais.

Com Paul Ekman e Robert Levenson, da Universidade da Califórnia em Berkeley, também realizamos alguns outros experimentos que estão totalmente relacionados a esse conceito da atenção nua. Eles envolviam o reflexo de susto, que ocorre, por exemplo, quando ouvimos uma forte detonação. Esta desencadeia uma expressão acentuada de surpresa visível no rosto, um sobressalto do corpo e uma resposta fisiológica importante (alterações do ritmo cardíaco, da pressão arterial e da temperatura da pele, entre outras). Como todos os reflexos, o de susto está ligado a uma atividade do cérebro que normalmente escapa ao controle voluntário. Em geral, a intensidade da reação está relacionada à propensão do sujeito de viver fortes emoções negativas, como medo, nojo etc.

No nosso caso, os cientistas escolheram o patamar máximo de tolerância auditiva: uma explosão muito forte, como um tiro de pistola desferido bem perto do ouvido. De modo geral, algumas pessoas conseguem moderar sua reação de susto melhor do que outras. No entanto, anos de estudos mostraram que, de uma centena de indivíduos testados, nenhum conseguiu impedir a contração dos músculos faciais e o sobressalto do corpo. Certos sujeitos quase caíram da cadeira, exibindo, alguns segundos depois do susto, uma expressão aliviada ou risonha. Contudo, no caso de meditadores experientes num estado de presença aberta, ou de plena consciência, o susto desaparecia quase completamente.[30]

WOLF: Mesmo quando vocês não sabiam o que ia acontecer?

MATTHIEU: Em alguns experimentos, uma contagem decrescente de 10 a 1 foi exibida numa tela antes da detonação; outras vezes, sabíamos apenas que ela ocorreria dentro de cinco minutos. Pede-se que o meditador se sente e permaneça num estado neutro ou entre num estado meditativo específico. Pessoalmente, quando recorri à meditação da presença aberta, o barulho da detonação me pareceu muito menos perturbador. A *presença aberta* é um estado de consciência extremamente claro no qual a mente é tão vasta como o céu. Como não está concentrada num ponto preciso, a mente está perfeitamente clara e presente, viva e límpida. É um estado normalmente livre de pensamentos, embora não se procure, de modo algum, bloqueá-los ou impedir que eles surjam. Os pensamentos se dissolvem sozinhos à medida que vão aparecendo, sem proliferar nem deixar marcas. Se você consegue permanecer nesse estado, o barulho da explosão se torna muito menos perturbador. Na verdade, ele pode até reforçar a clareza desse estado de abertura.

WOLF: A atenção, então, não se concentra num conteúdo específico...

MATTHIEU: ... mas, por outro lado, a mente nunca está distraída.

WOLF: Você abre a janela da atenção.

MATTHIEU: Sim, mas sem esforço. Não existe tagarelice mental nem ponto de concentração específico da atenção, a não ser o fato de permanecer na pura presença desperta, em vez de se concentrar nela. Não encontro outras palavras: é um estado luminoso, claro e estável, desprovido de qualquer apego. É um estado mental no qual a explosão não provoca praticamente nenhuma reação emocional visível no rosto nem alteração alguma na variação do ritmo cardíaco. Repetimos o experimento duas vezes. Na primeira, entrei voluntariamente num estado de ruminação e de pensamentos discursivos, lembrando-me com precisão de uma experiência específica que eu tinha vivido. Fiquei inteiramente absorvido por essa corrente de pensamentos.

WOLF: É o que você chama de *tagarelice interior*?

MATTHIEU: Sim. Podemos falar de tagarelice interior ou de elaborações mentais. O fato de eu ter mergulhado voluntariamente nesse estado de distração profunda fez com que o barulho da explosão me deixasse mais sobressaltado. Minha interpretação pessoal dessa reação é que a explosão me conduziu de repente à realidade do momento presente, do qual, perdido em meus pensamentos, eu tinha me afastado. Porém, se permanecemos nesse estado de pura consciência desperta, nos encontramos sempre no frescor do momento presente, e a explosão nada mais é que um desses momentos presentes. Não precisamos ser conduzidos ao instante presente, uma vez que já estamos ali, a cada segundo.

É absolutamente compreensível que, em condições normais, se ocorre um evento inesperado que exige nossa atenção imediata – quem sabe até uma reação indispensável a nossa sobrevivência – e estamos distraídos, quanto mais a mente estiver perdida em divagações, mais o susto será acentuado.

WOLF: Portanto, a reação de sobressalto resultaria do fato de a atenção passar dos acontecimentos concretos que recordamos ou que estamos revivendo para um estímulo novo e inesperado.

MATTHIEU: Trata-se mais de passar de um estado de distração mental à percepção do momento presente.

WOLF: Portanto, nesse estado de pura presença desperta, você já está no momento presente; a atenção está ali, mas não está dirigida...

MATTHIEU: ... e está totalmente disponível e receptiva.

Wolf: Como o holofote da atenção ilumina tudo, você está preparado, não precisa desviar a atenção de um determinado conteúdo, e portanto não é tomado pelo susto.

Atenção e distração

Matthieu: À medida que cultivamos a atenção, compreendemos que ela representa uma ferramenta muito poderosa. Portanto, é preciso aplicá-la em algo que ajude a nos libertar do sofrimento. Também podemos, sem esforço, recorrer à atenção para permanecer simplesmente no estado natural da mente, na clareza da plena consciência desperta que está impregnada de paz interior e nos torna muito menos vulneráveis às vicissitudes da existência. Aconteça o que acontecer, somos menos afetados pelas perturbações emocionais, além de desfrutarmos de uma estabilidade maior. Portanto, alcançar essa pura consciência do momento presente nos traz uma série de benefícios. A atenção também é uma forma de cultivar a compaixão. Se a mente está constantemente distraída – e mesmo se temos a impressão de meditar –, ela se deixa levar mundo afora, tão impotente como um balão ao sabor do vento. Além disso, apurar a definição de nosso telescópio interno e manter a vigilância representam ferramentas indispensáveis para cultivar todas as qualidades humanas que desenvolvemos graças à meditação. No fim, libertar-se do sofrimento se torna uma habilidade no sentido pleno da palavra.

Wolf: Estou fascinado com o que você acabou de dizer. O fato de que esse processo exija controle atencional e repetição me faz pensar que os meditadores utilizam a estratégia de aprendizagem que se apoia mais na memória procedural do que na memória declarativa. Dispomos de dois mecanismos distintos para armazenar a informação no longo prazo. Um deles é um mecanismo mnemônico capaz de armazenar uma informação adquirida por ocasião de uma única experiência de aprendizagem. Por exemplo: você morde uma vez uma fruta cujo caroço é duro e sente dor. Você se lembrará disso o resto da vida, e nunca mais repetirá a experiência. É o que chamamos de *memória declarativa* ou *memória episódica*. Podemos narrar verbalmente todos os conteúdos dessa lembrança, da qual temos consciência. Em geral, não armazenamos apenas as informações referentes ao acontecimento em si, mas também as do contexto em que ele se produziu e o momento exato em que ele ocorreu em nossa própria história.

Trata-se de um processo muito diferente do processo de aprendizagem de uma competência, como tocar piano, esquiar ou velejar – nesses outros casos, é preciso praticar inúmeras vezes até adquirir o controle da habilidade, para que ela se torne automática. Essa é a *aprendizagem procedural*, que implica a *memória procedural*. É preciso se exercitar recorrendo a métodos específicos. No início da aquisição das competências, a aprendizagem se encontra inteiramente sob o controle da atenção e da consciência. Você precisa dissecar o processo em etapas progressivas. É indispensável ter um professor que o ajude como proceder. Também é possível tentar aprender sozinho, por tentativa e erro, o que é muito menos eficaz.

MATTHIEU: Daí a importância de ter um mestre qualificado quando se começa a meditar.

WOLF: Embora certamente professores sejam úteis, porque aceleram o processo de aprendizagem, o sujeito deve se exercitar sozinho. O substrato neuronal que é responsável pela aprendizagem das novas aptidões não pode se transformar instantaneamente num novo estado. É preciso ajustar gradualmente, e durante um tempo bastante longo, os circuitos neuronais. Depois, uma vez adquirida a competência, ela se torna cada vez menos dependente da atenção e, por isso, mais automática. Imagine que você esteja guiando um carro. Ao trafegar no bairro de uma cidade que conhece bem, você não dirige mais toda a atenção para o fato de conduzir um veículo. Você pode ter uma conversa muito séria enquanto dirige, executando uma série de gestos cognitivos extremamente complexos sem controle consciente.

MATTHIEU: Dizemos o mesmo com relação à meditação: no começo, ela é um pouco forçada e artificial; depois, torna-se gradualmente natural e espontânea.

WOLF: Quando ocorre a aquisição de habilidades, produz-se um deslocamento do sistema cortical na direção do sistema subcortical. No início da aprendizagem, quando o controle consciente e a atenção concentrada são indispensáveis, as estruturas do neocórtex são solicitadas, mais particularmente aquelas envolvidas na atenção, situadas nos lobos frontal e parietal. Mas, quando a competência é adquirida e se torna automática, a atividade dos sistemas de controle corticais diminui, ao passo que outras estruturas são envolvidas. Por exemplo, no caso da aquisição de competências motoras, o cerebelo e os núcleos cinza centrais – áreas motoras do córtex que estão sempre envolvidas.

MATTHIEU: As instruções referentes à meditação explicam de maneira muito clara que as primeiras etapas contêm um elemento de restrição e exigem esforço constante. Em determinados dias, ela ocorre facilmente, como um fluxo natural e espontâneo; em outros, ficamos entediados: nos dois casos, é indispensável prosseguir e meditar diariamente. Os professores insistem em que é melhor fazer sessões curtas de meditação, com intervalos regulares, do que sessões longas uma vez por semana ou a cada quinze dias.

WOLF: Agimos exatamente do mesmo modo quando adquirimos competências ou elaboramos a memória procedural. Foram realizadas inúmeras pesquisas sobre a dinâmica da aprendizagem de competências e o substrato neuronal da memória procedural. Seria interessante verificar se as estratégias consideradas ideais no caso da aprendizagem que recorre à memória procedural se parecem com as elaboradas intuitivamente pelos mestres de meditação. Por exemplo: é verdade que as sessões de meditação realizadas logo antes de dormir são particularmente eficazes? Porque é durante o sono que os traços mnêmicos da memória procedural são organizados e consolidados.

Consolidação da aprendizagem durante o sono

MATTHIEU: Para a maioria das pessoas que não têm a possibilidade de fazer retiros nem dedicar várias horas do dia à meditação, dizem que os melhores momentos para meditar são de manhã cedo ou antes de dormir. Meditar ou se submeter a qualquer prática espiritual de manhãzinha confere um toque especial ao resto do dia e inicia um processo de transformação interior que perdurará ao longo das atividades cotidianas como um fio invisível. Para utilizar outra imagem, podemos dizer que o "perfume" da meditação continuará presente, trazendo um aroma especial ao dia. Ele criará uma atmosfera e uma atitude muito diferentes, um modo de ser particular, visíveis na forma como nos ligamos às nossas emoções e às dos outros. Aconteça o que acontecer ao longo do dia, estamos nesse estado mental particular ao qual podemos nos ligar. De tempos em tempos, trazemos à memória esse estado meditativo, mesmo durante breves instantes, a fim de reavivar a experiência.

Por outro lado, se geramos antes de dormir um estado mental positivo, transbordante de compaixão ou altruísmo, a noite terá um tom diferente. Se, ao contrário, dormimos com pensamentos de raiva ou ciúme, seus efeitos persistirão uma parte da noite e envenenarão literalmente nosso sono. É por isso que o praticante tenta manter uma atitude positiva até o momento de dormir, procurando permanecer num estado mental claro e luminoso. Se ele consegue preservar esse fluxo positivo, o fluxo se mantém a noite toda.

WOLF: O que você acaba de explicar corresponde perfeitamente aos dados recentes sobre a importância do sono nos processos de aprendizagem e de memória. Hoje se reconhece plenamente que o sujeito deve passar por uma sequência repetida de fases características do sono para consolidar as lembranças. Essas fases englobam o sono de ondas lentas, o chamado sono profundo, e o sono paradoxal, conhecido como REM (*rapid eye movement*), que se caracteriza por movimentos oculares rápidos. Durante a última fase (REM), o cérebro está extremamente ativo, apresentando traçados eletroencefalográficos que não se diferenciam basicamente dos estados de vigília, de excitação e de atenção. Essas diferentes fases do sono se alternam durante a noite, servindo para restabelecer o equilíbrio do cérebro. A plasticidade do cérebro permite que ele se modifique em resposta ao ambiente. Ao longo do dia, elaboramos novas lembranças e adquirimos novas competências; esses processos se traduzem por meio de uma infinidade de modificações nas conexões sinápticas. A fim de conservar uma estabilidade indispensável, as redes neuronais são reajustadas em função dessas modificações. E esse reequilíbrio, ao que parece, ocorre durante o sono. Os traços mnêmicos se reorganizam, os que são relevantes são separados dos irrelevantes e as informações recém-adquiridas são imediatamente integradas em seus respectivos sistemas de associação.[31]

É por isso que os conteúdos dos sonhos geralmente estão associados a acontecimentos que ocorreram na véspera. Durante o sono, o cérebro reativa esses traços mnêmicos a fim de trabalhar neles, incorporá-los aos traços anteriores e consolidá-los. Durante as fases iniciais do sono, o cérebro reproduz numa escala temporal mais curta as atividades cerebrais geradas pela experiência diurna que precedeu imediatamente o sono. O que explica, sem dúvida, o fato de que alguns meditadores conseguem estender ao sono o estado a que eles haviam chegado logo antes de dormir.[32] No entanto, esse não é um fenômeno característico da meditação. Muita gente sabe, por experiência própria, que para aprender o vocabulário de uma língua estrangeira é mais eficaz repetir a lista de palavras logo antes de dormir. Durante o sono, os conteúdos mnêmicos assim repetidos são consolidados graças à ausência de experiências interferentes; é por isso que os recuperamos com grande nitidez na manhã seguinte.

MATTHIEU: O mesmo acontece quando devemos tomar uma decisão importante e nos sentimos meio indecisos e confusos. Se colocamos claramente a questão sobre o que fazer para nossa mente antes de dormir, o primeiro pensamento que aparece na manhã seguinte parece indicar a escolha mais criteriosa, a menos distorcida por projeções mentais, esperanças e medos.

Wolf: É por isso que dizemos: *"Schlaf darüber"*, ou seja, "Deixe o assunto descansar uma noite", quando é preciso resolver uma questão difícil. Geralmente a solução aparece sozinha ao despertar.

Matthieu: Eu também gostaria de mencionar um fato surpreendente: meditadores que fazem longos retiros – especialmente no budismo tibetano, os praticantes fazem retiros que duram mais de três anos – têm menos necessidade de sono que a maioria das pessoas. Esses meditadores vêm de contextos diferentes. Alguns são monges ou monjas; alguns são muito versados na filosofia budista, ao passo que outros a desconhecem inteiramente; também existem muitos praticantes leigos. Todos têm temperamentos diferentes. No entanto, em nosso centro de retiro do Nepal, depois de um ano de prática quase todos os retirantes não dormem mais que quatro horas por noite. Eles vão se deitar às 10 horas da noite e acordam entre 2 e 3 da madrugada, de acordo com a sensibilidade de cada um. Adotam esse ritmo sem se forçar e não demonstram nenhum sinal de falta de sono. Sentem-se alertas e dispostos o dia inteiro e não cochilam durante os longos períodos de prática.

É verdade que durante o dia eles não são atraídos por todo tipo de novidade, não têm de enfrentar situações de tensão nem precisam mais administrar um grande número de acontecimentos e circunstâncias. No entanto, eles não ficam nem de longe inativos: nas sessões de meditação, o emprego do tempo é muito rigoroso. Ele implica o desenvolvimento intensivo da atenção e da compaixão, inclui técnicas de visualização e outros exercícios espirituais. Como você interpreta uma transformação fisiológica tão espantosa?

Wolf: Várias respostas me ocorrem. Antes de mais nada, sabemos muito bem que crianças pequenas – e isso também se aplica a animais jovens –, que têm de assimilar muitas informações ao longo do dia porque tudo que vivenciam é novo para elas, precisam de mais sono que os adultos. Elas têm de enfrentar transformações consideráveis na estrutura funcional do cérebro – não só porque têm muito mais a aprender que os adultos, mas também porque seu cérebro está em pleno desenvolvimento, novas conexões neurais se formam e as que deixam de ser adequadas desaparecem. Essas alterações consideráveis do conjunto de sistemas neuronais exigem um reajuste permanente e, portanto, um tempo de sono mais longo. Na verdade, existe uma correlação positiva entre o tempo de sono de que precisamos e o aporte de informações novas que devemos assimilar. Se a experiência de animais ou seres humanos é enriquecida durante o dia, a duração de seu sono aumenta e ocorre uma mudança no padrão do sono. Essa correlação entre a quantidade de experiências novas – ou seja, a amplitude do desequilíbrio aplicado à estrutura funcional do cérebro por meio de mudanças induzidas pela aprendizagem –, de um lado, e a duração do sono necessário, de outro, reforça a ideia de que o sono é indispensável para restabelecer a homeostasia cerebral.

Sistemas dinâmicos complexos dotados de um alto nível de plasticidade, como o cérebro, são extremamente sensíveis às perturbações de seu equilíbrio, correndo permanentemente o risco de enfrentar estados críticos. O cérebro de sujeitos privados de sono durante um longo período apresenta sinais de instabilidade. A privação de sono pode resultar em crises de epilepsia, que refletem um estado de hiperexcitabilidade. De fato, os médicos às vezes recorrem à privação de sono para diagnosticar a epilepsia, porque ela favorece a ocorrência desse estado patológico. Outras consequências igualmente graves da privação do sono são distúrbios das funções cognitivas, como delírios, ilusões sensoriais e alucinações. As funções mnêmicas se deterioram porque não têm tempo de consolidar os engramas[*] e reajustar os desequilíbrios gerados pela aprendizagem. Além disso, os mecanismos atencionais se deterioram, o que dificulta mais os processos cognitivos e os processos de aprendizagem.

Mas voltemos à questão de saber por que os meditadores que vão para um retiro precisam de menos sono. Penso que é porque eles não

---

[*] O termo "engrama" designa um traço mnêmico residual de uma atividade passada conservada nos centros nervosos da memória. (N. da Edição Francesa.)

precisam lidar com novidades. Como eles trabalham com conteúdos conhecidos e que já se encontram armazenados, o cérebro tem de organizar menos informações novas. A tarefa principal é a consolidação, que, certamente, pode ocorrer durante a meditação, já que o cérebro está pouco exposto a estimulações externas.

MATTHIEU: É verdade. A principal tarefa da meditação é, de fato, desenvolver e consolidar competências. Um estudo realizado em Madison, no Wisconsin, no laboratório de Giulio Tononi, em parceria com Antoine Lutz e Richard Davidson, revelou que, entre meditadores que tinham entre 2.000 e 10.000 horas de prática meditativa, o aumento de ondas gama se manteve durante o sono,[33] com uma intensidade proporcional ao número de horas dedicadas previamente à meditação. O fato de essas alterações persistirem nos praticantes quando eles permanecem em repouso *e* durante o sono indica uma transformação estável de seu estado mental habitual, mesmo quando eles não têm de fazer um esforço específico como começar uma sessão de meditação.[34]

WOLF: Seria interessante observar a sequência das fases de sono dos meditadores durante o retiro. Elas certamente respondem a funções diferentes. Levantamos a hipótese de que uma das fases serviria para consolidar informações, enquanto a outra restabeleceria o equilíbrio e diferenciaria traços mnêmicos, a fim de reduzir a superposição e fusão das lembranças que devem permanecer distintas umas das outras.

MATTHIEU: Você poderia explicar esse processo de maneira mais detalhada?

WOLF: A memória cerebral é associativa; não é como a memória de computador, em que se tem endereços diferentes para conteúdos diferentes. No cérebro, lembranças diferentes são armazenadas dentro da mesma rede por mudanças diferenciais nos acoplamentos de neurônios. O equivalente de um determinado engrama é um estado dinâmico específico da rede, um estado caracterizado pela distribuição espaçotemporal específica de neurônios ativos e inativos da rede.

Em termos mais simples: imaginemos que temos 28 neurônios interconectados, de A a Z, que podem se tornar ativos em diferentes combinações porque suas conexões foram reforçadas e enfraquecidas de determinada maneira por meio de aprendizagem prévia. O traço mnêmico de conteúdo 1 consistiria então na predisposição dos neurônios ACD de estarem ativos simultaneamente, o conteúdo 2 corresponderia à coativação dos neurônios AMZ, e assim por diante. Agora, se armazena cada vez mais conteúdos nessa rede, você se defronta com problemas de superposição. As representações neuronais de diferentes conteúdos podem ficar similares demais ou se fundir entre si, tornando-se então enevoadas e ambíguas.

MATTHIEU: Você pode dar um exemplo disso?

WOLF: As fronteiras entre as assembleias de neurônios que representam lembranças diferentes correm o risco de ficar menos nítidas porque é preciso utilizar as mesmas sinapses e as mesmas ligações sinápticas para configurar a representação de conteúdos mnêmicos diferentes. Quanto mais lembranças armazenamos nessa rede, mais elaborada deve ser a configuração da ligação dos neurônios, a fim de preservar a diferenciação e a autonomia das diferentes lembranças.

MATTHIEU: É como se houvesse um excesso de imagens em um espelho?

WOLF: Ou muitos diapositivos superpostos. Suas imagens se confundem, e essas interferências os deixam desfocados. É preciso, então, organizar esses diapositivos de modo a diminuir a superposição e otimizar suas características específicas e sua autonomia. Vou dar outro exemplo. Tentamos nos lembrar de uma palavra, mas o chamado à memória da palavra é bloqueado por uma palavra semelhante que fica aparecendo sem parar no lugar do termo desejado. Nesse caso, as representações neuronais das duas palavras não são suficientemente distintas, ou diferenciadas, uma em relação à outra. Parece que uma das funções do sono é melhorar a diferenciação entre as representações que se superpõem. Um mecanismo que poderia resolver esse problema de superposição seria relacionar melhor as duas palavras a seus respectivos campos associativos, isto é, diferenciar os contextos em que elas foram armazenadas. Ainda não sabemos se essas duas funções, consolidação e diferenciação, têm origem nas diferentes fases do sono. É possível imaginar, contudo, que uma dessas fases esteja associada à tarefa de consolidação e outra à de "limpeza" e reorganização. Portanto, seria muito interessante fazer uma pesquisa para determinar a organização das diferentes fases do sono de meditadores, a fim de pôr em evidência a preponderância de uma ou outra fase durante seu breve repouso.

MATTHIEU: Com efeito. Os movimentos do corpo durante o sono poderiam fornecer uma indicação. Aprendi que normalmente uma pessoa muda de posição mais de quinze vezes por noite. Quando um especialista em sono relatou esse fato a Sua Santidade o dalai-lama, este se perguntou se realmente isso acontecia tanto assim. Eu também fiquei um pouco perplexo com tal informação. Alguns meditadores que fazem longos retiros dormem a noite inteira sentados, com as pernas cruzadas. Não é de esperar, portanto, que se mexam muito. Outros dormem tradicionalmente virados do lado direito, com a face pousada na mão direita e o braço esquerdo repousando ao longo do corpo.

WOLF: Existe um motivo para isso?

MATTHIEU: É bem complicado. Os ensinamentos dizem que, ao dormir nessa posição, exercemos uma pressão que inibe os canais sutis do corpo situados do lado direito, que servem de suporte para emoções negativas. Portanto, ao dormir desse lado facilitamos o movimento da energia que circula nos canais situados no lado esquerdo, que transmitem emoções positivas. É surpreendente constatar que isso corresponde perfeitamente à noção segundo a qual o córtex pré-frontal direito está associado a emoções negativas, enquanto o esquerdo é ativado quando experimentamos emoções positivas. Outro motivo pelo qual é aconselhável dormir do lado direito é evitar comprimir o coração.

Há alguns anos, durante um retiro de oito meses, tentei me observar. Uma ou duas vezes a cada noite, eu olharia para o despertador na mesa de cabeceira, para ver as horas. Ao longo de sete meses, tentei reparar em minha posição ao acordar. Todas as vezes, sempre que acordava no meio da noite ou pela manhã, na hora de me levantar, mal abria os olhos eu via o despertador ali, na altura do rosto. Nunca aconteceu que eu acordasse olhando para o teto ou virado para o outro lado. Portanto, posso afirmar com segurança que nunca me virei durante as horas de sono.

WOLF: Isso significaria que você não passa com muita frequência de uma fase de sono para outra, porque o fato de se virar ocorre durante os momentos de transição entre as diferentes fases.

MATTHIEU: Isto é, quando passamos de um sonho para o sono profundo, e assim sucessivamente.

WOLF: Sim. No entanto, hoje se acredita que sonhamos mesmo durante o sono em ondas lentas. A estrutura do sonho certamente é diferente, mas o cérebro trabalha nas duas fases, a do sono em ondas lentas e a do sono paradoxal, ou sono REM. Na verdade, foram constatadas oscilações de alta frequência nas fases de sono em ondas lentas. Essas oscilações rápidas se superpõem às ondas lentas e, uma vez que as oscilações rápidas estão provavelmente associadas à lembrança ou à ativação das recordações, não há dúvida de que existem sonhos nas fases de sono profundo. É um fenômeno bastante difícil de demonstrar cabalmente: quando despertamos os sujeitos, é impossível determinar se os sonhos que eles contam ocorreram bem no momento do despertar ou se se trata da lembrança de sonhos anteriores na mesma noite.

MATTHIEU: Existe uma relação entre lembrar-se mais, ou menos, claramente de um sonho e esses dois tipos de sono?

WOLF: Também nesse caso é algo difícil de determinar. Penso que as pesquisas atuais tendem a afirmar que, se você desperta um sujeito enquanto ele está em um período de sono REM, a fase de sono paradoxal, a probabilidade de que ele se lembre de um sonho é mais elevada do que se você acordá-lo quando ele está em sono profundo. Mas ignoro até que ponto esses dados são válidos.

De manhã, existem inúmeras fases de sonho paradoxal. Elas aumentaram durante a noite, atingindo o nível máximo logo antes do despertar. Nós nos lembramos mais frequentemente dos sonhos que ocorreram de manhã do que daqueles que aconteceram no meio da noite, a menos que se trate de sonhos muito impressionantes que nos acordaram. O que equivale a dizer que nos lembramos mais facilmente de sonhos que ocorrem em períodos de sono REM.

A compaixão e a ação

MATTHIEU: Você mencionou anteriormente as ondas beta e gama, que estabelecem uma espécie de sincronia, uma ressonância entre as diferentes partes do cérebro, que deixam o sujeito disponível para realizar determinada tarefa. Esse fenômeno parece corresponder inteiramente à experiência da meditação. Por exemplo, quando meditadores iniciam uma meditação sobre a compaixão, parece que ocorre uma ativação das áreas frontais do cérebro, as zonas conhecidas como "pré--motoras", responsáveis pela preparação da ação. Do ponto de vista contemplativo, podemos interpretá-la como a disponibilidade total de agir em prol do outro, o que é a característica natural do altruísmo e da compaixão autênticos. Se não nos encontramos prisioneiros da bolha do egoísmo e somos pouco inclinados a fazer convergir tudo para nós mesmos, o ego deixa de se sentir ameaçado. Não ficamos tanto na defensiva, nossos temores diminuem e ficamos menos obcecados por nós mesmos. À medida que desaparece o profundo sentimento de insegurança, as barreiras erguidas pelo ego desmoronam. Ficamos mais disponíveis para os outros e dispostos a nos envolver em ações que podem beneficiá-los. De certa forma, a compaixão estoura a bolha do ego. Essa é a nossa interpretação. De todos os estados meditativos, os que produzem as ondas gama mais fortes são os que têm como objeto a compaixão e a presença aberta; ondas de amplitude maior do que a registrada, por exemplo, no caso da atenção focalizada.

WOLF: Penso que a atenção focalizada envolve menos substratos neuronais porque nesse caso você se concentra numa tarefa específica, o que, em termos da estrutura neuronal, significa recorrer a um subsistema específico. Você prepara e ativa esse subsistema concentrando nele todos os seus recursos, para que ele intervenha rapidamente.

MATTHIEU: O termo técnico tibetano para essa meditação é traduzido como "atenção dirigida para um foco único".

WOLF: Isso deveria então levar à ativação gama das áreas que processam os conteúdos para os quais se está dirigindo a atenção. Poderíamos esperar que a coerência mais comum ocorresse em associação com o estado que você chama de "abertura completa" – qual seria o termo correto?

MATTHIEU: Presença aberta. Naturalmente, esses termos são aproximados. É realmente difícil traduzir tais experiências em palavras. Mas o fato é que a compaixão incondicional produz uma ativação gama ainda mais elevada do que a presença aberta.

Antoine Lutz e Richard Davidson demonstraram que, quando apresentamos a meditadores experientes em estado de compaixão registros alternados de um grito de aflição de uma mulher e a risada de um bebê, diversas áreas do cérebro ligadas à empatia são ativadas, entre elas a ínsula. Essa zona é mais ativada pelos gritos de aflição do que pela risada do recém-nascido. Também observamos uma estreita correlação entre a intensidade subjetiva da meditação sobre a compaixão, a ativação da ínsula e o ritmo cardíaco.[35] Essa ativação é proporcionalmente mais intensa se os meditadores contarem com um grande número de horas de treinamento. A amígdala e o córtex cingulado também são ativados, o que indica um aumento da sensibilidade aos estados emocionais dos outros.[36]

Sua filha Tania e a equipe dela também demonstraram que as redes neuronais responsáveis pela compaixão altruísta e pela empatia são diferentes. A compaixão e o amor altruísta têm um aspecto positivo, de calor humano e de bondade, que não está presente na simples empatia no que se refere ao sofrimento alheio. Esta pode desembocar facilmente no sofrimento empático ou no esgotamento emocional. Por ocasião de nossa colaboração com Tania, compreendemos que o esgotamento emocional, ou *burnout*, era na verdade uma espécie de "fadiga da empatia" e não uma "fadiga da compaixão", como se costuma dizer com bastante frequência.[37]

Barbara Fredrickson e seus colegas também demonstraram que meditar sobre a compaixão trinta minutos por dia, de seis a oito semanas, aumentava as emoções positivas e o nível de satisfação pessoal com a vida.[38] Os sujeitos desses experimentos sentiam mais alegria, bondade, gratidão, esperança e entusiasmo. Além disso, quanto mais longo o treinamento para a compaixão, mais acentuados eram seus efeitos positivos.

Meditação sobre a compaixão e coerência cerebral

MATTHIEU: Os resultados desses estudos a respeito da meditação sobre a compaixão envolvem uma forte coerência neuronal, porque a mente transborda de simpatia e bondade por todos os seres, bem como de compaixão por aqueles que sofrem. Inicialmente, começamos nos concentrando num objeto específico. Para promover a bondade, imaginamos, por exemplo, uma criança pela qual temos total simpatia. Quando esse estado de simpatia aumenta e se torna perfeitamente claro em nossa mente, nós o desenvolvemos mais e o mantemos até que ele impregne todo o nosso horizonte mental. Em seguida, nos esforçamos para permanecer nesse estado, para conservá-lo presente na mente, em toda a sua amplitude e plenitude.

WOLF: Gostaria de arriscar uma interpretação – possivelmente errada, é apenas uma especulação. O cérebro deve ter condições de estabelecer uma diferença entre estados positivos e negativos, estados coerentes e incoerentes.

MATTHIEU: De que modo?

WOLF: O cérebro tem de saber se um estado dinâmico particular resulta de um processo de percepção ou de deliberação, ou se, ao contrário, esse estado é parte integrante de processos interpretativos que redundam nesse resultado. Não nos esqueçamos de que no interior do cérebro existem apenas neurônios que se ativam: é um fluxo contínuo de transformações que ocorrem o tempo todo. Em resposta aos sinais que recebe ininterruptamente, o cérebro procura sem cessar as interpretações ou soluções mais prováveis ou mais plausíveis. Depois, ocorre subitamente uma transição que leva à solução. Nós temos consciência dessa transição. O cérebro tem de ser capaz, portanto, de diferenciar a atividade que sustenta as operações de interpretação em curso da que corresponde ao próprio resultado.

MATTHIEU: Você pode dar um exemplo de resultado?

WOLF: Existem inúmeros exemplos, de soluções complexas de quebra-cabeças sofisticados, charadas e problemas matemáticos a soluções aparentemente espontâneas de problemas levantados por meio da percepção. Imagine uma cena complexa composta de inúmeros objetos que se destacam ao fundo, este também bastante carregado. O sistema visual tem de realizar operações complexas para isolar as figuras do fundo e para identificá-las, comparando-as aos conhecimentos armazenados na memória. De repente, ocorre um estalo: "Eureca! É isso! Compreendi, encontrei a solução". Essa solução nada mais é que um processo neuronal espaçotemporal específico que não se distingue claramente do processo que redundou na solução. A questão que se coloca é saber como os processos que sustentam a solução diferem daqueles que geraram a própria solução. O fato de que um estado do cérebro conduza à resolução de um problema envolve uma assinatura neuronal; essa assinatura deve ser invariável, seja qual for o conteúdo da solução. Além disso, essa solução deve ocorrer por etapas, pois todos sabemos que nenhuma solução é inteiramente confiável.

MATTHIEU: Como assim?

WOLF: Existem soluções que não são muito confiáveis. Dizemos: "Talvez eu tenha chegado agora ao fim do processo de deliberação, mas..."

MATTHIEU: "... não estou muito satisfeito".

WOLF: Exatamente. Percebo agora que não é uma solução confiável, ou que se trata apenas de uma solução preliminar. Digo a mim mesmo: "Não tenho nenhuma solução". Ou ainda: "Preciso pesquisar mais". Portanto, o cérebro deve possuir sistemas de avaliação capazes de distinguir esses diferentes estados de ativação. Senão, não saberíamos em que momento interromper um ato de deliberação nem, *a fortiori*, falar de um resultado alcançado. De mais a mais, seríamos incapazes de avaliar a qualidade do resultado. Portanto, o cérebro deve possuir um meio de avaliar seus estados internos: "Este estado é satisfatório, aquele não é". Esses sistemas de avaliação também sustentam os processos de aprendizagem, porque queremos favorecer determinados estados que identificamos como "bons", "positivos", e queremos eliminar os que nos parecem "ruins". Consequentemente, o cérebro deve calibrar a conectividade sináptica que assegura a aprendizagem em função da valência atribuída ao estado pertinente. Quer dizer que, para favorecer a repetição de um estado considerado bom ou positivo, o cérebro deve reforçar as conexões entre os neurônios que sustentam esse estado. Inversamente, para diminuir a probabilidade de repetição de estados considerados "ruins", o cérebro deve enfraquecer as conexões sinápticas passíveis de favorecer o surgimento desse estado "negativo".

MATTHIEU: Esses processos lembram bastante os princípios do treinamento para a alegria, isto é, à capacidade de ser feliz. Trata-se, antes de mais nada, de reconhecer as emoções e os estados mentais que podem perturbar nosso bem-estar e identificar aqueles que o favorecem. Atuamos, então, no sentido de enfraquecer os primeiros e desenvolver estes últimos.

WOLF: Gostaria, por favor, de retomar sua afirmação de que o treinamento da compaixão e a experiência que temos com ele constituem um estado bastante prazeroso.

MATTHIEU: Eu diria que se trata mais de um estado de intensa plenitude.

WOLF: Como os dados do eletroencefalograma demonstram, o estado de compaixão é extremamente coerente. Ele está associado a um grau elevado de sincronia das oscilações gama. Eis aqui como interpreto esse fato. É possível que a assinatura de uma solução seja a coerência, um estado de sincronia, o momento em que conjuntos de neurônios dão início a uma atividade oscilatória bem sincronizada. Tudo que os sistemas de avaliação teriam de fazer para detectar esses estados de coerência seria proceder a uma espécie de sondagem da atividade das redes corticais e determinar seu grau de coerência, medindo seu nível de sincronia neuronal. Não se trata de uma tarefa difícil, porque os neurônios são capazes de diferenciar uma atividade sincronizada de outra não sincronizada. No primeiro caso – o aporte de informações sincronizadas –, constatamos uma eficácia maior da atividade neuronal. Enquanto as redes de apoio não estão sincronizadas e mudam rapidamente, os sistemas de avaliação não são ativados. Por isso, poderíamos dizer que a atividade cortical resulta de processos de elaboração em curso que ainda não chegaram a um resultado. No entanto, se a atividade se torna extremamente coerente, os sistemas de avaliação se ativam, o que significa que se chegou a um resultado.

Portanto, se a assinatura de um resultado significa a coerência de um estado, isto é, a sincronia transitória de um número suficiente de neurônios repartidos numa quantidade máxima de zonas corticais – estado de sincronia que deve durar por um período suficientemente longo para ser considerado válido e estável –, então os centros de avaliação interna sinalizam que se obteve um resultado e permitem que os mecanismos de aprendizagem fixem esse estado de sincronia, isto é, o mantenham disponível para que a memória possa trazê-lo de volta no momento desejado.

Permita-me agora aprofundar essa hipótese. Sabemos, pela experiência, que é agradável chegar a um resultado. A expressão "Eureca!" demonstra um profundo sentimento de satisfação. Parece, portanto, que os centros de avaliação estão associados a emoções positivas – é por esse motivo que às vezes trabalhamos com afinco para encontrar soluções. Talvez exista aqui uma explicação que esclareceria o elo existente entre emoções gratificantes e meditação. Como demonstram os dados disponíveis, durante a meditação os praticantes geram um estado interior que se caracteriza por um alto nível de coerência e pela sincronização da atividade neuronal oscilatória por uma rede extensa de áreas corticais. Essa coerência e essa sincronia deveriam representar uma condição ideal de ativação dos sistemas de avaliação que detectam tais estados globalmente coerentes e recompensam a espera de uma solução por meio de sentimentos positivos. Penso que na meditação os praticantes geram esses estados globalmente coerentes, sem, contudo, se concentrar em conteúdos particulares. Eles geram um estado que contém todas as características de uma solução positiva e confiável, um estado desprovido de qualquer conteúdo específico. Se eu extrapolar a partir daquilo que se sente quando se consegue encontrar a solução de um problema específico, imagino que meditadores têm uma sensação de harmonia livre de conteúdos cognitivos particulares; eles têm a sensação de que todos os conflitos foram resolvidos e que tudo ficou claro.

MATTHIEU: Sim, chamamos esse estado de plenitude, paz interior. Essa constatação nos leva àquilo que Sua Santidade o dalai-lama costuma dizer, com um toque de humor, quando explica que o *bodhisattva* (ser que encarna o ideal de altruísmo e de compaixão na via budista) encontrou, de fato, a maneira mais inteligente de realizar seu próprio voto de alegria, acrescentando que pensar e agir com altruísmo não garante que consigamos sempre fazer o bem às pessoas, nem mesmo que as satisfaremos. Às vezes, quando procuramos ajudar alguém, e ainda que tenhamos a melhor das intenções, pode ser que ele nos olhe com desconfiança e diga: "Mas o que você quer de mim? O que deu em você?" Mesmo nesse caso, não há dúvida de que nossa atitude nos fez bem, porque o altruísmo é o mais positivo de todos os estados mentais. É por isso que o dalai-lama conclui: "O *bodhisattva* revela um egoísmo inteligente". Contrariamente, aquele que só pensa em si mesmo é um "egoísta tolo", porque só atrai sofrimento. Evidentemente, porém, isso não passa de brincadeira, pois não existe o menor traço de egoísmo na mente de um *bodhisattva*.

WOLF: Parece-me indispensável que o cérebro possa avaliar seus próprios estados, diferenciar os que deseja dos que rejeita, depois ligá-los a emoções, de modo que o sujeito evite os estados indesejáveis e favoreça os que ele deseja. Por exemplo, estar dominado por um conflito interno é um estado indesejável. Esses sentimentos desagradáveis nos estimulam, portanto, a buscar uma solução que permita que nos libertemos deles. Desse modo, os processos subjacentes a um conflito interno, seja qual for a causa, devem ter uma assinatura neuronal característica que possua um formato geral, uma estrutura definida. O que sugere que a avaliação dos conflitos, sejam eles quais forem, obedece à mesma orientação geral. No entanto, até onde sei, continuamos ignorando a assinatura neuronal dos conflitos. Trata-se, talvez, de um nível particularmente baixo de coerência da atividade neuronal.

MATTHIEU: Muitas pessoas são literalmente destruídas por seus conflitos internos.

WOLF: Graças a pesquisas realizadas com animais, sabemos que determinados sistemas de recompensa adaptam sua atividade em função dos conflitos. Temos motivos para pensar que o córtex cingular anterior é uma das áreas cerebrais envolvidas na gestão dos conflitos internos.[39]

MATTHIEU: Os conflitos internos ocorrem paralelamente à ruminação.

WOLF: Sim. Mas nós ignoramos a natureza das atividades cerebrais que sustentam a experiência dos conflitos internos e da ruminação. Poderia haver assembleias de neurônios mutuamente incompatíveis rivalizando para estabelecer sua supremacia, provocando, por isso, uma instabilidade, isto é, uma alternância constante entre estados metaestáveis.

MATTHIEU: Nós chamamos essa alternância simplesmente de "esperança e medo".

WOLF: Emoções que se produzem quando não conseguimos atingir um estado estável e as representações internas do mundo que o cérebro tem de regular ininterruptamente por meio de diversas aprendizagens continuam em desacordo com a "realidade". Se o cérebro se esforça para atingir estados estáveis e coerentes porque eles constituem resultados que podem servir de base para ações futuras, e se sentimentos agradáveis são associados a esses estados de coerência, um dos objetivos do treinamento da mente poderia ser gerar tais estados, para além de qualquer objetivo prático. No entanto, deve ser muito difícil gerar instantaneamente tais estados, desprovidos de qualquer conteúdo concreto. É por isso, sem dúvida, que os praticantes começam imaginando objetos concretos: eles procuram focalizar a atenção em emoções específicas ligadas à ação, a fim de provocar sentimentos positivos como generosidade, altruísmo e compaixão, que são extremamente gratificantes.

MATTHIEU: Ao contrário do comportamento egoísta.

WOLF: Exatamente. Portanto, os praticantes recorrem a um imaginário mental como um meio de gerar estados coerentes no cérebro. Se os conteúdos forem agradáveis, então eles criam uma experiência de alegria interior. Depois, quando conseguem controlar bem seus estados mentais, os praticantes aprendem a separá-los de seus estímulos, até que eles se tornam estados autônomos e livres de qualquer conteúdo.

Altruísmo e bem-estar

MATTHIEU: Penso que é um exagero reduzir a compaixão a uma simples experiência agradável, porque a compaixão e o sentimento de plenitude estão intrinsecamente ligados. As qualidades humanas costumam florescer juntas. O altruísmo, a paz interior, a força e a liberdade, a verdadeira felicidade se desenvolvem simultaneamente, como as diferentes partes de uma fruta suculenta e nutritiva. O egoísmo, a animosidade e o medo também se reúnem, como os diferentes componentes de uma planta venenosa. Portanto, é errado afirmar que a única motivação que nos leva a ser bons com o outro é a busca da própria satisfação. A sabedoria é a única via que nos permite demonstrar uma compaixão autêntica, compreendendo verdadeiramente que o outro, como nós, não deseja sofrer, e, como nós, quer ser feliz. É nesse momento que nos preocupamos realmente com a felicidade e o sofrimento dos outros. Vir em socorro do outro nem sempre é "agradável", na medida em que às vezes precisamos enfrentar provas "desagradáveis" para ajudar alguém. Porém, bem lá no fundo de nós, existe um sentimento de adequação com nós mesmos e de coragem, harmonia e interdependência com todos os seres e todas as coisas.

WOLF: Você tem razão. Se conseguimos associar nosso próprio bem-estar ao altruísmo e à compaixão, todo mundo sai ganhando. Mas a questão que me coloco é a seguinte: qual é o estado que o próprio cérebro identifica como um estado agradável? Deve haver, portanto, estados particulares do cérebro que se traduzem no nível da experiência como estados positivos. Como demonstram os correlatos eletrofisiológicos recolhidos nos praticantes em estado de meditação, esses estados positivos parecem corresponder a uma alta coerência nas inúmeras áreas do córtex cerebral. Isso lhe parece uma hipótese plausível?

MATTHIEU: Você conhece melhor do que eu a questão dos estados de coerência, mas isso me parece pertinente. Para voltar aos conflitos interiores, como eu disse, eles estão ligados sobretudo a uma ruminação excessiva do passado e a uma antecipação ansiosa do futuro, o que equivale a ficar atormentado pela esperança e pelo medo.

WOLF: De minha parte, considero a ruminação um exagero da tentativa necessária e normalmente bem adaptada que consiste em se basear na experiência passada para prever o futuro, uma tentativa que nem sempre resulta numa solução estável, já que o futuro é imprevisível. Talvez seja esse apego a uma busca estéril da melhor solução – por definição, impossível de encontrar – que frustra o sistema e causa os sentimentos negativos.

Momentos mágicos

MATTHIEU: "Tenho pressa de saber se isso vai acontecer ou não." "O que devo fazer?" "Por que as pessoas agem assim comigo?" "Tenho tanto medo do que vão dizer de mim." Essas correntes de pensamentos têm como resultado estados mentais extremamente instáveis. Esse sentimento de insegurança fica ainda mais forte quando nos entrincheiramos na bolha do egocentrismo com a única finalidade de nos protegermos. Um dos objetivos da meditação, então, é estourar a bolha do apego ao ego e deixar que as elaborações mentais se dissipem no espaço ilimitado da liberdade.

Na vida cotidiana, as pessoas experimentam momentos de graça, momentos mágicos, ao caminhar na neve debaixo de um céu estrelado, passar momentos agradáveis com os amigos à beira-mar ou no alto de uma montanha. O que acontece? Subitamente, o peso dos conflitos internos desaparece. Elas se sentem em harmonia com os outros, consigo mesmas e com o mundo. Experimentam uma profunda sensação de bem-estar, pois seus conflitos internos ficam suspensos por algum tempo. É importante usufruir plenamente esses momentos mágicos, mas também é fundamental compreender o motivo desse bem-estar. Ocorreu uma pacificação dos conflitos internos e um sentimento mais apurado da interdependência de todas as coisas. Em vez de fragmentar a realidade em entidades sólidas e autônomas, essas pessoas experimentam o descanso concedido pela suspensão temporária das toxinas mentais. Essas qualidades podem florescer quando se desenvolvem a sabedoria e a liberdade interior. Longe de trazer apenas alguns momentos de graça, tal florescimento se transformará num estado de bem-estar duradouro, que podemos denominar de felicidade autêntica. Trata-se de um estado de profunda satisfação, já que, aos poucos, os sentimentos de insegurança dão lugar a um estado de confiança inabalável.

WOLF: Confiança em quê?

MATTHIEU: Confiança no fato de que seremos capazes de recorrer a essas qualidades para enfrentar, da melhor maneira possível, as incertezas da vida, as sensações e as emoções. A serenidade, que não se confunde com a indiferença, impede que nos sujeitemos, em todos os sentidos, à vontade dos ventos do elogio e da crítica, da perda e do ganho, do conforto e do desconforto, como as ervas que proliferam no alto de um desfiladeiro castigado pelo vento. Sempre temos a possibilidade de nos ligar à profundidade da paz interior. Desse modo, as vagas que ondeiam na superfície não parecerão mais tão ameaçadoras como antes.

Pode o *feedback* substituir o treinamento da mente?

WOLF: O treinamento da mente permite que nos familiarizemos com os estados de estabilidade interior, o que protege os meditadores de ruminações estéreis. Se esses estados desejáveis têm uma assinatura eletroencefalográfica característica que pode ser medida e controlada, poderíamos utilizar os procedimentos de *biofeedback*, ou retroação biológica, para facilitar os processos de aprendizagem indispensáveis que geram e mantêm esses estados. A intensidade da atividade cerebral de determinadas zonas é transmitida ao indivíduo por um meio apropriado (escala quantitativa, indicador ou sinal sonoro) de intensidade variável, de modo que ele possa ajustar seus esforços e encontrar uma estratégia para melhorar seu desempenho. Essa abordagem decerto ajudaria as pessoas a se familiarizar mais rapidamente com seus estados mentais específicos. Reconheço que é uma ideia tipicamente ocidental, um desejo que visa a evitar a aplicação de métodos demorados, e às vezes entediantes, e procurar atalhos no caminho da felicidade...

MATTHIEU: Você conhece os famosos experimentos feitos com ratos em que cientistas puseram eletrodos numa região do cérebro que provocava sensações de prazer nos roedores quando essa zona era estimulada. Os ratos podiam estimular eles mesmos essa área do cérebro pressionando uma alavanca. O prazer que sentiam era tamanho que eles abandonaram todas as outras atividades, deixando inclusive de comer e de copular. A busca do prazer se tornou insaciável, uma necessidade a tal ponto incontrolável que os animais pressionavam a barra até morrer de exaustão. Parece-me, portanto, que todo atalho no caminho da felicidade termina mais num estado de dependência do que numa transformação profunda do ser, como a adquirida por meio do treinamento da mente. A descoberta de uma profunda paz interior e de uma sensação de plenitude resulta do desenvolvimento de um conjunto de qualidades humanas. Apegar-se à repetição eterna das sensações agradáveis produziria resultados extremamente diferentes dos proporcionados pela prática meditativa. No que se refere ao *feedback*, contudo, como você sabe, há um estudo em andamento realizado por sua filha Tania[40] que parece indicar que meditadores experientes, quando recebem informações sobre a ativação de determinadas áreas do cérebro, conseguem adaptar à vontade a compaixão, a atenção e mesmo sentimentos negativos como nojo ou uma dor física intensa.

WOLF: Mas, nesse caso, antes de tudo geramos os padrões de ativação específica associados a essas emoções; portanto, aprendemos um pouco sobre a relação quantitativa entre a atividade cerebral e a intensidade de um sentimento. Volto a minha pergunta inicial: você acredita que conseguiria, avançando por tentativa e erro, reforçar a atividade de certos estados de seu cérebro que lhe seriam mostrados via *feedback* por um aparelho, familiarizando-se, assim, progressivamente, com esses estados até o momento em que estaria em condições de gerá-los de modo intencional?

MATTHIEU: Talvez não seja impossível. No entanto, não creio que essa seja a melhor maneira de proceder, porque simplesmente ter uma informação por meio de *feedback* sobre determinada habilidade não ajudaria muito os iniciantes, já que todas essas qualidades – atenção, controle emocional, empatia – devem ser desenvolvidas ao mesmo tempo, e é isso que as técnicas de meditação fazem. Além disso, a repetição duradoura dessas técnicas, a que damos o nome de *meditação*, está baseada na sabedoria, isto é, numa compreensão profunda do funcionamento da mente e da natureza da realidade (entendida como instável, interdependente etc.). Ao recorrer às técnicas de *feedback*, corremos o risco de passar ao largo da profusão de métodos contemplativos que desenvolvem a empatia, o altruísmo e o equilíbrio emocional. No entanto, recorrer ao treinamento por meio do método de *feedback* com fins terapêuticos pode trazer grandes benefícios e ajudar determinadas pessoas a se concentrar no desenvolvimento de uma aptidão específica, como a atenção ou a empatia. Essa técnica também pode se mostrar útil para compreender o funcionamento do cérebro.

Por outro lado, a simples utilização do *feedback* ou, ainda pior, a estimulação direta de determinadas áreas do cérebro podem não resultar em mudanças no comportamento ético como ocorre com a meditação. Estimular as zonas do cérebro que provocam sensações agradáveis ou ingerir substâncias que mantêm a pessoa num estado de constante euforia não a transforma num ser humano mais inclinado à compaixão nem mais ético. Quando a estimulação cessa, o indivíduo pode até se ver mergulhado num estado de dependência e impotência mais profundo que antes.

WOLF: Parece que determinadas substâncias ativam diretamente as estruturas cerebrais que em condições normais só são ativadas quando o cérebro passa por um dos estados que chamamos de "bons" — estados coerentes, livres de conflitos ou ainda aqueles que correspondem a soluções encontradas. É óbvio que essas substâncias por si sós não geram esses estados complexos, mas elas atuam diretamente nos sistemas que avaliam esses estados. De algum modo, elas enganam os sistemas de avaliação.

MATTHIEU: É por isso que desencadear sensações de prazer de maneira contínua, uma depois da outra, com o simples objetivo de se sentir bem, seria no máximo uma versão empobrecida do treinamento da mente, completamente esvaziada de sua essência e que poderia, até, ter efeitos contrários aos pretendidos. Empobrecida na medida em que a noção de florescimento pleno do ser humano decorre do fato de ele cultivar um amplo leque de qualidades que vão da sabedoria à compaixão, e cujo objetivo é experimentar uma felicidade autêntica e ter bom coração: são essas as atitudes que constituem a finalidade da vida.

WOLF: Desde a época do movimento *hippie*, costuma-se defender que o uso de psicotrópicos abre uma porta para o autoconhecimento e amplia o campo da experiência pessoal, sendo capaz de provocar estados alterados de consciência que se podem lembrar e até recriar depois que passam os efeitos da droga. Mais ou menos na mesma época, o *biofeedback* se propagou como método que permitia alcançar estados de relaxamento. Se ficamos descontraídos, parados, de olhos fechados, podemos registrar a sincronização da atividade das ondas alfa com uma frequência de cerca de 10 hertz em amplas regiões do cérebro. É muito fácil medir essa atividade. Se convertemos a amplitude da atividade oscilatória num sinal sonoro e pedimos que os sujeitos aumentem o volume sonoro desse sinal, constatamos, depois de um certo tempo, que eles são capazes de aumentar sua própria atividade alfa. Além disso, eles próprios afirmam que entraram em estado de relaxamento.

MATTHIEU: Um estudo preliminar realizado com meditadores experientes e formados na tradição do budismo tibetano revelou que, quando eles interrompem bruscamente toda a tagarelice mental, as ondas alfa desaparecem por um instante. Retomando o experimento do susto a que nos referimos antes, depois da detonação que normalmente provoca essa reação de sobressalto a mente do meditador continua num estado claro como cristal, desprovida de qualquer pensamento discursivo. Se esses resultados se confirmarem, então as ondas alfa estariam associadas, no meditador, à tagarelice mental, expressão que designa essa conversinha desconexa que, na maior parte do tempo, continua ininterruptamente no segundo plano da mente.

WOLF: É certo que as ondas alfa cessam assim que concentramos nossa atenção num objeto. Assim que abrimos os olhos e começamos a observar minuciosamente o ambiente, essas ondas alfa começam a diminuir. Parece, portanto, que a função delas é suprimir qualquer atividade potencialmente distrativa. No entanto, outra indicação sugere que essas ondas alfa estariam na origem dos ritmos que facilitariam a coordenação das oscilações de alta frequência e que, por isso, elas poderiam desempenhar um papel na formação de redes funcionais associadas à atenção. Eu seria tentado a pensar que quase não existem ondas alfa quando você entra num estado de meditação focalizado num ponto, porque então você produz uma forte atividade gama. Ora, uma forte atividade gama exclui qualquer atividade alfa.

MATTHIEU: Como enfatizamos antes, é preciso corrigir radicalmente a imagem ingênua da meditação que prevalece no Ocidente, segundo a qual meditar é se sentar em algum lugar para esvaziar a mente e relaxar. Sim, a meditação contém um elemento de relaxamento, na medida em que nos livramos de conflitos internos e cultivamos a paz interior. Existe também a sensação de que "esvaziamos" a mente, no sentido de que deixamos de perpetuar nossas elucubrações mentais, isto é, nosso modo linear de pensar, e que nos conservamos no frescor e na clareza do momento presente. Mas não se trata, de jeito nenhum, de um "branco" nem de um relaxamento letárgico, mas de um estado muito mais rico, o da presença desperta, viva e clara. Não nos esqueçamos também de que, nesse estado, não tentamos impedir, de maneira nenhuma, que os pensamentos surjam – o que é impossível –, mas os liberamos à medida que se manifestam.

WOLF: Quando fala em "modo linear de pensar", você se refere ao pensamento sequencial que consiste em passar de um objeto a outro, o que é uma característica da deliberação consciente.

MATTHIEU: Falo do pensar discursivo, das redes de reações de pensamentos e emoções que acabam gerando um ruído de fundo constante.

WOLF: A ruminação, então, é uma espiral infinita de pensamentos.

MATTHIEU: Sim, é uma proliferação constante de pensamentos baseados no egocentrismo, em expectativas e medos, que, na maioria das vezes, são de natureza perturbadora.

WOLF: Seria interessante realizar um estudo aprofundado sobre a assinatura eletroencefalográfica desses estados de tagarelice interior. Isso talvez fosse viável se o sujeito fosse capaz de passar voluntariamente de um estado de tagarelice a um estado de silêncio interior. Gostaria de poder determinar a assinatura desses estados de processamento sequencial que faz com que se passe de A a B, depois a C, antes de encontrar a solução para o problema. É provável que descobríssemos a assinatura dos estados que antecedem a tomada de decisão.

MATTHIEU: Quando estamos perdidos em nossos pensamentos, esse processo automático pode prosseguir durante muito tempo, até o momento em que, subitamente, nos damos conta de que a mente está muito distante dali.

WOLF: Isso pode ser agradável. É o que acontece, às vezes, quando lemos – pelo menos, é o que acontece comigo. Enquanto lemos, percebemos que os olhos continuam seguindo as linhas, mas a mente tomou outros caminhos. Não é algo necessariamente desagradável. E esse estado pode acender uma fagulha de criatividade, oferecer novos *insights* e soluções inesperadas.

MATTHIEU: É possível, com a condição de que nos lembremos de situações ou fatos benéficos; esse estado, porém, ainda é próprio da mente devaneadora, verdadeiro obstáculo à clareza e à estabilidade. Se queremos evocar estados mentais específicos, é melhor fazê-lo dando sentido a essas recordações, o que contribui para o crescimento interior, em vez de se deixar simplesmente levar pela corrente de pensamentos.

WOLF: Os estados instáveis não são necessariamente desagradáveis. Desconfio, até, que representem uma condição prévia e indispensável para a criatividade.

MATTHIEU: De fato, as pesquisas realizadas pelo neurocientista Scott Barry Kaufman demonstraram que um estado propício à criatividade parecia incompatível com a atenção focalizada. Segundo esse pesquisador, a criatividade costuma surgir da fusão de estados mentais à primeira vista contraditórios; na verdade, eles podem ser alternadamente límpidos e confusos, sensatos e absurdos, divertidos e dolorosos, espontâneos e originários de treino sistemático.[41]

WOLF: Eu gostaria de retomar a discussão que trata das vantagens dos estados cerebrais de aversão. Como já foi dito, deve haver estados que o cérebro identifica como desejáveis e que são associados a sentimentos positivos. Inversamente, existem certamente estados que o cérebro procura evitar e que são associados ou conduzem a sentimentos de aversão. Esses dois sentimentos contraditórios, a atração e a aversão, são sem dúvida importantes, tanto um como o outro, na medida em que guiam nosso comportamento, promovem aprendizagem e nos protegem, evitando que fiquemos expostos a situações de perigo, do mesmo modo que a dor é tão importante quanto a satisfação. Os estados de aversão nos estimulam a buscar soluções para resolver nossos conflitos. Será que não estaríamos diante de duas estratégias complementares destinadas a evitar os sentimentos de aversão associados a estados antagônicos do cérebro? Uma dessas estratégias consistiria em ingerir substâncias que enfraqueceriam os sistemas que provocam os sentimentos de aversão, estratégia análoga à ingestão de analgésicos para eliminar a dor. Do mesmo modo, também podemos reprimir esses sentimentos negativos recorrendo à distração ou nos dedicando inteiramente a outra atividade. Também podemos pura e simplesmente aprender a tolerar esse estado aversivo. Embora essas estratégias permitam enfrentar o sintoma, elas não tratam a causa.

Outra estratégia é atacar o mal pela raiz, descobrir o fundo do problema e solucioná-lo. Isso envolve uma certa ruminação e exige a exacerbação momentânea desses sentimentos de aversão, mas ela tem uma grande probabilidade de conseguir eliminar as verdadeiras causas da aversão e levar à solução do conflito. Cada uma dessas estratégias tem suas vantagens. É evidente que eliminar as causas é sempre a melhor estratégia. No entanto, se não podemos resolver o conflito, se o preço dessa solução se torna alto demais, ou quando se trata de um conflito ilusório – isto é, menos ancorado na realidade do que inventado por nós mesmos –, recorrer a substâncias psicoativas, reprimir a aversão ou aprender a suportá-la pode ser a melhor solução, em vez de teimar em procurar uma solução definitiva, mas difícil de encontrar.

Na sua opinião, qual dessas estratégias está mais próxima da meditação? Será que a meditação é uma técnica que permite resolver conflitos dissociando os sentimentos de aversão do problema que os causa? Se for assim, parece-me que é uma prática viável apenas num ambiente extremamente protegido, como um mosteiro, ou em circunstâncias análogas.

Além da aversão e da atração, existe um terceiro estado, que eu chamaria de *estado inativo*, que não está associado a sentimentos positivos ou negativos. O cérebro fica num estado de flutuação, pronto a iniciar uma ação com um objetivo preciso, sem estar ainda plenamente em ação.

Matthieu: É o que chamamos de *estado neutro* ou *estado indeterminado*. Ele não é positivo nem negativo, mas continua marcado pela confusão mental.

Wolf: Todos os seres humanos conhecem esses três estados – positivo, neutro e negativo –, porque é assim que o nosso cérebro está organizado. Todos nós desenvolvemos estratégias para evitar os estados negativos e para passar o maior tempo possível nos dois primeiros estados. Suponho que é assim que a evolução nos programou a fim de assegurar nossa sobrevivência num mundo complexo e imprevisível. Você, porém, afirma que, se seguirmos um treinamento mental, poderemos reprogramar o cérebro para que seja possível prolongar os estados positivos. Essa capacidade teria um efeito duplo: de um lado, ela permitiria que nos sentíssemos melhor e, de outro, que agíssemos de modo a reduzir os conflitos em nossas interações com o mundo. Seria, de fato, a chave do paraíso terrestre. Mas me parece bom demais para ser verdade. Onde ficariam, então, os limites desse atalho perfeito para a felicidade total?

Existem limites para o treinamento da mente?

Matthieu: Existem limites evidentes para nossas aptidões físicas: até que velocidade podemos correr? Até que altura podemos saltar? Quanto às capacidades mentais, esses limites definem a quantidade de informação que podemos armazenar na memória no curto prazo, a capacidade de permanecer totalmente atentos a uma tarefa por um longo período, a quantidade de informação que conseguimos processar simultaneamente quando nos vemos diante de inúmeros estímulos diferentes etc., embora seja possível ampliar o campo dessas capacidades a tal ponto que pessoas não treinadas não conseguem imaginar. Com efeito, será que existe um limite para as qualidades humanas, como a compaixão ou a bondade, que se parecem mais com *qualia** do que com quantidades? Seja qual for o nível de compaixão que a mente possa ter alcançado, não vejo por que não poderíamos continuar aumentando-a e depurando-a mais. Não vejo o que poderia impedir esse desenvolvimento. Sempre é possível imaginar uma compaixão mais ampla e mais intensa. Esse é um aspecto crucial do treinamento da mente. Sua Santidade o dalai-lama costuma dizer que existem determinados limites para o que podemos aprender em termos de informação, mas que o desenvolvimento da compaixão é ilimitado.

WOLF: Interessante. Eu teria pensado o contrário. A compaixão é um estado emocional, portanto sua amplitude deveria estar codificada na atividade dos neurônios que regulam esse estado. Como dissemos, o cérebro tem uma capacidade considerável de armazenar informações. O caso bem conhecido dos "autistas *savants* [sábios]" ilustra perfeitamente essa capacidade extraordinária: como têm dificuldade de conceber relações abstratas, eles recorrem à "força bruta" da memória para se adaptar ao mundo. Lembremos que a força bruta da memória é a capacidade de se lembrar de todos os detalhes de uma situação. Essa capacidade prodigiosa que o cérebro tem de armazenar informações se explica pelo número considerável de neurônios, bem como pelo número ainda mais considerável de ligações neuronais cujas modificações, desencadeadas pela aprendizagem, permitem que o cérebro produza um número infinito de estados diferentes. Se um estado particular – digamos, no nosso caso, uma lembrança precisa – é provocado por uma ativação particular na qual uma centena de neurônios ficam ativos a cada momento,

---

* *Qualia* são características da percepção e, de forma mais geral, da experiência sensível. Trata-se de fenômenos psíquicos subjetivos, constitutivos dos estados mentais. Geralmente diferenciamos as experiências perceptivas, as sensações corporais (fome, sede, cansaço etc.) dos afetos (sentimentos, emoções etc.). (N. da Edição Francesa.)

obtemos, matematicamente, um número maior de estados possíveis do que o número de átomos que existem no universo.

MATTHIEU: Uma centena de neurônios ligados a todos os outros?

WOLF: Não. Pegue as centenas de bilhões de neurônios contidos no cérebro. Se você admite que para compor um estado cerebral são necessários cem neurônios, então você vai obter uma infinidade de pacotes de cem neurônios em seu espaço de cem bilhões de neurônios. Além disso, cada um desses pacotes de cem neurônios pode ser o suporte de muitos estados diferentes. Temos, portanto, um número incrivelmente elevado de estados cerebrais possíveis e distintos. No entanto, esse espaço extraordinário de armazenagem não é plenamente explorável por causa do problema de superposição de que falamos antes no exemplo das grades vertical e horizontal. Os engramas devem ser suficientemente diferenciados uns dos outros para que o indivíduo possa ter acesso a eles como representações distintas.

MATTHIEU: Nesse caso, como se explica que não tenhamos essa incrível capacidade de calcular e memorizar dos autistas *savants*?

WOLF: Na verdade, nós dispomos dessa capacidade, mas não temos consciência dela. Tomemos o exemplo da memória visual. Você chega a um lugar que não vê há vinte anos. Lembra-se de ter morado ali e constata que uma das casas do lugar não existe mais.

MATTHIEU: Ou então entra numa casa que não vê há muito tempo e reconhece imediatamente pequenos detalhes, como a forma de uma maçaneta de porta ou de um bule de chá. No entanto, cinco minutos antes de entrar na casa você teria sido incapaz de descrevê-los, mesmo se sua vida dependesse disso!

WOLF: Consideramos esse processo de conhecimento como um fato consolidado porque podemos, todos, passar pela experiência. Pense na capacidade de memória necessária para armazenar todas as cenas que você percebeu ao longo da vida: é enorme! Você sabe quanta memória é necessária para armazenar uma simples foto num aparelho digital.

Percorremos o mundo e armazenamos todas as cenas que percebemos. É impossível lembrar cada uma delas a todo momento, mas, se nos derem indicações que nos permitam fazer associações, constataremos que elas estão fielmente registradas em nossa lembrança. Todos nós dispomos dessa capacidade mnemônica, mas, mesmo se pudéssemos, unicamente por meio da força bruta da memória, nos lembrar de tudo que está registrado para resolver nossos problemas, isso não seria uma solução econômica.

É muito mais barato estabelecer uma regra ou um princípio mnemônico e se lembrar disso. É muito mais fácil conceber e armazenar uma representação abstrata e resumida de um determinado contexto. De fato, por que armazenar uma situação complexa em todos os seus detalhes se é possível representá-la por meio de um símbolo ou uma palavra fácil? As crianças pequenas não utilizam tanto essa estratégia econômica porque ainda não adquiriram a capacidade de conceber descrições abstratas nem de recorrer a símbolos. Portanto, elas dependem mais da estratégia de armazenagem da força bruta da memória. É por esse motivo que elas sempre nos derrotam em jogos como "Memória".

Se a aquisição da estratégia que consiste em recorrer a conceitos e a símbolos é danificada por uma lesão cerebral ou uma anomalia genética, o indivíduo desenvolve a estratégia da força bruta para se lembrar de tudo em detalhes. Como acabamos de ver, essa estratégia ajuda os autistas *savants* a enfrentar a vida até certo ponto. No entanto, muitos deles têm dificuldade de lidar com a realidade, porque para eles é difícil imaginar situações complexas.

MATTHIEU: Como eles lidam com as emoções?

WOLF: Alguns desses "gigantes da memória" têm dificuldade de reconhecer emoções. Crianças autistas, por exemplo, têm dificuldade de decifrar o sentido das expressões faciais e associá-las a emoções. Isso lhes torna difícil deduzir das expressões faciais dos cuidadores se elas se comportaram bem ou mal, e essa incapacidade as impede de desenvolver a capacidade de socialização.

Quando crianças autistas realizam uma tarefa, acabam sempre olhando para o cuidador que as acompanha para avaliar se o comportamento delas está correto ou não. Se não conseguem interpretar as expressões dos cuidadores, é difícil para elas desenvolver suas funções cognitivas e se relacionar com o mundo, de modo que ficam cada vez mais isoladas. Esse isolamento é outra explicação da imensa capacidade de memorização de algumas crianças autistas. Considerando que não são capazes de investir nas relações sociais, seu entorno fica extremamente empobrecido; elas dirigem, então, toda a atenção para outras fontes de informação, como tabelas de horários e calendários, que decoram, repetem e memorizam. Como não sou especialista na matéria, aceite com cautela o que acabei de dizer.

MATTHIEU: Acabei de ler a biografia de um desses autistas *savants*, Daniel Tammet, que é capaz de recitar na sequência os 22.514 algarismos do número pi. Ele levou mais de cinco horas para enumerar esses dígitos, sem cometer um único erro. Declarou não ter ficado ansioso diante da ideia de lembrar essa quantidade de algarismos, mas que o fato de recitá-los em público o deixara angustiado. Acrescentou ainda que, em geral, toda vez que fica ansioso, basta pensar em números que ele se acalma e se sente seguro.[42]

WOLF: Esses exemplos ilustram de maneira espetacular o fato de que o cérebro é capaz de realizar tarefas que vão muito além do que a maioria de nós pode imaginar, feitos que, à primeira vista, consideramos impossíveis. Isso se aplica, sem dúvida, às realizações que alcançamos graças a um treinamento mental intensivo, embora seja difícil avaliar fenômenos que só existem em relação à perspectiva da primeira pessoa.

Não é fácil resolver a questão de saber se existe ou não um limite para qualidades humanas como a compaixão e a bondade. Imaginemos simplesmente, por ora, que essas emoções estejam codificadas na intensidade das respostas neuronais. Como regra geral, podemos aumentar a intensidade das repostas neuronais de três maneiras. Uma consiste em aumentar o índice de descarga neuronal; é a estratégia aplicada durante o processo de codificação dos estímulos sensoriais. A segunda consiste em recrutar mais neurônios: quanto mais forte é o estímulo, maior a importância do número de neurônios que respondem, porque mesmo os neurônios menos estimuláveis acabam sendo ativados. A terceira estratégia consiste em aumentar a sincronia das descargas neuronais, porque a eficácia da atividade dos neurônios relevantes é aumentada pela sincronização, mas é reduzida por uma atividade sincrônica dispersa, de maneira tal que a atividade sincrônica se propaga mais facilmente e com mais rapidez dentro das redes neuronais.

O cérebro pode utilizar uma das três estratégias de maneira intercambiável, como demonstrou recentemente um estudo publicado na revista *Neuron*.[43] Recorreu-se a um fenômeno visual conhecido como *aumento de contrastes*. Nesse experimento, temos dois círculos concêntricos compostos de faixas brancas e pretas. As alternâncias de faixas brancas e pretas do círculo interno e as do círculo externo podem variar de acordo com pelo menos três parâmetros: as faixas brancas e pretas do círculo externo podem prolongar as faixas de mesma cor do círculo interno; as faixas do círculo externo podem ter a mesma direção (vertical, por exemplo) que as do círculo interno; e as faixas do círculo externo podem ser perpendiculares às faixas do círculo interno. A percepção do contraste entre as faixas brancas e as pretas do círculo interno aumenta tanto quando a direção das linhas do círculo externo é perpendicular como quando as alternâncias das faixas brancas e pretas não coincidem. Nos dois casos, provocamos um aumento da percepção do contraste entre as faixas do círculo externo. Porém, o registro dos neurônios no córtex visual mostra que, no primeiro caso (as faixas do círculo externo são perpendiculares às do círculo interno), os neurônios ficam mais ativos; enquanto no segundo caso (as alternâncias de faixas brancas e pretas não coincidem) a atividade neuronal não aumenta, mas a sincronia, sim. Seja como for, deve haver um limite para o aumento da atividade deles. Quando todos os neurônios das estruturas envolvidas descarregam em sua frequência máxima e em sincronia perfeita, nenhum aumento de intensidade é possível. Suponho, então, que exista um limite à intensidade de uma emoção.

MATTHIEU: Devo acrescentar que, quando eu dizia que sempre era possível imaginar uma compaixão mais rica e mais profunda, não me referia apenas ao aspecto emocional dessa capacidade. Compreender as causas profundas do sofrimento alheio e tomar a decisão de aliviá-lo decorre também da sabedoria e da compaixão "cognitiva". Esta última está ligada à compreensão da causa mais fundamental do sofrimento, que, segundo o budismo, é a ignorância, essa mistificação que distorce a realidade e dá origem a várias obscuridades mentais e emoções aflitivas como o ódio e o desejo compulsivo. Portanto, esse aspecto cognitivo da compaixão engloba o número infinito de seres sensíveis mergulhados no sofrimento em razão dessa mesma ignorância. Não penso que seja preciso se preocupar demais com o fato de que a amplitude de tal compaixão cognitiva ameace esgotar as capacidades do cérebro.

A meditação e a ação

MATTHIEU: Retomando suas perguntas iniciais, eu gostaria de responder às acusações de egoísmo e indiferença que por vezes se fazem contra ermitãos e meditadores. Tais opiniões refletem uma profunda incompreensão do sentido do caminho budista, pois justamente o que permite a um indivíduo se tornar mais atento aos outros e menos indiferente ao mundo é o fato de ele se livrar do egocentrismo e do apego ao ego. A meditação é o processo indispensável que desenvolve e fortalece o amor altruísta e a compaixão.

Você poderia me responder que seria melhor que os ermitãos deixassem seu lugar de retiro e viessem ajudar os outros; senão, como contribuiriam para o bem da sociedade? O que podem eles saber das relações humanas se permanecem na solidão do seu retiro? *A priori*, essas perguntas parecem pertinentes. No entanto, as respostas a esses questionamentos são simples. Para desenvolver uma aptidão é preciso tempo e concentração. Se estamos mergulhados nas condições muitas vezes tumultuadas do mundo, corremos o risco de ser "fracos demais para que possamos nos tornar fortes", vulneráveis demais para ajudar os outros e para nos ajudarmos. Além disso, não dispomos da energia, da concentração e do tempo para nos preparar para fazê-lo. Portanto, essas etapas de desenvolvimento interior são indispensáveis, mesmo que *a priori* pareçam supérfluas aos olhos dos outros.

Durante a construção de um hospital, que pode levar meses ou anos, as obras de encanamento e de eletricidade não curam ninguém. No entanto, uma vez terminado o prédio, elas permitem tratar com bastante eficácia os pacientes. É importante dispor de tempo para construir o hospital, em vez de declarar: "Por que esperar? Vamos operar na calçada!" Daí a ideia de desenvolver competências num ambiente que favoreça o treinamento da mente, de modo que nos tornemos suficientemente fortes para desenvolver e conservar um altruísmo e uma compaixão autênticos, mesmo nas circunstâncias mais desafiadoras e mais penosas, momentos em que é mais difícil permanecer altruísta. Participo ativamente do mundo humanitário há vários anos e sempre constatei que os principais problemas (corrupção, choque de egos, pouca empatia e desânimo) que atingem essa área de atividade decorrem de uma falta de maturidade das qualidades humanas. É essencial, portanto, dedicar tempo ao desenvolvimento delas. É indispensável adquirir força interior, desenvolver a compaixão e o equilíbrio interno *antes* de começar a ajudar os outros.

Desenvolver uma motivação justa é o elemento crucial que sustenta todas as atividades que realizamos. Milarepa, o célebre santo e poeta tibetano, declarou que, durante os doze anos que passou em retiro solitário nas vastas extensões desérticas dos elevados planaltos tibetanos, o pensamento nos outros impregnou cada um de seus momentos de meditação. Ele queria dizer com isso que dedicou a vida ao desenvolvimento das qualidades necessárias para alcançar o bem do outro.

De acordo com o budismo, a motivação fundamental do *bodhisattva* no caminho é: "Que eu possa atingir o Despertar a fim de ter a capacidade de libertar todos os seres do sofrimento". Se essa aspiração está genuinamente presente em nossa mente, então nossa prática mental é o melhor investimento que podemos fazer para o bem do outro. Portanto, longe de ser o resultado de uma atitude de indiferença, trata-se, ao contrário, do raciocínio equilibrado que consiste em nos prepararmos para adquirir a força necessária para sermos úteis à humanidade.

WOLF: Portanto, esse compromisso deve fazer parte integrante da vida do praticante, que tem de passar por esse período de retiro num determinado momento de seu desenvolvimento espiritual e, em seguida, interagir com o outro, não continuar em seu retiro nem no ambiente protegido dos mosteiros. Quanto aos mestres espirituais, parece-me que eles devem continuar no mosteiro, a fim de transmitir sua sabedoria aos discípulos. Dito isso, penso que alguns só deveriam permanecer ali temporariamente, comprometendo-se, em seguida, com o mundo, para trabalhar por seu aprimoramento.

MATTHIEU: É importante ter consciência do fato de que, enquanto estivermos mergulhados num estado de confusão, é inútil tentarmos nos agitar para todo lado, pois isso só irá perturbar mais a vida daqueles que nos rodeiam. É preciso ter alcançado certo grau de sabedoria para reconhecer que estamos suficientemente maduros para de fato ajudar os outros. Caso contrário, é como pôr o carro na frente dos bois. Ninguém se beneficiará com isso.

WOLF: Portanto, enquanto considerarmos que não estamos prontos a ajudar, precisamos ser sustentados por outras pessoas que trabalham para ganhar a vida e que não têm a possibilidade de desfrutar desse período de amadurecimento afastadas do mundo. Existem sociedades em que essas práticas de treinamento mental são inexistentes. Apesar de tudo, esses grupos étnicos conseguiram se organizar: desenvolveram uma ética, regras sociais e uma moralidade, se perpetuaram e seus membros conseguiram se entender bem. Treinar a mente não é a única abordagem, mesmo que se constate que ela é, sem dúvida, a melhor. Não sei. Deve haver outros caminhos que permitam aprimorar o ser humano e criar sociedades estáveis.

Matthieu: Não há a menor dúvida. Porém, sempre chega um momento em que a pessoa deve fazer uma reflexão pessoal e procurar, sinceramente, se tornar um ser humano melhor.

Wolf: Nessas condições, não é impossível, nas sociedades ocidentais, onde somos criados e educados de maneira convencional, ter a capacidade de discernir claramente nossos sentimentos, sentir empatia pelo outro, ser bons pais e assim por diante? Depois de tudo o que dissemos até agora, existem poucas chances de que possamos desenvolver todas essas qualidades magníficas se não pudermos nos tornar discípulos de um mestre altamente qualificado. A educação não é uma estratégia eficaz e complementar para aprimorar as qualidades humanas? Talvez ela tenha a vantagem de não exigir tanto controle cognitivo como a meditação, podendo, portanto, ser aplicada desde a mais tenra idade, quando o cérebro ainda está em pleno desenvolvimento, ou seja, é bastante flexível e maleável. Devemos, certamente, chegar a um acordo entre o tempo que dedicamos ao nosso próprio desenvolvimento interior e o tempo que sobra para ajudar a melhorar a situação do mundo, comprometendo-nos com ele.

A estratégia que defendo consiste em ensinar a adolescentes a prática do treinamento da mente, a que eles poderão recorrer ao longo da vida a fim de se conhecerem melhor e se tornarem pessoas mais equilibradas. Penso, contudo, que o modo mais eficaz de modificar para melhor as funções do cérebro é a educação dos jovens por pais e professores. Crianças aprendem por assimilação com educadores com os quais estabelecem relações emocionais estreitas. Portanto, esse processo de assimilação deveria ser reforçado nas sociedades ocidentais, introduzindo o treinamento da mente nos programas escolares.

MATTHIEU: Não há dúvida de que pessoas muito talentosas conseguiriam desenvolver essas qualidades dedicando-se, simultaneamente, a outras atividades que não exigem atenção. De todo modo, para a maioria delas, é extremamente útil concentrar, de forma regular, toda a sua energia no cultivo dessas qualidades humanas com determinação. Por outro lado, é bem possível que um indivíduo naturalmente bondoso consiga ajudar muito mais os outros que um praticante que se compromete com o caminho com um espírito egoísta e ranzinza! O que importa aqui é que ambos continuem com seu esforço de aperfeiçoamento pessoal, pois esse crescimento representa uma ajuda inestimável para as pessoas e para o mundo em geral.

Não podemos subestimar a capacidade de transformação da mente. É profundamente lamentável que, por pura negligência, nós deixemos de renová-la. Isso equivale a voltar da ilha do tesouro com as mãos vazias. A existência humana tem um valor inestimável, desde que saibamos tirar proveito do tempo de vida relativamente curto para nos tornamos seres humanos melhores, para nossa própria felicidade e para a felicidade dos outros. Esse objetivo exige esforço, mas que tarefa não exige? Portanto, sugiro que encerremos esta discussão com uma nota de esperança e encorajamento: "Transforme-se a fim de melhor transformar o mundo".

Você também fez alusão aos períodos que se situam entre as sessões formais de meditação. Trata-se de um tema muito importante na prática meditativa. Chamamos esses momentos de "períodos de pós-meditação". Essas duas fases, a meditação e a pós-meditação, devem se reforçar mutuamente. Na verdade, esse reforço foi demonstrado recentemente num estudo conduzido por Paul Condon e Gaëlle Desbordes, que acompanharam três grupos de sujeitos durante oito semanas. O primeiro foi treinado a meditar sobre a bondade, o segundo, na meditação de atenção plena (*mindfulness*) e o terceiro, o grupo de controle, não recebeu nenhum treinamento específico. Ao final das oito semanas, o comportamento altruísta dos participantes foi posto à prova. Tratava-se de observar a probabilidade de que eles oferecessem sua cadeira, numa sala de espera, a um indivíduo que se encontrava encostado na parede e apoiado em muletas, e que, claramente, estava se sentindo mal. Antes de esse indivíduo entrar na sala, o participante era instruído a se sentar num banco, entre duas outras pessoas (que, assim como o "doente", eram assistentes do experimentador) que não demonstravam o mínimo interesse pelo paciente encostado na parede, o que acentuava o "efeito espectador". Foi impressionante constatar que, em média, os sujeitos dos dois primeiros grupos, que haviam recebido treinamento em meditação, ofereceram seu lugar *com uma frequência cinco vezes maior* que os membros do grupo de controle.[44]

As atividades e os comportamentos da pós-meditação devem refletir e exprimir as qualidades desenvolvidas durante a meditação. Seria absurdo atingir um excelente estado de clareza e estabilidade enquanto meditamos se fosse para desconsiderá-lo totalmente assim que saíssemos da sessão de meditação. O ideal é que, atingido um determinado nível de maturidade, as capacidades e a experiência do meditador sejam tais que não exista mais distinção entre meditação e pós-meditação.

WOLF: O mesmo acontece com esta discussão. Deveríamos descansar um pouco e permitir que nosso cérebro tenha tempo de reorganizar o que aprendemos. Continuaremos o diálogo amanhã.

2

Os processos inconscientes e as emoções

O que é o inconsciente? Para o monge budista, o aspecto mais profundo da consciência é a presença desperta. O que a psicanálise chama de inconsciente representa para ele apenas as brumas fortuitas das construções mentais. Para o neurocientista, existem critérios precisos para diferenciar os processos conscientes dos inconscientes, e é importante identificar tudo que se passa no cérebro enquanto se preparam os processos cognitivos conscientes. Surge então a questão das emoções. Como desarmar as situações conflituosas? Em que o amor altruísta se diferencia do amor-paixão? O amor é a mais suprema das emoções? Os pontos de vista convergem quanto à eficácia das terapias cognitivas.

Da natureza do inconsciente

MATTHIEU: Vamos nos deter um instante na noção de inconsciente, tanto do ponto de vista neurocientífico como do ponto de vista contemplativo. Em geral, quando falamos de inconsciente nos referimos a algo que se encontra enterrado bem no fundo do nosso psiquismo e ao qual nossa consciência comum não nos permite ter acesso. O budismo desenvolveu o conceito de "tendências habituais", propensões difíceis de detectar pela consciência. Essas tendências determinam diversos padrões de pensamento, que podem ser gerados espontaneamente ou desencadeados por determinadas circunstâncias externas. Às vezes, enquanto você não está pensando especificamente em nada, o pensamento numa pessoa, num acontecimento ou numa situação específica irrompe de súbito em sua mente, como uma lembrança que parece ter saído de lugar nenhum. Daí em diante, toda uma série de pensamentos começa a se propagar e você corre o risco de se perder facilmente nessas divagações.

O grande público, os psicólogos e os neurocientistas têm opiniões diferentes sobre o que é o inconsciente. O que chamamos, em psicanálise, de profundezas do inconsciente corresponde, para os contemplativos, às camadas de nuvens que nos impedem de enxergar o céu imaculado e o sol que brilha por detrás dessas nuvens. As nuvens formadas por essa confusão mental nos impossibilitam de experimentar, temporariamente, o aspecto mais essencial da natureza da mente. Como poderia subsistir o que quer que seja no inconsciente num estado de pura consciência desperta, livre de toda elaboração mental? No centro do Sol não existe escuridão alguma. Segundo o budismo, o aspecto mais profundo, mais fundamental da consciência é essa presença desperta semelhante ao Sol, e não esse inconsciente sombrio e confuso. É claro, tais concepções são expressas numa perspectiva na primeira pessoa; tenho certeza de que um neurocientista que examine essa noção na terceira pessoa terá uma concepção diferente.

WOLF: Sim, eu tenho uma visão do inconsciente relativamente diferente da sua. Como já disse, uma quantidade considerável de dados está armazenada nas estruturas do cérebro sem que tenhamos consciência da maior parte dessas informações, que podem ser suposições, conceitos, hipóteses etc. Essas "rotinas", ou automatismos adquiridos, das quais não temos consciência, determinam os resultados dos processos cognitivos, dos quais temos consciência. Elas permanecem disponíveis no nosso inconsciente, sem, no entanto, serem percebidas. Não temos consciência, normalmente, das leis que regem a interpretação dos sinais sensoriais, a elaboração dos nossos perceptos ou a lógica que preside nossas aprendizagens, nossas decisões, nossas associações e nossos atos.

É impossível fazer com que essas leis e hipóteses implícitas acessem o espaço de trabalho da consciência concentrando nossa atenção nelas; mas é possível, por exemplo, fazê-lo com os conteúdos armazenados na memória declarativa, aquela na qual armazenamos os conteúdos de cada experiência consciente. Há inúmeros indícios de que mecanismos atencionais desempenham um papel crucial no controle do acesso de conteúdos mnemônicos à consciência. De fato, se prestarmos bastante atenção neles, a maioria dos sinais provenientes dos sentidos pode acessar o nível da consciência. Contudo, determinados odores são uma exceção a essa regra, como os feromônios, que são processados por subsistemas específicos que não podem ser percebidos pela consciência. Também existem inúmeros sinais oriundos do corpo que não fazem parte dos processamentos conscientes, como as mensagens provenientes da pressão arterial, do nível de açúcar no sangue etc. Nunca é demais insistir no fato de que os sinais que nunca têm acesso à consciência, assim como aqueles que têm um acesso temporário a ela, como os estímulos sensoriais aos quais não damos atenção, não têm um impacto menos considerável sobre o comportamento. Soma-se a isso o fato de que esses sinais inconscientes podem controlar mecanismos atencionais, determinando, então, quais recordações armazenadas ou quais sinais sensoriais serão objeto de nossa atenção e, portanto, transmitidos para o nível do processamento consciente.

A consciência dispõe de um espaço de trabalho limitado, o que é uma restrição suplementar. Ela só consegue processar simultaneamente um número limitado de conteúdos mnemônicos. Sejam essas limitações explicadas pela incapacidade de levar em conta de maneira simultânea uma grande quantidade de sinais, ou resultantes da capacidade reduzida de trabalho da própria memória, ou das duas ao mesmo tempo, essas três hipóteses ainda são objeto de pesquisa científica. A capacidade do espaço de trabalho da consciência está limitada a processar de quatro a sete informações diferentes ao mesmo tempo, que correspondem ao número de conteúdos mnemônicos que podem ser guardados simultaneamente na memória de trabalho. O fenômeno de *cegueira à mudança* – a incapacidade de identificar mudanças específicas em duas imagens apresentadas a um sujeito numa sucessão rápida – demonstra de forma eloquente nossa incapacidade de prestar atenção a todos os detalhes de uma imagem e de processá-los de maneira consciente e simultânea.

Na verdade, a percepção não é um processo tão holístico como parece. Apreendemos uma cena complexa realizando uma varredura sequencial; na verdade, reconstruímos de memória a maioria dos elementos que temos a impressão de perceber. Uma infinidade de fatores, ao mesmo tempo conscientes e inconscientes, determina quais são, entre os inúmeros sinais que percebemos, aqueles que chegam a nossa consciência. Todos nós já experimentamos uma incapacidade temporária de lembrar um acontecimento ou um nome, seguida da irrupção súbita desse conteúdo mnemônico. Portanto, nem sempre conseguimos controlar todos os conteúdos que penetram em nosso cérebro.

Considero que o espaço de trabalho da consciência, cujo acesso é controlado pela atenção, representa o mais alto nível de funcionamento cerebral e também o mais integrado. Além disso, as leis que regem as deliberações, como as decisões que tomamos com todo o conhecimento de causa, se diferenciam, aparentemente, dos processos inconscientes. As deliberações se baseiam sobretudo em leis racionais, lógicas e sintáticas, e a busca de soluções consiste essencialmente num processo sequencial. Argumentos e fatos são analisados um a um. Eventuais resultados são examinados. Os processamentos conscientes exigem tempo. Portanto, seu mecanismo está perfeitamente adaptado aos momentos em que a pessoa não se encontra submetida a uma restrição temporal, quando ela não tem de levar em conta um número elevado de variáveis, e em que estas últimas são definidas com suficiente precisão para serem objeto de uma análise racional.

Os campos de aplicação dos processos inconscientes dizem respeito a situações que exigem respostas extremamente rápidas ou a condições no meio das quais um grande número de variáveis indeterminadas deve ser considerado simultaneamente e avaliado em relação a outras variáveis que não têm acesso – ou têm acesso limitado – ao processamento consciente, como o volume de conhecimentos implícitos, sentimentos vagos e heurísticos ou, ainda, motivações ou impulsos ocultos. Parece que os mecanismos inconscientes dependem mais de processamentos paralelos, que permitem que inúmeras assembleias de neurônios, cada uma representando uma solução específica, rivalizem entre si. Depois, um algoritmo "vitorioso" consegue estabilizar a assembleia neuronal na configuração mais bem adaptada ao contexto presente.

O resultado desses processos inconscientes se manifesta seja por meio de respostas comportamentais imediatas, seja por meio do que chamamos de "sentimento instintivo" ou "convicção íntima". Muitas vezes a pessoa tem dificuldade de explicar com argumentos racionais por que reage de determinada maneira a uma situação, e por que tem a impressão de que algo está certo ou errado. No contexto da experiência, ela pode chegar até a demonstrar que os argumentos racionais apresentados para justificar ou desmentir uma resposta específica nem sempre correspondem a suas "verdadeiras" causas. Na verdade, no caso de problemas complexos em que se imbrica um grande número de variáveis, constata-se que os processos inconscientes levam a melhores soluções que as deliberações conscientes, porque eles dispõem de inúmeros caminhos de pesquisa que podem conduzir a uma solução viável. Dado o volume considerável de informações e conhecimentos implícitos ao qual a consciência não tem acesso (ou tem apenas um acesso esporádico) e a importância decisiva dos caminhos inconscientes de pesquisa atuando na tomada de decisão e na orientação do comportamento, resolver ignorar as vozes do inconsciente não seria uma estratégia muito útil nem bem adaptada.

MATTHIEU: O que você acaba de dizer corresponde ao que Daniel Kahneman explica no livro *Rápido e devagar: duas formas de pensar*.[1] Mesmo que normalmente estejamos convencidos de que somos seres racionais, com frequência nossas decisões são irracionais e fortemente influenciadas por circunstâncias externas, por informações e percepções com as quais acabamos de entrar em contato e por nossas intuições imediatas. A intuição é uma capacidade extremamente adaptável que nos permite tomar decisões rápidas em situações complexas. No entanto, ela pode nos iludir, na medida em que nos leva a pensar, sem motivo, que fizemos uma escolha racional, escolha que, na verdade, exige mais tempo e reflexão.

Compreendo muito bem que inúmeros mecanismos complexos interferem no cérebro para que possamos agir, ter percepções e lembranças coerentes etc. Mas eu estava pensando mais no aspecto pragmático que consiste em gerar as tendências específicas que dão origem a estados mentais conflituosos e a emoções associadas ao sofrimento. Quero dizer com isso que, se sabemos nos ligar à presença desperta e permanecer no espaço de pura consciência, as emoções perturbadoras se dissolvem no mesmo momento em que surgem, sem gerar sofrimento. Se controlamos plenamente esse processo, não precisamos nos preocupar com o que se passa no nível do inconsciente. Trata-se mais de um problema de método. A psicanálise alega que é indispensável vasculhar as profundezas do inconsciente para acessar e identificar nossas pulsões reprimidas, ao passo que a abordagem budista ensina a nos livrarmos dos pensamentos no momento em que eles surgem.

Permanecer na clareza do momento presente permite que nos livremos de todas as ruminações, emoções dolorosas e frustrações, como também de outros conflitos internos. Se aprendermos a deixar dissipar os pensamentos que vêm à tona um depois do outro, estaremos em condição de preservar nossa liberdade interior, que é o objetivo do treinamento da mente.

Os efeitos colaterais da meditação

WOLF: Nesse ponto, me parece que nossas concepções divergem sensivelmente. Essas questões me levam a abordar um ponto crítico: os efeitos colaterais da meditação. Poderíamos argumentar que a estratégia que consiste em fechar os olhos no momento de enfrentar os conflitos, em querer fugir dos problemas em vez de resolvê-los, não é a melhor estratégia. Suponhamos que existam conflitos no inconsciente de uma pessoa, e que as ruminações provocadas por esses conflitos permitam identificá-los e resolvê-los. Esses conflitos podem ter origem em laços ambíguos entre a criança e a mãe na primeira infância ou em exigências antagônicas inscritas no psiquismo no início da educação. As causas desse tipo de problema não podem emergir facilmente à superfície da consciência porque fazem parte de lembranças implícitas elaboradas antes da maturação da memória declarativa. Essas lutas internas representam uma ameaça à saúde mental e física. Ao longo da história, a humanidade procurou se livrar desse gênero de problema com a ajuda de drogas, de atividades culturais e, mais recentemente, de um grande número de terapias criadas especificamente para responder às tensões internas. Outra estratégia, utilizada na terapia cognitivo-comportamental, tenta resolver essas tensões desconstruindo os hábitos com a ajuda de técnicas de recondicionamento. Se o paciente sofre de uma fobia específica, ele é exposto a um evento ameaçador para que compreenda que o evento em si não é perigoso. Depois de certo tempo, o paciente se acostuma com o que considerava uma ameaça e o problema pode, assim, ser resolvido.

MATTHIEU: Certamente, é preciso ir sempre ao cerne do problema. Mas, no fim, o que conta é se livrar dos conflitos internos de uma maneira ou de outra, não é? Portanto, existem algumas abordagens que consistem em vasculhar minuciosamente as profundezas do passado, com ou sem a ajuda de um terapeuta, e então tentar resolver o problema ou o trauma assim identificado, de modo que a pessoa se liberte do efeito aflitivo.

Mas também existem outros métodos, entre eles os utilizados pelo budismo, que não procuram fugir do problema, longe disso, mas liberar os pensamentos conflituosos que se apresentam à mente no momento mesmo em que eles se manifestam. Mas isso não é tudo. Quando nos obrigamos, repetidamente, a seguir esse método, não apenas conseguimos lidar de maneira bem-sucedida com cada pensamento aflitivo que aparece como também destruímos aos poucos as próprias tendências que provocam a ocorrência desses pensamentos. Desse modo, é possível, com o tempo e a prática, nos livrarmos definitivamente deles.

Entre as terapias contemporâneas ocidentais, a terapia cognitivo-comportamental oferece diversos métodos para tratar com precisão uma emoção que desestabiliza a pessoa em determinada situação. Como ela lida com a emoção recorrendo à razão e de maneira construtiva, apresenta semelhanças com a abordagem budista.

WOLF: Vejamos agora em que a meditação pode contribuir para resolver conflitos que ocorrem em níveis inacessíveis ao tratamento consciente. Adotarei um olhar crítico, com base num exemplo inspirado na realidade. Imaginemos que surja um conflito entre marido e mulher, provocando nos cônjuges um sentimento de mal-estar e ruminação. Duas bolhas de ego que se chocam, como na peça *Quem tem medo de Virginia Woolf?* O amor e a paixão que os cônjuges sentem um pelo outro são difíceis de controlar, porque estão enraizados em níveis inconscientes. Suponhamos que eles decidam fazer um retiro para meditar. Enquanto meditam num ambiente protegido, eles se sentem bem. Mas será que essa situação irá resolver o problema? Será que eles não recomeçarão a discutir assim que chegarem em casa, um diante do outro, no momento que tiverem de enfrentar de novo os mesmos problemas?

MATTHIEU: Enfrentar aberta e sinceramente nossas diferenças é uma solução, mas não é a única maneira de encerrar um conflito. Para que haja conflito é preciso dois protagonistas confrontando um ao outro de maneiras incompatíveis. Não é possível aplaudir apenas com uma das mãos... Na verdade, se um dos lados consegue desarmar seu estado mental antagônico, esse desarmamento interior ajudará muito a reduzir o conflito com o outro.

Fizemos um experimento em Berkeley com Paul Ekman e Robert Levenson, que, entre outras coisas, realizaram estudos sobre a solução de conflitos. Eles me propuseram discutir um tema polêmico com duas pessoas totalmente diferentes. No caso, a questão era compreender por que um ex-pesquisador no campo da biologia molecular como eu, que tinha trabalhado no famoso laboratório do Instituto Pasteur, na França, não só havia decidido se tornar monge budista como também resolvera acreditar em coisas insensatas como a reencarnação. Ficamos cobertos de sensores, encarregados de registrar os batimentos cardíacos, a pressão arterial, a respiração, a condutividade cutânea, a transpiração e os movimentos do corpo. Nossas expressões faciais foram gravadas por uma câmera de vídeo, cujos dados seriam analisados detalhadamente em seguida para detectar microexpressões. Meu primeiro interlocutor foi o professor Donald Glaser, prêmio Nobel de Física, que, nesse meio-tempo, tinha se voltado para a pesquisa em neurobiologia. Ele era uma pessoa extremamente afável e tinha uma mente muito aberta. Nossa discussão transcorreu muito bem e, depois de dez minutos de conversa, ambos lamentamos não ter mais tempo para continuar o diálogo. Nossos parâmetros fisiológicos indicavam um comportamento bastante tranquilo e livre de qualquer conflito. Depois os pesquisadores chamaram uma pessoa conhecida por ter um gênio bastante difícil – o que, claro, ninguém tinha lhe dito! O homem sabia que deveríamos ter uma discussão acalorada e foi direto ao ponto. Seus parâmetros fisiológicos subiram imediatamente como uma flecha. Quanto a mim, fazia o possível para ficar calmo e lhe dar respostas sensatas num tom amistoso – na verdade, a situação me agradava. Ele não tardou a se acalmar e, ao cabo de dez minutos, declarou aos pesquisadores: "Não consigo discutir com esse homem. Ele diz coisas sensatas e sorri o tempo todo". Portanto, para retomar o provérbio tibetano, "não é possível aplaudir apenas com uma das mãos".

Com relação aos nossos próprios conflitos internos, utilizar a meditação como uma solução mágica para acalmar as emoções e ganhar um pouco de tempo não é um modo de resolver as tensões de forma duradoura. Como você ressalta, com razão, trata-se nesse caso de mudanças cosméticas que não atacam a raiz do problema. Contentar-se em engavetar os problemas temporariamente ou tentar reprimir à força emoções intensas não ajuda nada. Isso nada mais é que pôr uma bomba-relógio num recanto da mente.

A verdadeira meditação não consiste em fechar os olhos para um problema durante certo tempo. No exemplo dos cônjuges que você citou, é preciso, antes de mais nada, ter consciência do aspecto destrutivo do apego compulsivo e de todos os estados mentais conflituosos. Eles são destrutivos na medida em que comprometem nossa própria felicidade e a dos outros. Para combater essas emoções, é preciso mais que um simples calmante. A prática da meditação oferece inúmeros tipos de antídoto.

Um antídoto direto é um estado mental que seja diametralmente oposto à emoção conflituosa que procuramos superar, à semelhança dos contrários como o calor e o frio. Por exemplo, a bondade é o contrário da maldade, já que não se pode desejar ao mesmo tempo o bem a alguém e querer prejudicá-lo. O recurso a esse tipo de antídoto neutraliza as emoções negativas que nos afligem.

Tomemos o exemplo do desejo. Todos concordam em que ele é natural e desempenha um papel essencial na realização de nossas aspirações. Porém, em si, o desejo não ajuda nem prejudica. Tudo depende da influência que ele exerce sobre nós. Ao mesmo tempo que é uma fonte de inspiração em nossa vida, também pode envená-la. Pode nos estimular a agir de maneira construtiva, mas também pode nos infligir sofrimentos intensos. Essas aflições profundas ocorrem quando o desejo está associado à avidez e à sede insaciáveis. Ele provoca, então, a dependência das próprias causas do nosso sofrimento. Nesse caso, ele é a fonte da nossa infelicidade, e só temos a perder se continuarmos sendo seu joguete. A esse tipo de desejo que é a fonte da dor nós aplicamos o antídoto da liberdade interior. Acolhemos em nossa mente as qualidades relaxantes e reconfortantes características da liberdade interior, deixando-as penetrar lentamente até que nasça e se desenvolva em nós esse sentimento de liberdade.

Dado que o desejo tende a alterar a realidade, projetando nos objetos que ele cobiça a impressão de que são absolutamente indispensáveis, se quisermos retomar uma visão mais correta das coisas será preciso examinar atentamente todos os aspectos do objeto de nosso desejo e constatar até que ponto nossa mente sobrepôs suas próprias projeções nele. Depois, deixamos a mente repousar no estado de presença desperta, livre da esperança e do medo, ao mesmo tempo que aprecia a clareza do momento presente, que atua como um bálsamo relaxante na queimadura do desejo. Se repetirmos esse exercício com perseverança – e esse é um ponto crucial –, ocorrerá aos poucos uma verdadeira mudança no modo de sentir os seres humanos e o mundo.

O outro modo de enfrentar as emoções conflituosas, que é também o mais poderoso, é pararmos de nos identificar com elas: nós não somos o desejo, não nos identificamos inteiramente com nossas emoções. Quando tomados pelo desejo, pela ansiedade ou por um acesso de raiva, não conseguimos nos diferenciar dessas aflições. Elas ocupam todo o espaço da mente, não deixando espaço para outros estados mentais, como a paz interior, a paciência ou o raciocínio, que poderiam acalmar nossos tormentos.

O antídoto consiste em *ter consciência* do desejo ou da raiva, em vez de nos identificarmos inteiramente com eles. A parte da nossa mente que está consciente da raiva não está com raiva, está simplesmente consciente. Em outras palavras, a consciência não é afetada pela emoção que ela está observando. Se compreendemos esse fato, podemos dar um passo atrás e nos dar conta de que, na verdade, a emoção é desprovida de solidez. Basta, então, abrir o espaço da liberdade interior para que o conflito interno se dissolva sozinho.

Isso nos permite evitar dois extremos, que são, tanto um como o outro, igualmente ineficazes: reprimir a emoção, que, nesse caso, continuará tão poderosa como antes; ou deixá-la explodir, em detrimento daqueles que nos rodeiam e de nossa paz interior. Não se identificar

Os processos inconscientes e as emoções   115

com as emoções é um antídoto indispensável que pode ser aplicado a todas as emoções, quaisquer que sejam as circunstâncias.

No começo, esse método pode parecer difícil, sobretudo no calor do momento; com a prática, porém, fica mais fácil conservar o controle da mente e enfrentar as emoções conflituosas da vida cotidiana.

O amor corrompido pelo apego

WOLF: E o amor, essa força suprema que está na origem de tantas alegrias e de tanto sofrimento? Será que essa força magnífica também desaparece, transformando-nos em seres inexpressivos e sem paixão?

MATTHIEU: De modo algum. O aspecto construtivo do amor, pelo menos do amor altruísta e de acordo com o que a psicóloga Barbara Fredrickson chama de "ressonância positiva", não tem nenhum motivo para desaparecer. Na verdade, quando nos libertamos de todas as perturbações mentais, ele fica mais forte, mais abrangente e mais rico.

Quanto ao amor romântico, ele em geral contém fortes componentes de apego e de egocentrismo, que na maioria das vezes o transformam em fonte de sofrimento. Nesse tipo de amor, com o pretexto de amar alguém, na verdade é a nós mesmos que valorizamos acima de tudo. Para ser uma fonte de felicidade mútua, o verdadeiro amor tem de ser altruísta. Isso não significa que não possamos nos alegrar. No amor altruísta os dois ganham, ao passo que o amor egoísta logo cria uma situação em que ambos os parceiros acabam perdendo.

WOLF: É possível afastar o elemento de apego?

MATTHIEU: Sim, porque na maior parte do tempo sentimos que esse elemento possessivo é uma fonte de conflitos e tormentos. Libertar-se dele, então, representa um alívio; sentimos alegria quando nos desprendemos desse sentimento de controle. O apego significa: "Eu te amo se você me amar como eu quero". É uma situação extremamente desconfortável. Como você pode exigir que alguém se conforme à sua vontade? É totalmente insensato e injusto. Ao passo que o amor altruísta e a compaixão podem se aplicar a qualquer pessoa e se estender a todo mundo.

WOLF: Até que ponto esses sentimentos estão concentrados em seus objetos?

MATTHIEU: A natureza universal do altruísmo não significa que ele se torna um sentimento vago, abstrato e distante da realidade. Ele deve ser destinado espontaneamente e de maneira prática a qualquer pessoa que penetre em nosso campo de atenção. Ele também pode se concentrar com mais intensidade nas pessoas que são naturalmente próximas de nós. O Sol brilha igualmente para todos os seres, com a mesma luminosidade e o mesmo calor em todas as direções. No entanto, existem pessoas em nossa vida – a família, os amigos – que se encontram mais próximas do sol da nossa atenção, do nosso amor e da nossa compaixão, e, por isso, recebem mais luz e calor. Isso não significa que o sol da compaixão concentre seus raios *apenas nelas*, de maneira discriminatória, e brilhe menos para as demais.

WOLF: Em que isso difere dos sonhos do movimento *hippie* – sonhos que, aliás, não sobreviveram ao teste da realidade? Eles se baseavam em pressupostos parecidos: apenas compartilhe amor e compaixão, e todos serão felizes. Mas isso não funcionou. Adolescentes passaram direto da família dos pais para a família da comunidade, sem terem tido a chance, nesse meio-tempo, de viverem sozinhos nem a oportunidade de se libertar e amadurecer. Partilhar amor, afeto, responsabilidades e bens materiais era considerado então como um meio de eliminar o egocentrismo. Essa ideia teria o apoio das sociedades budistas?

MATTHIEU: Ignoro quais eram realmente os ideais dos *hippies*. Quando falo de estender o amor a um número cada vez maior de pessoas, é evidente que não é no sentido de maior promiscuidade sexual.

Trata-se, aqui, da ampliação do amor altruísta e da compaixão, o que é muito diferente, não é? No contexto do budismo, é claro que estender o amor altruísta para todas as pessoas não implica negligenciar os próprios filhos. O exemplo do Sol é pertinente: damos todo o nosso amor, sem reserva, àqueles que são próximos de nós, àqueles por quem somos responsáveis, mas conservamos total abertura e disponibilidade para estender esse altruísmo a todo aquele que cruzar nosso caminho. Essa atitude não está relacionada a um fracasso em nossas relações pessoais nem à promiscuidade sexual, o que tem mais probabilidade de causar confusão e apego. O altruísmo incondicional é um estado de benevolência em relação a todos os seres sensíveis, um estado no qual não há lugar para o ódio.

WOLF: A ausência do ser amado nos deixa aflitos: essa é uma das características do amor. Buscar o próprio prazer pode levar à tristeza, se não pudermos partilhar essa experiência com a pessoa amada.

MATTHIEU: Não se trata apenas de desejar a presença de outras pessoas ao nosso lado quando contemplamos uma paisagem magnífica, mas de desejar que elas também partilhem essa experiência de profunda alegria e serenidade que vivenciamos. Isso nos leva à aspiração do *bodhisattva*: "Que eu possa transformar a mim mesmo e atingir o Despertar, a fim de estar em condições de libertar todos os seres do sofrimento". Trata-se de uma aspiração muito mais ampla e profunda do que desejar a presença de uma pessoa querida ao seu lado para contemplar um belo pôr do sol.

WOLF: Isso me parece, evidentemente, um objetivo sensato, generoso e pleno de maturidade. Mas será que está ao alcance das capacidades humanas? Os seres humanos têm essa capacidade única de estabelecer vínculos com o outro, mas, quando esses relacionamentos se enfraquecem a ponto de se romper, eles sofrem. Essa parece ser uma característica profundamente enraizada na natureza humana. Quando o ouço falar, tenho a impressão de que você defende uma prática que preconiza uma espécie de desprendimento. Não há nenhuma dúvida de que essa atitude altruísta reduz o sofrimento e emoções negativas como ódio, vingança, inveja, ganância, ciúme e agressividade, mas isso não diminui a amplitude de outros sentimentos intensos, valiosos e cheios de alegria que geralmente acompanham os altos e baixos da vida? Você acredita mesmo que é possível estender a compaixão bem além das relações pessoais? Afinal de contas, a evolução selecionou nossas faculdades cognitivas e nossas capacidades emocionais com o objetivo de administrar da melhor maneira possível as interações sociais dentro de pequenos grupos de indivíduos que se conhecem. Você não está substituindo a intensidade pela serenidade?

A alegria da paz interior

MATTHIEU: Não creio. Conhecer a paz interior e a serenidade não significa parar de viver a experiência do mundo em toda a sua profundidade e em todo o seu esplendor, assim como não significa diminuir a qualidade do nosso amor, do nosso afeto, da nossa abertura aos outros, nem mesmo da nossa alegria. Na verdade, o próprio fato de permanecermos no frescor do momento presente, em vez de nos deixarmos levar por pensamentos erráticos, nos torna muito mais presentes para os outros e para o mundo. O que você chama de "altos e baixos da vida" parece a superfície do oceano: uma alternância entre tempestade e calmaria. O efeito desses "altos e baixos" é mais forte perto da costa, onde o mar é mais raso: surfamos eufóricos na crista de uma onda e, no momento seguinte, sofremos por termos sido arremessados violentamente na areia ou nas rochas. Em alto-mar, porém, tanto faz que as ondas sejam enormes ou que a superfície da água esteja lisa como um espelho, a profundidade do oceano continua a mesma. Dito de outra maneira, para seguir com a metáfora, continuamos a experimentar alegrias e tristezas, mas estas ocorrem no contexto de uma mente mais profunda e mais ampla.

Dissemos que as pesquisas em psicologia e em neurociência mostram que estados como a compaixão incondicional e o amor altruísta são as emoções mais positivas que podemos sentir. A meditação sobre a compaixão é o estado que gera a ativação neuronal mais forte, a tal ponto que pesquisadores no campo da psicologia positiva, como Barbara Fredrickson, concluíram que o amor era a "emoção suprema".[2] De fato, mais que qualquer outro estado mental, ele abre a mente, permite que examinemos as situações de uma perspectiva mais ampla, que sejamos mais receptivos ao outro e que adotemos posturas e comportamentos mais flexíveis e inovadores. Ele provoca uma espiral ascendente de estados mentais construtivos, tornando-nos também mais resilientes e ajudando-nos a enfrentar melhor a adversidade. Esses estados não têm nada a ver com monotonia ou indiferença.

As relações harmoniosas podem oferecer a mais bela ocasião de aumentar o sentimento recíproco de bondade. Mas é indispensável desenvolver a profundidade interior para que esse amor seja mais forte do que o estado de fascinação que sentimos por alguém e do que nosso próprio apego ao sentimento que esse amor nos proporciona. A evolução nos deu a capacidade de sentir amor por uma pessoa querida. É o caso do amor paterno e, sobretudo, do amor materno. Podemos, então, usar essa capacidade como fundamento para aumentar o círculo daqueles a quem direcionamos nossa bondade.

Você evocou as dificuldades encontradas nas relações conjugais. É evidente que esse tipo de relação pode resultar em sofrimento intenso. Mas, se você transborda de amor por todos os seres vivos, a angústia causada pela súbita falta de um ente querido será menos dilacerante, porque uma grande quantidade de amor ainda reside no seu coração, pronta para ser expressa para muitas outras pessoas.

Quando tal angústia ocorre, é preciso examinar sua natureza. Fiquei desesperado porque meu amor egocêntrico foi abalado? Esse sentimento de profunda tristeza impede que eu dê amor a outros e o receba deles? De fato, quanto mais sentimos paz interior e um profundo sentimento de satisfação, mais somos capazes de assumir nossas responsabilidades conservando um amor benevolente e não uma paixão egoísta.

WOLF: Então essa redução da vulnerabilidade ao sofrimento não é privilégio unicamente da vida monástica?

MATTHIEU: Isso equivaleria a limitar seriamente a aplicação da força interior! Todos possuímos esse potencial de força interior, pois ela resulta de uma verdadeira compreensão do funcionamento da mente, do desenvolvimento da compaixão e da alegria interior.

WOLF: Em lugar do serviço militar, seria melhor dois anos de prática meditativa obrigatória antes de casar.

MATTHIEU: Excelente ideia! Na verdade, é o que todos deviam fazer antes de escolher um caminho, seja ele qual for. No mundo humanitário em que trabalho, constatamos com muita frequência que são as fraquezas humanas – corrupção, choques de egos etc. – que tiram dos trilhos os grandes projetos. O melhor treinamento exigido dos funcionários que trabalham em ONGs deveria ser um retiro de três meses sobre o amor e a compaixão. Paul Ekman me disse um dia que deveria haver uma "academia da compaixão" em cada cidade. Como vimos, o treinamento da mente propõe inúmeros métodos que permitem atualizar e aumentar o potencial das qualidades humanas.

Um dos meus mestres me ensinou que para sentir compaixão incondicional é preciso desenvolver a coragem. Se nos concentramos excessivamente em nós mesmos, ficamos inseguros, e tudo que nos cerca se torna ameaçador. Porém, se antes de mais nada nos preocupamos com os outros, em vez de ficar obcecados com nós mesmos, de que teríamos medo? Essas qualidades poderiam ser ensinadas de forma laica na escola, onde fariam parte de um programa destinado a desenvolver a coragem e o equilíbrio emocional. Contudo, para tornar esse programa efetivo, continuam sendo necessários professores que conheçam bem o funcionamento das emoções.

WOLF: Quase todos sofremos do mal-estar que você descreve. Como a origem desse mal-estar são nossos conflitos internos, nós nos voltamos para o trabalho, o que nos permite desviar a atenção para outros problemas mais imediatos; reprimimos nossas emoções e continuamos funcionando de maneira precária até que, inevitavelmente, os conflitos reapareçam. É necessário, então, redobrar esforços para dissimulá-los e ignorá-los novamente. Podemos, claro, romper esse círculo vicioso desde o princípio, investindo tempo e esforço na identificação da natureza dessas sombras.

Observar e treinar a mente

Matthieu: Como disse anteriormente, creio que a terapia cognitiva apresenta pontos comuns impressionantes com o budismo. Quando me encontrei com Aaron Beck, criador da terapia cognitivo-comportamental, ele me falou que estava impressionado com o número de convergências dela com a abordagem budista.[3]

Entre as semelhanças, Beck menciona em primeiro lugar a necessidade de eliminar o que o budismo chama de "aflições mentais fundamentais": ira, apego, falta de discernimento, arrogância e avareza. Trata-se, na verdade, de aprender a substituí-las progressivamente pela serenidade, pela compaixão e pela liberdade interior. Em segundo lugar, ele ressalta as similaridades na aplicação de métodos de meditação que visam a reduzir as construções mentais que levam a essas emoções negativas. Trata-se, principalmente, de reduzir a tendência a mergulhar num egocentrismo intransigente.

De fato, um dos objetivos das terapias cognitivas é fazer com que os pacientes tomem consciência das construções mentais e exageros irrealistas que eles sobrepõem a determinados eventos e situações. Outro ponto em comum entre as terapias cognitivas e o budismo consiste em reduzir certa propensão que as pessoas têm a dar demasiada importância – ou mesmo prioridade absoluta – a seus próprios objetivos e desejos, em detrimento dos outros e do bem-estar e da saúde mental deles. Beck lembra que as pessoas que sofrem de transtornos psicóticos demonstram uma intensificação do foco sobre si mesmas: elas concentram tudo nelas mesmas e se preocupam exclusivamente com suas próprias necessidades e desejos. Não podemos deixar de reconhecer que as pessoas "normais" apresentam muitas vezes esse mesmo tipo de egocentrismo, mas numa dimensão menor e de forma mais sutil. Tanto o budismo como a terapia cognitivo-comportamental tendem a atenuar essas características.

É fundamental identificar os eventos mentais que se manifestam em nós e esclarecê-los de maneira lúcida. A maioria dos problemas que nos incomodam é constituída de construções mentais que sobrepomos à realidade e que poderíamos desconstruir com facilidade. Devemos, portanto, examinar minuciosamente todas as nuances emocionais e cognitivas que afloram em nossa mente, de modo a nos libertarmos da escravidão de nossos próprios pensamentos. É assim que alcançamos a liberdade interior.

Fazemos um esforço enorme para melhorar as condições externas da nossa vida. No final das contas, contudo, é sempre a mente que vive a experiência do mundo e traduz as situações externas em bem-estar ou sofrimento. Se formos capazes de transformar a maneira como percebemos as coisas, transformaremos, consequentemente, nossa qualidade de vida. No estado normal, a mente muitas vezes é confusa, agitada, rebelde e sujeita a inúmeros pensamentos automáticos. O objetivo não é calar a mente nem reduzi-la a algo como um vegetal, e sim torná-la livre, lúcida e equilibrada.

WOLF: Concordo inteiramente com você, mas gostaria de lembrar que existem inúmeros métodos para alcançar esse objetivo. As diferentes culturas têm suas próprias estratégias, dos diálogos socráticos sobre a essência das coisas e a condição humana à infinidade de práticas espirituais, a maioria enraizada em sistemas religiosos, passando pelas posições humanistas baseadas nos ideais do Século das Luzes, os programas educacionais inovadores, mas também os tratamentos terapêuticos. Não seria desejável que nos esforçássemos para identificar as estratégias mais eficazes e mais viáveis?

MATTHIEU: É evidente que existem diversas maneiras de alcançar essa liberdade interior a que me refiro. O próprio budismo menciona as 84.000 portas do caminho da libertação. O importante é determinar qual método convém a cada um, em função de suas próprias disposições mentais, das circunstâncias de sua vida e das suas capacidades. Para abrir uma porta, é preciso ter a chave adequada. É inútil escolher uma chave de ouro se a que realmente abre a porta é uma velha chave enferrujada.

WOLF: Até onde sei, a estratégia mais eficaz criada até hoje foi a codificação dos direitos humanos nas Constituições modernas e democráticas, bem como a aplicação de sanções em caso de violação das normas sociais. Essas medidas acompanham o desenvolvimento dos sistemas políticos e econômicos que protegem a liberdade individual e maximizam a igualdade. Se quisermos que essas medidas tenham o maior impacto possível, é indiscutível que elas deverão ocorrer paralelamente à transformação dos indivíduos que constituem esses sistemas. Se conseguirmos reduzir as causas externas do sofrimento, e se as estruturas sociais e governamentais atuarem no sentido de que a compaixão, o altruísmo, a justiça e a responsabilidade sejam valores reconhecidos e recompensados, é muito provável que os seres humanos acabem encarnando esses valores.

MATTHIEU: Embora os indivíduos sejam influenciados pela sociedade e por suas instituições, eles podem, por sua vez, promover a evolução da sociedade e de suas instituições. Enquanto essa interação prossegue ao longo das gerações, a cultura e os indivíduos continuam se moldando reciprocamente. A evolução cultural diz respeito tanto a valores morais – é mais fácil transmitir determinados valores de uma pessoa a outra – como a crenças em geral, na medida em que algumas delas oferecem maiores chances de sobrevivência aos indivíduos.

Se queremos estimular o desenvolvimento de uma sociedade mais altruísta e mais humana, é importante avaliar tanto as capacidades de transformação dos indivíduos como as da própria sociedade. Se os seres humanos não tivessem a mínima possibilidade de evoluir, seria melhor concentrar todos os esforços na transformação das instituições e da sociedade, e não perder tempo estimulando a transformação pessoal. Contudo, a experiência dos contemplativos, por um lado, e as pesquisas sobre neuroplasticidade e epigenética, por outro, mostram que os indivíduos podem mudar.

WOLF: Sem dúvida. Do contrário, não depositaríamos tantas esperanças no fato de que a educação pode desenvolver e reforçar traços de personalidade que reduzem o sofrimento individual e contribuem para a estabilidade das sociedades que vivem em paz. A eficácia da educação é incontestável, da mesma maneira que o valor dos comportamentos que, segundo você, resultam do treinamento mental. Deveríamos realizar pesquisas para saber se existe atualmente uma comprovação científica que permita afirmar que a meditação tem esse poder de transformação que você defende, e que as sociedades nas quais as práticas contemplativas estão amplamente difundidas são mais pacíficas e infligem menos sofrimento a seus membros do que aquelas que só têm um acesso limitado a esses métodos.

3

Como sabemos
o que sabemos?

Podemos apreender a realidade tal como ela é? No plano das percepções comuns, o neurocientista e o pensador budista respondem de forma negativa: estamos sempre interpretando sinais sensoriais e construindo a "nossa" realidade. Quais são as vantagens e os inconvenientes dessa interpretação? É possível, por meio da investigação experimental e intelectual, esclarecer a verdadeira natureza dos fenômenos? Como adquirimos nossos conhecimentos? Existe uma realidade objetiva independente das nossas percepções? Diferenciaremos a abordagem *na primeira pessoa* das abordagens externas, *na segunda* e *na terceira pessoas*. É possível aprimorar, graças à introspecção, nosso microscópio interno a fim de corrigir nossas distorções da realidade e combater as causas do sofrimento?

Que realidade percebemos?

WOLF: Nossas duas tradições nos apresentam questões epistemológicas fascinantes: Como adquirimos o conhecimento do mundo? Até que ponto esse conhecimento é confiável? Nossas percepções refletem a realidade tal como ela é ou percebemos apenas os resultados das nossas interpretações? É realmente possível reconhecer a "verdadeira" natureza das coisas que nos rodeiam ou só temos acesso à aparência delas? Dispomos de duas fontes diferentes de conhecimento. A principal e a mais importante é a experiência subjetiva, pois ela tem origem na introspecção ou nas interações com o ambiente. A segunda fonte é a ciência, que tenta compreender o mundo e a condição humana utilizando instrumentos que constituem uma extensão dos sentidos, ao mesmo tempo que aplica os instrumentos do raciocínio lógico para interpretar os fenômenos observados, para desenvolver modelos preditivos e para verificar nossas previsões por meio da experimentação científica. No entanto, essas duas fontes de conhecimento estão limitadas pelas faculdades cognitivas do cérebro, que, na verdade, restringem tanto o objeto de nossa percepção como a maneira pela qual o percebemos, imaginamos e racionalizamos. É justamente por causa dessas limitações cognitivas que ignoramos onde se situam as fronteiras do nosso conhecimento. Só podemos supor que é provável que esses limites existam.

Penso que se trata de uma conclusão inevitável e peço que me permita ilustrá-la por meio de alguns exemplos. O cérebro é o resultado do processo de evolução, do mesmo modo que os órgãos e o organismo humano em seu conjunto. O cérebro também é o resultado de um processo evolutivo não orientado[*] no qual a criação da diversidade e da

---

[*] Alusão ao fato de que alguns contemporâneos de Darwin, como Herbert Spencer (1820-1903), mas também alguns de seus sucessores, consideravam que a evolução era direcionada, ou orientada, a um objetivo que deveria conduzir inevitavelmente ao progresso e cuja forma mais perfeita era o ser humano. (N. da Edição Francesa.)

seleção permitiu o surgimento de organismos equipados para a sobrevivência e a reprodução. Foi assim que esses organismos se adaptaram ao mundo no qual eles evoluíram.

A vida se desenvolveu numa dimensão do mundo extremamente limitada: a escala mesoscópica. Os organismos menores, que medem apenas alguns mícrons e são capazes de conservar de maneira autônoma sua integridade estrutural e de se reproduzir, são compostos por um conjunto de moléculas que interagem e são cobertas por uma membrana. A bactéria é um desses exemplos de micro-organismo. Os organismos multicelulares – as plantas e os animais – atingem dimensões mensuráveis em metros. Todos esses organismos desenvolveram receptores sensoriais que captam os sinais essenciais para a sua sobrevivência e reprodução. Assim, esses receptores são sensíveis apenas a uma gama extremamente reduzida de sinais. Os sistemas de processamento sensorial que se desenvolveram para avaliar os sinais selecionados se adaptaram às necessidades específicas dos diversos tipos de organismo. Portanto, as funções cognitivas desses organismos são altamente idiossincráticas e ajustadas para evoluir numa escala de dimensões muito limitada.

No nível humano, a dimensão mesoscópica representa o mundo que se pode perceber através dos cinco sentidos; portanto, temos a tendência de identificá-la com o nosso "mundo normal". É a dimensão em que prevalecem as leis da física clássica, o que certamente explica a razão de essas leis terem sido descobertas antes das leis da física quântica. Trata-se de uma dimensão na qual o sistema nervoso gera um comportamento bem adaptado, os sentidos definem categorias perceptivas e o raciocínio chega a interpretações plausíveis e úteis sobre a natureza dos objetos e sobre as leis que regem suas interações.

A consequência dessas considerações é que é provável que nossos sistemas cognitivos aparentemente não se adaptaram da melhor maneira possível para compreender a "verdadeira natureza" dos fenômenos que percebemos, no sentido kantiano do termo. Immanuel Kant fazia a distinção entre uma hipotética *Ding an sich* – literalmente, "a coisa em si", isto é, a essência de um objeto de conhecimento que é impossível reduzir mais – e a aparência fenomenológica desse objeto, que é acessível aos sentidos. Nossos órgãos sensoriais, e as estruturas neuronais que avaliam seus sinais, evoluíram de maneira a captar a informação que é relevante para a sobrevivência e a reprodução, mas também para gerar respostas comportamentais elaboradas a partir de abordagens heurísticas e pragmáticas adaptadas a essas funções. A objetividade da percepção, isto é, a capacidade de reconhecer a hipotética *Ding an sich*, essa coisa em si, nunca foi um critério de seleção da espécie.

Hoje se sabe que percebemos apenas uma porção ínfima das propriedades físicas e químicas do mundo. Nós nos servimos desses poucos sinais para elaborar nossas percepções, e nossa intuição ingênua nos diz que eles nos fornecem uma concepção abrangente e coerente do mundo. Confiamos em nossas faculdades cognitivas; vivemos a experiência de nossas percepções como se elas fossem o reflexo da realidade; não podemos apreendê-la de outro modo. Em outras palavras, sejam elas influenciadas pela introspecção ou pela experiência sensorial, nossas percepções normais adquirem o *status* de convicções.

MATTHIEU: Acreditamos viver a experiência da realidade tal qual ela é, sem compreender até que ponto a interpretamos e a distorcemos. Existe, de fato, uma distância considerável entre a aparência das coisas e o que elas realmente são.

WOLF: É verdade. Inúmeros exemplos ilustram o modo pelo qual adaptamos seletivamente nossos conhecimentos a fenômenos úteis a nossa vida. Um deles é nossa incapacidade de imaginar, ou compreender por meio da intuição, os fenômenos definidos pela física quântica e as condições predominantes nesse microcosmo. O mesmo se dá no caso das dimensões do universo e das dinâmicas altamente não lineares de sistemas complexos. Nossas funções sensoriais e cognitivas não foram adaptadas pela evolução para dar conta desses aspectos do mundo porque eles eram irrelevantes para nossa sobrevivência na época em que nossa cognição se desenvolveu.

MATTHIEU: Também temos dificuldade em imaginar alguma coisa que, dependendo do modo como a observamos, nos aparece seja como uma onda, que não é localizada, seja como uma partícula, que tem uma localização específica.

WOLF: O mesmo acontece na escala do cosmo. Tomemos a teoria da relatividade: nossas ideias preconcebidas se chocam com a ideia de que as dimensões do espaço e do tempo são relativas e se influenciam mutuamente, pois no mundo mesoscópico que conhecemos vivemos a experiência do espaço e do tempo como dimensões distintas uma da outra.

É interessante, contudo, o fato de que somos capazes de explorar dimensões do mundo que não são acessíveis nem pela introspecção nem através da experiência comum, recorrendo a instrumentos – telescópios e microscópios – que ampliam a capacidade dos nossos órgãos sensoriais e também às faculdades analíticas e indutivas da razão. Pressupomos inferências e deduzimos previsões que a experimentação valida. Porém, essas operações nascem no interior do sistema fechado do raciocínio científico, e nada garante que os resultados obtidos possam ser considerados certezas irrefutáveis.

MATTHIEU: Nesse caso, porém, você se refere apenas à compreensão da realidade baseada em nossas percepções sensoriais comuns. Quando o budismo fala de uma apreensão da realidade "tal como ela é", ele não se refere a meras percepções, mas a uma investigação da natureza última da realidade. Quando procuramos saber se a realidade é constituída de um conjunto de entidades autônomas dotadas de uma existência tangível e realizamos, em seguida, uma análise lógica correta, concluímos que essas entidades que parecem possuir existência concreta são, na verdade, um conjunto de fenômenos interdependentes desprovidos de qualquer existência própria. Embora compreendamos esse fato intelectualmente, isso não significa que nossos sentidos percebam os fenômenos externos exatamente como eles são, sem qualquer alteração. O próprio Buda afirmou:

> Os olhos, os ouvidos e o nariz não são elementos confiáveis de conhecimento,
> Assim como não o são a língua e o corpo.
> Se as faculdades sensoriais fossem elementos confiáveis de conhecimento,
> *Que utilidade teria para os outros o caminho supremo?*[1]

"Caminho supremo" é o nome de uma investigação correta da natureza última da realidade.

WOLF: Antes de comentar essas considerações, que dizem respeito à contemplação meditativa, eu gostaria de acrescentar algumas observações a respeito da evolução dos nossos sistemas cognitivos, em particular a respeito da transição que ocorreu entre a evolução biológica e a cultural. Nossas funções cognitivas foram selecionadas, inicialmente, para nos ajudar a enfrentar as condições de vida de um mundo pré-social.

Ao longo das últimas etapas da evolução biológica, parece ter ocorrido uma forma de coevolução entre o surgimento de um ambiente social e o cérebro, uma evolução dupla paralela que dotou o cérebro de determinadas aptidões sociais: a capacidade de perceber, emitir e interpretar sinais sociais. Essas faculdades geneticamente transmitidas foram desenvolvidas e aperfeiçoadas sob o efeito das modificações epigenéticas da estrutura do cérebro que ocorrem ao longo da evolução sob a influência da experiência e da educação.

MATTHIEU: A *epigenética* designa o fato de que herdamos um conjunto de genes cuja expressão pode ser modulada por influências que encontramos ao longo da vida. Podem ser influências externas – ser amado ou maltratado – ou influências internas – ser ansioso ou conhecer a paz de espírito. Algumas dessas modificações podem ocorrer *in utero*. Quando ratazanas fêmeas são submetidas a situações de estresse crônico, suas crias têm respostas alteradas ao estresse, sendo mais sensíveis a ele. Isso ocorre porque alguns dos genes que decodificam proteínas envolvidos em sistemas de regulação do estresse ficam sujeitos a *downregulation*, ou seja, têm seu funcionamento afetado, produzindo menos proteínas ou parando de funcionar. Pesquisas recentes revelaram que a meditação tinha um efeito significativo na expressão de um número determinado de genes, entre os quais os relacionados ao estresse.[2]

WOLF: Sim. Essas modificações suplementares das funções cerebrais são provocadas por processos de marcas epigenéticas e de aprendizagem. Elas servem como mecanismos fundamentais de transmissão da evolução sociocultural. O cérebro, portanto, é o resultado da evolução biológica e cultural. Ele existe em função dessas duas dimensões. É a dimensão cultural que permite o surgimento dos diferentes níveis de realidade que denominamos entidades imateriais, em especial os fenômenos psicológicos, mentais e espirituais. Esses fenômenos surgiram graças às faculdades cognitivas próprias dos seres humanos, capacidades que nos permitem criar realidades sociais como crenças e sistemas de valores, bem como conceituar aquilo que observamos em nós mesmos e nos outros: sentimentos, emoções, convicções e comportamentos. Embora todos esses fenômenos sejam construções do cérebro – a meu ver, a hipótese mais provável –, seu *status* ontológico, sua relação com a "realidade", está sujeito provavelmente às mesmas limitações epistemológicas que limitam o cérebro quando se trata de perceber uma natureza do mundo situada num nível mais profundo.

É preciso, portanto, considerar a possibilidade de que não somente nossas respostas perceptivas, motivacionais e comportamentais, mas também nossos modos de raciocinar e de deduzir, estejam adaptados às condições do mundo no qual nós evoluímos, incluindo a dimensão das realidades sociais decorrente da evolução cultural.

Como adquirimos conhecimentos?

MATTHIEU: Lembremos que a epistemologia é a teoria do conhecimento, a disciplina filosófica que analisa e questiona os métodos utilizados para adquirir conhecimentos e diferenciar cognições válidas de simples opiniões e percepções ingênuas.*

WOLF: Do ponto de vista neurobiológico, a diferença entre "cognição válida" e "percepção ingênua" não é evidente. Consideramos a percepção como um processo ativo e estruturante, graças ao qual o cérebro utiliza seu conhecimento *a priori*** do mundo para interpretar os sinais enviados pelos órgãos sensoriais. Não nos esqueçamos de que o cérebro guarda um conhecimento abrangente do mundo. Ao contrário do que ocorre nos computadores, que contêm elementos distintos para armazenar programas e dados, mas também para executar tarefas diversas, no cérebro todas essas funções são determinadas e executadas pela estrutura funcional da rede neuronal.

Por "estrutura funcional" entendo o modo pelo qual os neurônios se ligam uns aos outros: que tipo de neurônio está conectado especificamente a um grupo de neurônios, se essas conexões são excitatórias ou inibitórias, se são poderosas ou frágeis. Quando o cérebro adquire um novo conhecimento, sua estrutura funcional se modifica: algumas conexões neuronais são reforçadas, enquanto outras são enfraquecidas. Portanto, a soma de conhecimentos de que o cérebro dispõe, bem como os programas em função dos quais esses conhecimentos são utilizados para interpretar os sinais sensoriais e também para estruturar as respostas comportamentais, repousa na organização específica da sua

---

* As percepções são qualificadas de "ingênuas", ou comuns, quando o sujeito supõe que elas correspondem fielmente à realidade. (N. da Edição Francesa.)

** O conhecimento *a priori* designa o conhecimento que é anterior à experiência ou independente dela. Os conhecimentos *a priori* são aqueles incorporados previamente pelo cérebro e que servem de tela de fundo para a percepção e a assimilação de todas as informações novas. O conhecimento *a priori* se opõe ao conhecimento *a posteriori*, que é um conhecimento empírico e factual, comprovado pela experiência. (N. da Edição Francesa.)

estrutura neuronal. Buscar as origens desses conhecimentos equivale a identificar os fatores que determinam e modificam a estrutura funcional do cérebro.

Isso nos leva a identificar as três fontes principais de conhecimento de que dispomos. A primeira – e certamente a mais importante – é a evolução, já que uma parte significativa da estrutura funcional do cérebro é determinada pelos genes. Esse conhecimento, que está essencialmente ligado às condições predominantes no mundo pré-cultural – e que foi adquirido graças aos processos adaptativos da evolução –, está armazenado nos genes. Ele já se encontra presente na estrutura funcional do recém-nascido. Esse conhecimento é implícito: isso quer dizer que não temos consciência dele, porque não estávamos presentes no momento em que o adquirimos. No entanto, recorremos a ele para interpretar os sinais enviados pelos órgãos sensoriais. Sem o imenso banco de dados fornecido por esse conhecimento *a priori*, seríamos incapazes de dar sentido a nossas percepções, porque não saberíamos interpretar os sinais sensoriais. A esse conhecimento inato se soma a estruturação epigenética extensiva da estrutura neuronal, estruturação que permite que o cérebro, ao longo de seu desenvolvimento, se adapte às condições vigentes em que o indivíduo evolui.

O cérebro humano desenvolve a parte principal de suas conexões neuronais após o nascimento, e esse processo continua até os 20, 25 anos de idade. Ao longo desse período, são criadas inúmeras conexões novas, enquanto outras desaparecem. É a própria atividade neuronal que determina a formação e o desaparecimento dessas conexões. Após o nascimento, a atividade neuronal é modificada pelas interações com o ambiente; portanto, o desenvolvimento das estruturas cerebrais é determinado por inúmeros fatores epigenéticos resultantes de dimensões sociais e ambientais.

O fenômeno da amnésia da infância faz com que parte considerável desse conhecimento adquirido durante o crescimento também continue implícito, ou seja, inconsciente. Antes dos 4 anos, as crianças têm uma capacidade limitada de se lembrar do contexto em que experimentaram e assimilaram determinadas informações. Isso se deve ao fato de que os centros cerebrais que executam essas funções de armazenamento – que chamamos de memória *episódica*, *biográfica* ou, ainda, *declarativa* – ainda não estão desenvolvidos. Apesar de aprenderem de maneira muito rápida e eficaz e de armazenarem de forma duradoura as informações, graças às modificações estruturais de sua arquitetura cerebral, as crianças pequenas não têm, na maioria das vezes, nenhuma lembrança da origem desses conhecimentos. Por causa da ausência aparente de causalidade, esses conhecimentos são implícitos, do mesmo modo que os conhecimentos decorrentes da evolução, e se beneficiam da condição de convicção, ou seja, de uma verdade considerada adquirida.

Assim como o conhecimento inato, esse conhecimento adquirido é utilizado para moldar os processos cognitivos e estruturar nossas percepções. No entanto, não temos consciência de que aquilo que percebemos é, na verdade, o resultado de uma interpretação baseada nesse conhecimento adquirido, com consequências importantes: as disposições genéticas e, mais ainda, as disposições epigenéticas – ou seja, a cultura específica que molda os diversos cérebros – introduzem uma variação fundamental entre os indivíduos. Portanto, não surpreende que diversas pessoas, especialmente quando criadas em ambientes culturais diferentes, percebam a mesma realidade de maneira diferente. Dado que não temos consciência de que nossas percepções são construções mentais, estamos condenados a considerar o que percebemos como a única realidade, e, consequentemente, não pomos em questão seu status objetivo. É difícil estabelecer uma distinção entre um conhecimento válido e um conhecimento ingênuo ou comum, porque a percepção é, por sua própria natureza, uma construção mental.

MATTHIEU: Certo, mas o raciocínio lógico e a investigação rigorosa podem desmascarar o jogo das construções mentais. Quanto ao estudo da evolução das culturas, trata-se de uma disciplina nova que possibilitou avanços extraordinários nos últimos trinta anos, impulsionados, sobretudo, por dois pesquisadores americanos, Robert Boyd e Peter Richerson. Segundo eles, ocorrem duas evoluções em paralelo:

a evolução genética, extremamente lenta, e a evolução das culturas, relativamente mais rápida. Esta última favorece o surgimento de capacidades psicológicas que jamais teriam se desenvolvido unicamente sob a influência dos genes. Daí o título de seu livro: *Not by Genes Alone* [Não só pelos genes].[3]

Boyd e Richerson concebem a cultura como um conjunto de ideias, conhecimentos, crenças, valores, capacidades e comportamentos adquiridos por meio do ensino, da imitação e de todas as formas de informação transmitidas pela sociedade.[4] A transmissão humana e a evolução cultural se acumulam, já que cada geração possui, desde o início, os conhecimentos e as experiências tecnológicas adquiridos pelas gerações precedentes.[5] A maioria dos seres humanos tem a tendência de se conformar às atitudes, aos costumes e às crenças dominantes. A fim de assegurar a harmonia da vida em sociedade, a evolução das culturas favorece a implantação de instituições sociais que definem e recompensam o respeito pelas normas de conduta e punem quem as transgride. No entanto, essas normas não são fixas; assim como a cultura, elas evoluem com a aquisição de novos conhecimentos.

WOLF: Permita-me dar um exemplo do modo pelo qual o conhecimento *a priori*, ou seja, os padrões cognitivos, determina aquilo que percebemos e o funcionamento da nossa percepção. A percepção de um processo dinâmico e as previsões que deduzimos dele dependem do observador, se ele avalia que se trata de um processo que obedece a uma dinâmica linear ou não linear. Um bom exemplo de dinâmica linear é o relógio mecânico. Por meio de um sistema de engrenagens, cada balanço do pêndulo provoca um avanço preciso dos ponteiros – se for um relógio de qualidade excelente, é possível prever, por um período ilimitado, o modo como os ponteiros se deslocarão e onde eles estarão num determinado momento. A dinâmica de funcionamento do relógio segue uma trajetória contínua totalmente determinada. O que determina essa trajetória é uma combinação do balanço do pêndulo e a conversão desse movimento na rotação dos ponteiros.

Um exemplo de dinâmica não linear é um pêndulo que oscila sobre uma superfície em que três ímãs estão dispostos em triângulo. Suponhamos que o pêndulo esteja livre para oscilar em todos os planos. Nesse caso, seu movimento não é determinado apenas pelas forças de gravidade e pela energia cinética, mas também pelas atrações combinadas dos três campos magnéticos. Quando pomos o pêndulo em movimento, ele se moverá segundo trajetórias extremamente complexas antes de acabar se estabilizando em cima de um dos três campos magnéticos. Mas os resultados são totalmente imprevisíveis: mesmo que o movimento do pêndulo comece sempre no mesmo lugar, é impossível prever onde ele vai se imobilizar. Existem inúmeros pontos em que o pêndulo poderia, com a mesma probabilidade, oscilar à esquerda ou à direita. Forças imperceptíveis determinam a direção de sua oscilação. Mesmo que uma força oscilatória continuasse a movê-lo, a trajetória do pêndulo continuaria igualmente imprevisível. Poderíamos calcular, na média, a probabilidade de o pêndulo se situar dentro do campo de atração de um dos três ímãs, mas seria impossível prever com precisão em que momento ele se encontraria nesse ponto. Se tivéssemos de controlar um relógio com a ajuda de um pêndulo tão "caótico", perceberíamos que os ponteiros se movimentam de maneira totalmente imprevisível.

Em relação à percepção humana, existem dois motivos para supor que a linearidade é uma estratégia bem adaptada. Em primeiro lugar, um grande número de processos relevantes que nos rodeiam pode ser apreendido por meio de modelos lineares. Depois, dado que as dinâmicas dos sistemas não lineares são altamente imprevisíveis, não existe grande interesse em calcular a dinâmica de sua trajetória. É por isso, decerto, que não se considerou vantajoso desenvolver intuições que permitissem prever a evolução de processos essencialmente não lineares. A título de exemplo, pois imaginamos intuitivamente que todos os sistemas são regidos pela linearidade, temos dificuldade em apreender de maneira correta as dinâmicas complexas dos sistemas econômicos e ecológicos. Alimentamos a ilusão de que podemos prever e, portanto, controlar as trajetórias desses sistemas, e ficamos surpresos ao constatar que o resultado de nossas intervenções difere radicalmente de nossas expectativas. Considerando essas limitações ligadas à evolução das nossas capacidades cognitivas e das nossas intuições, vemo-nos diante da pergunta espinhosa: em que fonte de conhecimento podemos confiar? Essa pergunta se coloca de maneira ainda mais aguda quando somos confrontados com contradições entre nossas intuições, nossas percepções ordinárias, alegações científicas e convicções sociais adquiridas coletivamente.

MATTHIEU: O budismo também diz que a compreensão correta do mundo dos fenômenos deve admitir que todos eles se manifestam sob o efeito de um número quase incalculável de causas e de condições interdependentes, que interagem e que jamais se limitam a uma causalidade linear.

Pode haver uma cognição válida de certos aspectos da realidade?

MATTHIEU: Do ponto de vista budista, é absolutamente claro que existe uma diferença entre como as coisas aparentam ser e o que elas são realmente. Será que podemos preencher essa lacuna, e, em caso afirmativo, como?

No deserto, quando estamos com sede e vemos uma miragem, podemos correr ao seu encontro na expectativa de beber água, mas é evidente que ela não passa de uma ilusão. Existem, assim, inúmeros exemplos que mostram que o modo como as coisas aparentam ser não corresponde necessariamente à realidade. Quando essa percepção é incorreta – não é possível beber a água de uma miragem –, o budismo tibetano chama essa apreensão falsa de *cognição não válida*. Se nosso modo de percepção funciona corretamente, ele é chamado de *cognição válida*.

Em um nível de análise mais profundo, que o budismo chama de *lógica última*, se percebemos a água como um fenômeno autônomo e dotado de existência real, essa percepção é considerada uma cognição não válida. Ao contrário, se reconhecemos a água como um fenômeno transitório e interdependente, que resulta de uma infinidade de causas e condições, permanecendo, no nível último, desprovida de qualquer realidade intrínseca, essa percepção se torna uma cognição válida.

Segundo a teoria budista das percepções, que comentadores discutem há 2.000 anos, no primeiro instante da percepção os sentidos captam um objeto. Em seguida, surge uma imagem mental, nua, não conceitual (uma forma, um som, um gosto, um odor ou um toque). No terceiro instante da percepção, processos conceituais se põem em marcha: recordações e padrões habituais se sobrepõem a essa imagem mental em função da maneira como nossa consciência foi moldada por experiências passadas. Esse processo perceptivo dá origem a diversos conceitos: identificamos essa imagem mental como, por exemplo, uma flor. Sobrepomos a ela opiniões que nos levam a considerá-la bela ou feia. Em seguida, desenvolvemos em relação a ela sentimentos positivos, negativos ou neutros, os quais, por sua vez, produzem atração, repulsa ou indiferença. A essa altura, devido à natureza transitória de todas as coisas, o fenômeno exterior já se modificou.

Assim, com efeito, a consciência associada a experiências sensoriais nunca percebe diretamente a realidade tal como ela é. O que percebemos são apenas imagens de estados anteriores de um fenômeno, imagens que, no nível último, são desprovidas de qualquer propriedade intrínseca. No nível macroscópico, sabemos que, quando olhamos para uma estrela, vemos na verdade o que ela era há muitos anos, já que foi necessário esse número de anos para que a luz por ela emitida chegasse até nós. O mesmo ocorre com todas as percepções. Nunca vemos diretamente um fenômeno em tempo real, e sempre o distorcemos, de uma forma ou de outra.

Além disso, a imagem mental da flor (ou de outro objeto qualquer) também é enganosa, porque a percebemos como uma entidade autônoma e julgamos que suas características de beleza ou feiura lhe pertencem com exclusividade. Esse modo de percepção equivocado decorre do que o budismo chama de *ignorância* ou *falta de consciência*. Essa forma de ignorância básica não é uma simples falta de informações, como o fato de ignorarmos o nome da flor, seus efeitos terapêuticos ou nocivos, ou, ainda, seu modo de crescimento e reprodução. A *ignorância*, nesse caso, se refere a um modo de apreensão da realidade que, em um nível mais profundo, é equivocado e enganoso.

Trata-se, essencialmente, de compreender que o que percebo como "meu mundo" é uma cristalização provocada pelo encontro da minha consciência humana com a vasta exposição de fenômenos externos, que interagem de forma não linear. Quando esse encontro se produz, ocorre uma percepção particular desses fenômenos. Uma pessoa dotada de visão penetrante* compreende que o mundo que percebemos é definido por meio de um processo relacional que ocorre entre a consciência do observador e um conjunto de fenômenos. É um equívoco, portanto, atribuir propriedades intrínsecas aos fenômenos externos, isto é, características como beleza, feiura, atratividade ou repugnância. Essa visão penetrante tem um efeito terapêutico: ela interrompe os mecanismos da atração e da aversão que sempre acabam provocando o sofrimento.

Voltemos, porém, à pergunta inicial. Sim, é possível transcender a percepção equivocada e alcançar uma compreensão válida da verdadeira natureza da flor como objeto efêmero, desprovido de existência própria e autônoma, livre de quaisquer características inerentes. Para alcançar essa compreensão, não dependemos das nossas percepções sensoriais nem dos nossos hábitos passados, mas de uma investigação analítica correta da natureza do mundo dos fenômenos, que culmina na assimilação do que o budismo chama de *sabedoria discriminante*, a visão profunda que compreende a natureza última dos fenômenos, sem lhes sobrepor construções mentais.

WOLF: Essa concepção corresponde bastante bem às ideias da neurociência moderna. Graças a pesquisas psicofísicas da percepção e a

---

* A visão penetrante designa, nesse caso, a capacidade de compreender e atualizar a verdadeira natureza dos fenômenos, isto é, seu vazio de existência própria. (N. da Edição Francesa.)

estudos neurofisiológicos dos processos neuronais que estão na origem da percepção, temos a comprovação de que "perceber" consiste basicamente em "reconstruir". O cérebro compara os diversos sinais emitidos pelos órgãos sensoriais com a imensa base de conhecimentos do mundo que ele possui e cria o que para nós tem o aspecto de um percepto* da realidade.

Quando percebemos o mundo exterior, obtemos primeiramente uma forma grosseira de adequação entre sinais sensoriais e hipóteses baseadas em conhecimentos de que dispomos; depois, por meio de um processo de repetição, essas aproximações vão convergindo aos poucos no sentido de uma solução ótima, isto é, um estado que comporte o mínimo de ambiguidades não resolvidas. Esse processo de pesquisa ativa e de adequação exige o investimento de nossos recursos atencionais, leva tempo e é de natureza interpretativa. Na verdade, só percebemos o resultado desse processo comparativo. Poderíamos dizer muito bem que esse cenário neurocientífico da percepção é perfeitamente compatível com a sua exposição! Basta substituir o que chamo de "conhecimento *a priori*" por aquilo que você denomina "consciência".

MATTHIEU: Existem duas maneiras de exprimir essa concepção da percepção: uma, utilizada pelas neurociências, consiste em se colocar na perspectiva da terceira pessoa; a outra, baseada na experiência introspectiva, é colocar-se na perspectiva da primeira pessoa. Você acabou de descrever a maneira pela qual nossa percepção do mundo é moldada pela evolução e pela complexidade crescente do nosso sistema nervoso. De acordo com o ponto de vista budista, diríamos que o "nosso mundo", ao menos o mundo que *nós* percebemos, está inextricavelmente ligado ao modo de funcionamento da nossa consciência. É evidente que, em função de sua configuração e de sua história, fluxos de consciência diferentes, sejam eles humanos ou não, percebem o

---

* Percepto é a forma percebida de um estímulo externo; ele organiza os estímulos associados a diferentes sentidos num conjunto coerente. (N. da Edição Francesa.)

mundo de forma muito diferente. É quase impossível para nós imaginar como é o mundo percebido por uma formiga ou um morcego. O único mundo que conhecemos é o resultado das relações entre o nosso tipo específico de consciência e o mundo dos fenômenos, que é um conjunto complexo de relações entre inúmeros eventos, causas e condições interdependentes.

Tomemos simplesmente o exemplo do que chamamos de *oceano*. Num dia em que faz bom tempo, o oceano nos aparece como um espelho de água, enquanto em outro dia ele nos oferece o espetáculo de uma tempestade violenta. Tanto num caso como no outro, continuaremos a chamar esses dois estados de *oceano*. Porém, como um morcego interpreta os ultrassons emitidos por um mar estático e, no dia seguinte, por um mar enraivecido? É algo que está além da nossa imaginação, do mesmo modo que a física quântica ultrapassa nossas representações ordinárias. É por isso que o budismo afirma que o mundo dos fenômenos, o único que percebemos, depende da configuração particular da nossa consciência, e que ele é moldado por experiências e hábitos do passado.

WOLF: Essa concepção é plenamente compatível com a perspectiva ocidental. O filósofo Thomas Nagel afirmou muito claramente que é impossível imaginar o que sentiríamos se fôssemos morcegos.[6] Os *qualia* da nossa experiência subjetiva simplesmente não são traduzíveis. Embora sejamos dotados de um sistema de comunicação altamente sofisticado, de uma linguagem e de uma capacidade de imaginar os processos mentais de "outro" ser humano, é sempre muito difícil – até mesmo impossível – saber com precisão como o outro vive a experiência de si mesmo e do mundo que o rodeia.

MATTHIEU: É difícil, sem dúvida, reduzir a distância entre como as coisas aparentam ser e aquilo que elas realmente são em todas as situações, como no caso de uma ilusão de óptica. No entanto, é possível preencher outras disparidades muito mais importantes que as simples ilusões de óptica. Segundo o budismo, reduzir a diferença entre como as coisas aparentam ser e o que elas de fato são tem um objetivo essencialmente pragmático: libertar-se do sofrimento, pois ele se manifesta invariavelmente quando nossa percepção do mundo é equivocada e está distante da realidade.

A ilusão cognitiva é inevitável?

WOLF: Vamos avançar na busca da possibilidade de distinguir entre aparência e realidade. Você parece admitir que essa lacuna epistemológica pode ser preenchida em determinadas condições, o que eu tenderia a contestar. Na verdade, sustento que perceber equivale sempre a interpretar e, portanto, a atribuir características a sinais sensoriais. As percepções, portanto, são sempre construções mentais.

MATTHIEU: Concordo inteiramente com você no que se refere às percepções sensoriais. O mesmo não acontece, contudo, quando se realiza uma investigação da natureza última da realidade. É por isso que é importante determinar os setores em que é ou não possível reduzir a distância entre a aparência das coisas e o que elas realmente são. Quando pensamos: "Isso é verdadeiramente belo", ou "Isso é intrinsecamente desejável ou detestável", não temos consciência de que projetamos esses conceitos em fenômenos externos. Pensamos que esses qualificativos lhes pertencem de forma exclusiva. Essa atitude dá origem a todo tipo de reações mentais e de emoções que, por não estarem de acordo com a realidade, só podem resultar em frustração.

Imagine uma rosa que acabou de desabrochar. O poeta a considera extraordinariamente bela. Agora, imagine que você é um pequeno inseto que mordisca uma de suas pétalas. Como é gostoso! Mas, se você for um tigre, a rosa lhe despertará o mesmo interesse que um feixe de feno. Imagine-se sendo a rosa no nível subatômico: você é, então, uma espiral de partículas que atravessam um espaço praticamente vazio. Um especialista em física quântica lhe dirá que essas partículas não são "coisas", mas "ondas de probabilidade" que se estendem num vazio quântico. O que sobra da rosa enquanto rosa?

O budismo chama os fenômenos de *eventos*. O sentido literal do termo sânscrito "*samskara*", que significa "coisas" ou "agregados", é "evento" ou, ainda, "ação". Segundo a mecânica quântica, a noção de objeto também está relacionada ao modo como o apreendemos, sobretudo graças a uma medição, constituindo, portanto, um evento. Para tomar emprestado outro exemplo da física quântica, considerar que os objetos da nossa percepção são dotados de características próprias e de uma existência autônoma equivale a atribuir, falsamente, propriedades de localização a partículas estreitamente entrelaçadas e pertencentes a uma realidade global.

Os filósofos budistas avaliam, portanto, que recorrendo a um método correto de investigação é possível penetrar, por meio do raciocínio e da experiência, a verdadeira natureza dos fenômenos e se libertar de uma apreensão equivocada, reificada e dualista da realidade. Identificar claramente os mecanismos que nos induzem ao erro e adotar uma visão que esteja mais de acordo com a natureza autêntica dos fenômenos é um processo libertador baseado na sabedoria. Isso não quer dizer que nunca mais seremos enganados por ilusões de óptica, mas que não chegaremos mais ao ponto de pensar que os fenômenos existem como entidades autônomas e permanentes.

WOLF: Isso é interessante, porque, quando fala de ilusões, você acrescenta características a elas, qualidades emocionais como "repugnante" ou "belo", "atraente" ou "repulsivo". Isso me fez lembrar as ilusões de percepção para as quais temos dados objetivos obtidos graças a instrumentos de medição específicos, informações que se somam a nossa percepção. Na ausência de referências independentes, seria impossível desmascarar uma ilusão enquanto tal. É assim que a ciência tenta proceder para identificar as ilusões e encontrar a razão pela qual o cérebro realiza essas interpretações falsas. Na maioria dos casos em que essas ilusões, ou distorções de percepção, foram cuidadosamente examinadas, comprovou-se que elas resultavam de uma interpretação ou de uma inferência que permite perceber as características constantes dos objetos. Desse modo, sem esses mecanismos não seríamos capazes de perceber a cor de uma flor como constante, sejam quais forem as condições de luminosidade. O espectro luminoso dos raios solares muda constantemente, assim como o espectro luminoso que reflete o objeto. Na ausência dessas interpretações "corretoras", a cor de uma rosa que percebemos não seria a mesma na aurora e no crepúsculo. O cérebro corrige esse problema. Ele deduz a composição espectral da luz que ilumina um objeto a partir das *relações* que existem entre os espectros cromáticos que são refletidos pelo objeto e o conhecimento *a priori* de sua cor verdadeira. Em seguida, baseando-se nos dados fornecidos por essa análise, ele deduz a cor realmente percebida do objeto. Portanto, em função do contexto, sinais físicos diferentes podem ser percebidos como idênticos, e, inversamente, sinais físicos idênticos podem dar origem a percepções diferentes. Mesmo que esses mecanismos de inferência possam resultar em "ilusões", eles não deixam de desempenhar um papel preponderante para a sobrevivência: trata-se, com efeito, de destacar características constantes num mundo que não para de mudar. Por exemplo, um animal que depende da percepção da cor para diferenciar uma fruta vermelha comestível de outra de cor levemente arroxeada e venenosa não pode se basear na análise da cor "real" da fruta, tal como refletida pela luz do momento. Ele deve, em primeiro lugar, avaliar a composição espectral do sol como fonte luminosa, depois reconstruir a cor que ele percebe. Não temos consciência alguma da complexidade dessas operações de reajustamento que asseguram a regularidade e, em consequência disso, nossa sobrevivência num mundo em constante mutação.

Todas essas operações se baseiam essencialmente na avaliação das relações entre diversos estímulos sensoriais e o modo como o cérebro as processa. Raramente percebemos valores absolutos, como os que medimos por meio de instrumentos de medição física, sejam eles intensidade de estímulos, comprimento de onda sonora, ondas luminosas ou concentrações químicas. Percebemos principalmente essas variáveis na relação que elas mantêm com outras variáveis, como diferenças, acréscimos e contrastes relativos, graças aos quais estabelecemos comparações no espaço e no tempo. Trata-se de uma estratégia extremamente econômica e eficaz, já que enfatiza diferenças, cobre um amplo leque de intensidades e, como dissemos, permite estabelecer uma regularidade de percepção. Considerando as vantagens dessa heurística bem adaptada, podemos nos perguntar se é justificável denominar as percepções que resultam dela de "ilusões".

MATTHIEU: Não estou me referindo à percepção das características dos objetos, mas à capacidade de dissipar a ilusão cognitiva, como o fato de acreditar que a feiura é um atributo intrínseco do objeto que observamos. Como você ressaltou, algumas ilusões facilitam nossa adaptação ao mundo; não é o que acontece, entretanto, quando se considera que os fenômenos são permanentes ou que cada pessoa é dotada de um eu autônomo e singular.

WOLF: Mas então, na sua opinião, ou segundo a filosofia budista, o que é uma ilusão ou uma alteração da realidade? Você afirmou que, no caso de não haver instrumentos de medição objetivos, ainda assim é possível fazer distinção entre ilusão e realidade, com base unicamente na experiência introspectiva e na percepção. Não percebo como isso é possível.

MATTHIEU: Como você ressaltou, as ilusões perceptivas que você descreve são úteis para atuar no mundo, mas têm um impacto muito limitado em nossa experiência subjetiva de felicidade ou sofrimento. As ilusões cognitivas que descrevi têm um resultado contrário: elas nos estimulam a adotar comportamentos equivocados que produzem sofrimento. As ilusões a que você se refere preenchem funções inteiramente adaptativas que podem ser consideradas verdadeiras maravilhas da natureza. As que mencionei representam uma catástrofe que nos deixa paralisados num profundo estado de insatisfação. A mente pode não ser um instrumento confiável de avaliação nem a garantia de percepção fiel, mas é um instrumento de *análise* extremamente poderoso.

Isso é verdade, por exemplo, no caso dos "experimentos mentais"* de Einstein, assim como no caso da investigação profunda da natureza efêmera e interdependente dos fenômenos característica do budismo.

WOLF: Mas será que podemos estender essa concepção a todas as funções cognitivas, a percepções da realidade social e das relações sociais, a crenças e a sistemas de valor? Penso que os exemplos psicofísicos que acabei de citar nos ensinam que construímos o que percebemos e que temos a tendência de considerar a experiência do resultado como a realidade. Penso também que fazemos isso não apenas no caso de percepções visuais e auditivas, mas também no de realidades sociais. Como diferenciar o que é verdadeiro do que é falso, quando várias pessoas percebem uma mesma situação de maneira diferente, cada uma considerando o percebido como real, como correto?

MATTHIEU: É por isso que é indispensável recorrer ao raciocínio e à sabedoria. Se afirmo que ninguém quer sofrer, parece perfeitamente lógico concluir que sentir ódio e fazer aos outros o que não gostaríamos que fizessem conosco são, ambas, atitudes indesejáveis. Alguns pontos transcendem as realidades sociais.

WOLF: Certo, mas, se tanto as intuições como as percepções dependem de processos neuronais – e acho impossível que o "olho interior" também não seja uma função das interações neuronais –, então os conteúdos das cognições são determinados pelo modo como o cérebro funciona e, no final das contas, pelos genes e pela experiência pós-natal. Como todos os seres humanos possuem um patrimônio genético bastante semelhante, compartilhamos um consenso sobre um grande número de percepções e interpretações. No entanto, podemos

---

* Experimento mental é uma espécie de tentativa destinada a resolver um problema utilizando unicamente a força da imaginação; essa forma de reflexão é bastante utilizada por filósofos, matemáticos e físicos. (N. da Edição Francesa.)

ter experiências diversas, sobretudo quando fomos criados em culturas diferentes. Duas pessoas que observam uma mesma situação social podem percebê-la de maneira muito diferente, e cada uma delas pode considerar que a sua experiência é a única realidade válida. Portanto, julgamentos morais e éticos correm o risco de divergir bastante, cada um sendo incapaz de convencer o outro de que ele está errado.

No que diz respeito à percepção das realidades sociais, não existem instrumentos de avaliação "objetivos". Existem apenas percepções diferentes, não existe verdadeiro ou falso em si. Essa situação tem repercussões profundas em nossas ideias de tolerância. Resolver esses problemas recorrendo ao voto majoritário não é, certamente, uma solução justa. Supor que sua própria opinião é justa e conceder aos outros o direito de conservar suas percepções "falsas", desde que eles não nos incomodem, é humilhante e desrespeitoso. No entanto, isso é tido como uma atitude "tolerante". Ao contrário, o que deveríamos fazer é considerar que as percepções dos outros são tão corretas quanto as nossas e esperar que essa postura seja recíproca. Só a partir do momento em que esse acordo de reciprocidade fosse violado é que as partes contrárias teriam o direito de aplicar sanções.

Do que você disse, deduzo que dispõe de um meio para reagir a situações como essa, o que seria, claro, extremamente importante para resolver conflitos provocados por opiniões divergentes. Você acha que os métodos de meditação elaborados pela filosofia budista são úteis no caso de divergências cognitivas, de conflitos entre percepções diferentes que ambas as partes vivenciam como reais e verdadeiras? É possível que as pessoas, por meio do treinamento mental, descubram a solução "correta" – caso ela exista – ou ao menos se tornem conscientes do fato de que o mundo pode ser percebido de maneiras diferentes?

MATTHIEU: Como você ressaltou, deve-se estar plenamente consciente de crenças profundamente enraizadas e de valores morais das pessoas, e levá-los em consideração. Dito isso, as percepções sociais e culturais podem se revelar tão enganosas quanto as ilusões cognitivas, e ambas são elaboradas de maneira análoga. Às vezes percebemos indivíduos que pertencem a outras etnias, religiões ou condições sociais como "superiores" ou "inferiores". Um dia percebemos alguém como "amigo", e no dia seguinte ele se torna "inimigo". Uma pessoa originária do Himalaia provavelmente julgará que a maioria das obras de arte moderna ocidentais não têm sentido. Todas essas considerações são produtos da mente que estão na origem dos inúmeros problemas provocados pelo ser humano.

O objetivo da abordagem budista não é confrontar as pessoas, impondo-lhes outras ideias que consideraríamos superiores, mas ajudá-las a compreender que *todas* as opiniões podem se revelar equivocadas e que elas devem ser questionadas. Por exemplo, quando refutamos a crença na existência de um eu, contentar-se em apenas proclamar aos quatro cantos "Não existe eu" não ajuda em nada. Em vez disso, depois de examinar atentamente as supostas características do eu e de concluir que ele não existe como entidade separada, convidamos simplesmente os outros a fazer a mesma análise e a descobrir a resposta sozinhos.

Longe de nós a ideia de exigir que os outros considerem as coisas do mesmo ângulo que nós, nem de obrigá-los a adotar nossas próprias opiniões e valores morais ou estéticos. Trata-se mais de ajudá-los a alcançar uma visão correta da natureza das coisas, como desprovidas de realidade intrínseca.

Na verdade, seja qual for a sua filiação cultural, as pessoas sobrepõem todas as suas construções mentais específicas à realidade. Esse problema só pode ser resolvido se elas o examinarem recorrendo ao raciocínio lógico e tomando consciência do fato de que elas alteram o real: nem o objeto percebido nem o sujeito que o percebe existem como entidades independentes dotadas de uma existência concreta.

Quanto à questão do verdadeiro e do falso e dos julgamentos éticos, formas diferentes de condicionamento ou de "ilusões", como diríamos em termos budistas, se traduzem por meio de concepções e sistemas éticos diferentes. Por exemplo, algumas pessoas consideram que a vingança, mesmo que leve ao assassinato, é ética. Dentro dessa lógica, seria preciso matar alguém para demonstrar que é errado matar? Certamente é possível identificar alguns princípios universais baseados na bondade e na compaixão que se revelarão úteis para chegar a um consenso sobre valores fundamentais como a preocupação com os outros, a abertura mental, a honestidade e assim por diante.

Lembremos que o objetivo do budismo é pôr fim às causas básicas do sofrimento. O budismo faz um exame profundo dos diferentes níveis de sofrimento. Determinadas formas são evidentes para todos: uma dor de dente ou, de maneira mais trágica, um massacre. Mas o sofrimento também está ancorado na mudança e na efemeridade: vamos a um piquenique animado e, de repente, uma criança é mordida por uma cobra; preparamos uma deliciosa refeição que acaba numa intoxicação alimentar. Muitas experiências agradáveis podem se tornar neutras ou desagradáveis.

Um nível de sofrimento muito mais profundo, que nem sempre é identificado como tal, é, no entanto, a principal causa de todos os tormentos: enquanto a mente se encontra sob o controle da ilusão e de estados mentais aflitivos como o ódio, a ganância ou o ciúme, o sofrimento está pronto a se manifestar a qualquer momento.

Tomando o exemplo da impermanência, a cada momento tudo muda, das estações do ano e da juventude para a velhice e para os aspectos de efemeridade mais sutis que ocorrem no menor instante imaginável. Reconhecer que o universo não é constituído de entidades sólidas e distintas, mas que consiste num fluxo dinâmico de interações entre inúmeros fenômenos instáveis, tem consequências importantes no enfraquecimento de nosso apego à realidade que vemos diante de nós. Uma compreensão correta da impermanência nos ajuda a preencher parte da lacuna entre as aparências e a realidade.

A cada um sua realidade?

WOLF: O que é a realidade? Não seria olhar uma mesma coisa de ângulos diferentes?

MATTHIEU: Como ter certeza disso? É impossível provar que existe uma realidade que estaria ali, atrás da superfície das aparências, uma realidade que existiria por si só, independentemente de nós e do resto do mundo. Pode parecer racional imaginar que existe um substrato concreto atrás das aparências, mas é indispensável examinar essa hipótese. Antes mesmo do surgimento da física quântica, o matemático Henri Poincaré disse: "Uma realidade completamente independente da mente que a concebe, vê ou sente é uma impossibilidade. Mesmo se ele existisse, tal mundo exterior nos seria para sempre inacessível".[7] A avaliação de todos os fenômenos que podemos apreender neste mundo não prova, de modo algum, que o que observamos existe em si e é dotado de características intrínsecas. As percepções, as aparências e as avaliações não passam, em si mesmas, de circunstâncias. Quando olhamos a Lua e pressionamos um dedo no olho, vemos duas luas. Podemos repetir esse gesto milhares de vezes sem que a segunda lua se torne mais real. Porém, também é preciso se perguntar se, afinal, a primeira lua é igualmente real como parece ser para nós.

Isso se aplica em especial às características que atribuímos aos fenômenos. Se uma coisa fosse intrinsecamente bela, independentemente do observador – um objeto de arte, por exemplo –, todo mundo ficaria impressionado com sua beleza, seja um parisiense sofisticado, seja um ermitão que vive na floresta, há muito tempo isolado do mundo moderno.

WOLF: Você tem, portanto, uma abordagem construtivista, considera que cada um constrói o mundo à sua maneira.

MATTHIEU: Sim, mas na maioria das vezes é uma construção equivocada, porque continuamos atribuindo um elemento de verdade a essas elaborações mentais. O budismo *desconstrói* nossas percepções ordinárias ao analisar em profundidade a natureza delas, a fim de que compreendamos que, de uma maneira ou de outra, todos nós distorcemos a realidade.

WOLF: Eu não falaria em "distorção", porque, se não existe objetividade, não é possível distorcer nada. Não existe objetivamente nada que possamos distorcer. As pessoas apenas dão interpretações diferentes.

Existe uma realidade objetiva "em algum lugar"?

MATTHIEU: A objetividade não é simplesmente uma das inúmeras facetas do que percebemos, mas a compreensão do fato de que *todos* os fenômenos são efêmeros e desprovidos de características próprias. Essa compreensão se aplica a todas as aparências e a todas as percepções. Portanto, a distorção do real não se define em relação a uma realidade verdadeira que existiria por si mesma. Como dissemos, essa distorção consiste em dotar os fenômenos de uma forma de realidade própria, de permanência e de autonomia.

Uma concepção da realidade livre de distorção não consiste em privilegiar uma das inúmeras modalidades segundo as quais as coisas em geral nos aparecem. Trata-se, antes, de compreender o processo da ilusão, de assimilar completamente o fato de que o mundo dos fenômenos é um fluxo de eventos interdependentes e dinâmicos, e de saber que o que percebemos é o resultado das interações da nossa consciência com os fenômenos. Essa compreensão é correta em todas as situações.

Os textos budistas utilizam o exemplo de um copo de água, demonstrando que existem inúmeras maneiras de perceber a água. Nós a percebemos como uma bebida ou como uma coisa com a qual nos lavamos, ao passo que para o peixe ela se assemelha ao espaço. Sabemos que ela aterroriza a pessoa que contraiu hidrofobia, enquanto aos olhos do cientista ela aparece sob a forma de uma infinidade de moléculas. Segundo a cosmologia budista, alguns seres sensíveis percebem a água como fogo, outros como uma deliciosa iguaria. Contudo, para além de todas essas percepções, um copo de água existe em si? A resposta budista é: "Não".

Quando um conjunto complexo de fenômenos interage com os sentidos e com a consciência, um objeto particular se cristaliza na mente. Podemos ver esse objeto como uma bebida ou, se tivermos contraído hidrofobia, percebê-lo como aterrorizante. Em nenhum ponto do tempo e do espaço é possível encontrar objetos autônomos e sujeitos que existiriam em si mesmos. O copo de água nunca esteve ali como entidade sólida, dotada de uma realidade singular e distinta. Ele só existe dentro de um sistema de relações interdependentes. Portanto, o que o budismo denomina "realidade" não consiste em fenômenos que existiriam em si mesmos; pelo contrário, designa a compreensão plena de sua efemeridade e de sua falta de realidade intrínseca.

WOLF: Isso está de acordo com a posição construtivista da neurobiologia contemporânea. No entanto, o mundo possui determinadas particularidades, e parece que os animais compartilham os mesmos critérios para definir objetos e características. No nosso mundo mesoscópico, existem objetos sólidos e opacos que denominamos "pedras", detrás dos quais animais se escondem, que descem rapidamente pelas ladeiras se jogados de um lugar alto, e assim por diante. Está provado que todos os mamíferos recorrem a princípios análogos que lhes permitem apreender as formas, isto é, que recorrem a regras e hipóteses idênticas para construir suas percepções.

MATTHIEU: Sem dúvida. Formas diferentes de consciência que, no entanto, apresentem bastantes semelhanças entre si – as dos seres humanos e de certos animais (grandes símios, golfinhos, elefantes, pássaros etc.) – terão uma percepção do mundo mais ou menos análoga em função do seu nível respectivo de consciência. Quanto mais as estruturas dessas consciências forem diferentes umas das outras, mais o mundo que elas percebem será diferente. O ponto essencial é este: se nos livrarmos das ilusões cognitivas, começando por fazer um exame analítico, depois assimilando a compreensão resultante dele no modo como nos relacionamos com o mundo, nos livraremos aos poucos da atração e da repugnância compulsivas provenientes da ilusão. Quanto mais nos familiarizarmos com a verdadeira natureza dos fenômenos, mais nos aproximaremos da compreensão das causas principais do sofrimento e da libertação dessas causas. Essa liberdade nos permitirá viver segundo um modo de ser mais favorável, bem menos sujeito ao sofrimento.

WOLF: Interessante: primeiro você adota um ponto de vista construtivista, em seguida questiona a validade das suas elaborações, depois conclui que essa reviravolta leva à redução do sofrimento.

MATTHIEU: Esse é o objetivo do caminho budista.

WOLF: Se me permite, vou tentar compreender esse caminho. Penso que quem foi criado de acordo com o espírito do Século das Luzes avalia que é possível reduzir o sofrimento descobrindo o funcionamento das coisas e a maneira de modificá-las para melhorar sua situação. Dentro desse objetivo, é imprescindível saber fazer a distinção entre ilusão, falsas crenças e superstição, de um lado, e interpretações válidas, do outro.

Na medicina, por exemplo, procuramos descobrir as relações causais entre os eventos com o objetivo de identificar agentes infecciosos e então desenvolver tratamentos. Existem, no entanto, concepções opostas. Os defensores da medicina alopática são unânimes em dizer que é preciso lançar mão de certa dose de antibióticos para que o tratamento seja eficaz. Os homeopatas, ao contrário, afirmam que a diluição, mais que o próprio produto, é que é importante, mesmo que ele seja tão diluído que é pouco provável que sobre uma simples molécula do princípio ativo no frasco à venda na farmácia. Eles alegam que o tratamento ainda é eficaz porque se presume que a água ou o comprimido mantém a memória das moléculas que existiam antes da diluição.

Poderíamos parar por aqui e não procurar determinar qual dos dois tratamentos é o mais eficaz. Ou, ainda, podemos efetuar um teste duplo-cego[8] e descobrir que placebos são tão eficazes quanto o tratamento homeopático, ao passo que os antibióticos se mostram muito mais eficientes. Ao realizar esse estudo, atribuímos uma propriedade aos medicamentos e verificamos, por meio do experimento, se essa propriedade produz um efeito. Ao repetir o experimento, estabelecemos relações causais que permitem nos assegurar que o princípio ativo dos medicamentos é constante. No entanto, se o compreendo bem, você negaria que esse medicamento tem uma propriedade invariável, ou diria que ele só possui essa propriedade particular no contexto específico desse experimento.

MATTHIEU: Não é exatamente o que eu queria dizer. O que você descreve se refere à diferença entre o que o budismo chama de uma *verdade relativa correta* e uma *verdade relativa equivocada*.

WOLF: Você pode me explicar isso?

A causalidade como correlato da interdependência

MATTHIEU: Segundo o budismo, a *verdade absoluta* significa reconhecer que todos os fenômenos são, no nível último, desprovidos de existência intrínseca. A *verdade relativa* consiste em compreender que esses fenômenos não ocorrem por acaso, mas em função de leis da causalidade. Longe de refutá-las, o budismo se baseia nessas leis. Ele insiste mesmo no fato de que elas são inexoráveis e que, se quisermos nos libertar do sofrimento, convém compreendê-las e observar seu funcionamento. É bem evidente que os fenômenos têm propriedades relativas que lhes permitem atuar sobre outros fenômenos, e que, segundo a lei da causalidade recíproca, influenciam, por sua vez, estes últimos. Segundo o budismo, considerar que a penicilina é *intrinsecamente* boa, em todos os casos, é uma visão incorreta. Existem pessoas alérgicas à penicilina. Portanto, embora a penicilina seja, na grande maioria dos casos, um bom medicamento, ela não é benéfica em si, já que pode ser um veneno para quem é alérgico a ela.

Após ter analisado a natureza fundamental do mundo dos fenômenos, o budismo conclui que os objetos são desprovidos de propriedades intrínsecas, que, elas mesmas, se manifestam em função de relações específicas entre os fenômenos. Só podemos definir o calor em relação ao frio, o alto em função do baixo, o todo em relação a suas partes, um conceito mental em relação ao objeto que ele designa etc. Uma mesma substância pode ser curativa para uma pessoa e tóxica para outra, ou ainda, no caso da digitalina, utilizada nos tratamentos cardíacos, curativa em pequenas quantidades ou fatal em doses elevadas. O mesmo acontece na física quântica, que demonstrou de maneira incontestável a ausência de propriedade de localização das partículas elementares, princípio que deixou Einstein muito perturbado, mas que se mostrou correto.

Isso é ainda mais verdadeiro no que se refere aos julgamentos de valor, como "bonito", "feio", "desejável", "repulsivo"... No entanto, reificamos o mundo ao atribuir propriedades intrínsecas a tudo que nos rodeia, provocando reações inadequadas que, por sua vez, conduzem invariavelmente ao sofrimento. É isso que eu queria dizer. Uma cognição válida deve resistir à análise mais metódica e mais profunda. O que não é o caso das propriedades aparentes dos fenômenos. Existe uma diferença entre as propriedades aparentes, relativas e condicionadas e as propriedades intrínsecas, porém, em regra geral, não reconhecemos essas diferenças. Não se trata, contudo, de uma simples diferenciação intelectual: o desconhecimento desse fato fundamental faz com que adotemos posturas que estão em contradição com a realidade.

WOLF: Quando você realiza uma "análise metódica e aprofundada", isso implica uma experimentação?

MATTHIEU: Certamente isso pode acontecer. No exemplo que você citou, a experimentação consiste em realizar um teste duplo-cego para avaliar os efeitos da penicilina num amplo espectro populacional, depois fazer o mesmo com um medicamento homeopático. Isso permitirá concluir que a penicilina é uma substância ativa e os remédios homeopáticos não são nem mais nem menos eficazes que placebos. Para o budismo, essa avaliação pertence à "verdade relativa correta", isto é, um conhecimento válido do mundo dos fenômenos. Porém, seja como for, no *nível último* a penicilina continua sendo um fenômeno efêmero cujas propriedades se diferenciam em função das circunstâncias.

WOLF: Deveríamos, então, nos afastar da realidade tal como a percebemos, inclusive da realidade social, com sua ética e seu sistema de valores morais? Deveríamos abrir mão de crer em qualquer coisa constante e confiável e nos contentar com uma percepção contemplativa? O que ganharíamos abandonando a ideia de que as coisas têm propriedades invariáveis que nos permitem reconhecê-las e classificá-las? Não atribuir propriedades aos fenômenos é uma estratégia que permite evitar a falsificação, sabendo que os conceitos de verdadeiro e falso perdem sua antinomia. Dito isso, não consigo compreender por que esse relativismo deveria reduzir as concepções equivocadas e o sofrimento.

MATTHIEU: Esse raciocínio se parece com as visões extremistas do niilismo. O budismo reconhece de forma muito clara os mecanismos da lei de causalidade e aceita a ideia de que, num nível relativo, as propriedades, ou atributos, de determinados fenômenos perduram durante certo tempo, de modo que possamos nos basear em suas características para garantir uma coerência a nossa vida cotidiana. A pedra e a madeira continuam sólidas por um tempo suficientemente longo para que possamos utilizá-las na construção de nossas casas. Apesar disso, elas são essencialmente efêmeras. O mesmo pedaço de madeira que serve para fabricar uma cadeira confortável é o alimento favorito do cupim. Com o passar do tempo, a madeira acabará virando pó. Mesmo agora, no momento em que estamos conversando, a madeira não é constituída principalmente de "madeira", mas de partículas ou *quarks*, ou ainda, se a considerarmos do ponto de vista da física quântica, ela é o resultado de eventos quânticos imperceptíveis. Tudo depende de como se olha para ela. Uma colher de pau pode ser usada durante muitos anos, mas, em última análise, ela é desprovida de qualquer existência própria. Assim, a verdade "relativa" ou "convencional" não se opõe à "verdade última" da natureza dos fenômenos. Esta última nada mais é que a natureza última da primeira.

Esse é o único resultado de uma investigação escrupulosa e lógica que permite concluir que os fenômenos são efêmeros e interdependentes. Qualquer proposição que afirme a existência de entidades dotadas de permanência e de propriedades intrínsecas, refira-se isso a partículas atômicas, ao conceito de beleza ou à existência de um deus criador, não resiste a essa análise minuciosa.

Por que isso reduziria o sofrimento? Se considerarmos que a realidade são as coisas tal qual aparentam ser — o que os textos budistas chamam de "aceitar alegremente as coisas sem questionar, sem realizar qualquer exame ou análise" –, nós nos expomos, em razão dessa distância da realidade, a uma forma de desequilíbrio. Se você for muito apegado a um objeto, ao acreditar que ele vai durar, que ele lhe pertence "de maneira exclusiva" e que ele é, em si mesmo, perfeitamente desejável, você não está somente em desequilíbrio com a realidade, você fica vulnerável, porque as relações que mantém com o objeto de seu apego estão distorcidas. Ao descobrir que, na verdade, o objeto é efêmero, que pode ser destruído ou perdido, e que não é realmente "seu", o resultado é a frustração e o sofrimento. É possível também que ele de repente lhe apareça como "desagradável", simplesmente porque as ideias que você projetava nele mudaram completamente.

Ao contrário, se pensar que os fenômenos aparecem como eventos interdependentes, desprovidos de características e de existência, e dado que essa abordagem está de acordo com a realidade, você corre um risco muito menor de manter com os objetos relações que levam à decepção e ao sofrimento.

Construção e desconstrução da realidade

WOLF: Como eu disse, parece-me que sua abordagem epistemológica está próxima da posição do construtivismo radical. O cérebro constrói sua concepção do mundo com base em conhecimentos inatos e adquiridos, e, como essas bases de conhecimento variam de um cérebro para outro, estes acabam desenvolvendo opiniões divergentes. Se percebemos o mundo tal como o percebemos, é porque nosso cérebro tem uma configuração específica. E, como os padrões cognitivos preexistentes, transmitidos de maneira genética e cultural, são muito semelhantes, compartilhamos as mesmas formas de perceber o mundo. Você, porém, vai mais longe, ao afirmar que uma das principais causas do sofrimento é o fato de acreditarmos que nossas percepções são o reflexo da realidade. Consequentemente, se nossas percepções diferem, as tentativas que fazemos para corrigir no outro o que aparentemente é uma "falsa" percepção provocam sofrimento em ambas as partes. Será que a posição budista significa dizer que não existe nem verdadeiro nem falso, já que o objeto do conflito são apenas características conceituais que, desde o princípio, nunca deveriam ter sido elaboradas, e que, portanto, é inútil querer convencer o outro por meio de argumentos?

MATTHIEU: Na verdade, não. Se pessoas com opiniões e percepções diferentes desconstroem seus respectivos mal-entendidos, elas só podem acabar entrando num acordo a respeito da compreensão correta da natureza dos fenômenos.

WOLF: Concordo, mas elas não conseguiriam desconstruir suas percepções. Continuariam acreditando que o que percebem é real. Elas concordariam em que, num nível superior, e sejam quais forem suas percepções pessoais, os objetos do mundo perceptível são efêmeros, desprovidos de qualidades intrínsecas e só podem ser definidos em termos de relações.

MATTHIEU: Algumas pessoas continuam percebendo como real o que, no entanto, não passa de uma ilusão de óptica, sem deixar de reconhecer intelectualmente que se trata de uma ilusão que não corresponde à verdadeira natureza do objeto percebido. O objetivo não é chegar a um consenso sobre as percepções sensoriais, mas compreender que elas resultam da construção de uma realidade fictícia. As duas pessoas do seu exemplo podem, ambas, se libertar de uma apreensão equivocada da realidade.

WOLF: Em suma, elas continuariam vendo o que veem sem deixar de ter consciência de que essa não é a única maneira de perceber. Esse ponto de vista está bastante difundido na maioria das escolas filosóficas ocidentais e combina perfeitamente com o que conhecemos a respeito dos fundamentos neurobiológicos da percepção.

MATTHIEU: Além disso, essas pessoas admitiriam que seu modo de percepção é uma construção mental. A meditação analítica e o treinamento da mente permitiriam que elas compreendessem que têm a tendência de atribuir características aos objetos, mesmo que essas características não sejam propriedades permanentes desses objetos. Desse modo, o treinamento da mente permite aprofundar essa visão penetrante, e assim conseguimos compreender que os processos cognitivos são, por natureza, construções mentais. Essa compreensão facilita o distanciamento e abre o acesso a maior liberdade interior.

WOLF: Acho fascinante que a mente, ao desenvolver essa visão penetrante, alcance esse nível de metaconhecimento, graças ao qual ela descobre a natureza de seus próprios processos cognitivos. Por metaconhecimento entendo o processo por meio do qual o cérebro aplica suas capacidades cognitivas ao exame de suas próprias funções. A estrutura do cérebro humano pode perfeitamente alcançar esse metaconhecimento.

MATTHIEU: Podemos perceber uma coisa como permanente sem deixar de compreender que ela é transitória, com o que deixamos de reagir de maneira inadequada. Desconstruir o mundo das aparências tem um efeito libertador. Não somos mais prisioneiros de nossas percepções e não reificamos mais o mundo dos fenômenos. Essa nova atitude tem impactos profundos sobre o modo como apreendemos nosso ambiente e, consequentemente, sobre nossas experiências de alegria e de sofrimento.

Quando todas as construções mentais foram desmascaradas, percebemos o mundo como um fluxo dinâmico de eventos e paramos de "solidificar" a realidade de maneira equivocada. Tomemos o exemplo da água e do gelo. Quando a água congela, você chega a pensar que essa é a verdadeira natureza da água: ela tem uma forma particular, é dura etc. Você também pode esculpir formas diferentes com o gelo: uma flor, um castelo, a estátua de um ente querido ou a imagem de um deus. Já cheguei até a ouvir música tocada em instrumentos de gelo! Basta, porém, um pouco de calor para que ela volte a ser líquida e informe. A água é um fluxo dinâmico que pode assumir momentaneamente configurações que parecem estáveis. Do mesmo modo, se não solidificamos a realidade, não ficamos mais presos na armadilha da sua reificação como entidade sólida e dotada de uma existência verdadeira e intangível; não somos mais o joguete dessa ilusão.

WOLF: A água é, de fato, uma ótima metáfora: um rio nunca é o mesmo em dois momentos diferentes. Isso ilustra bem a experiência de um mundo que muda o tempo todo e sem volta. Podemos dizer o mesmo do cérebro. Ele muda constantemente e nunca volta ao mesmo estado. Esse fluxo permanente de estados inconstantes explica, sem dúvida, por que percebemos o tempo como se ele escoasse sempre na mesma direção. Mas por que você se refere a uma "verdadeira" natureza da água? Por que a água, que muda o tempo todo, seria mais "verdadeira" que uma estátua de Buda feita de gelo ou de pedra? A diferenciação entre o gelo, a água líquida e o vapor é fundamental para compreender as propriedades da matéria, já que ela estabelece os diferentes estados de agregação dos mesmos componentes moleculares. Qual é, então, o sentido de "verdade"?

MATTHIEU: A água não é mais "verdadeira" que o gelo. Nem a água nem o gelo têm uma existência intrínseca. No entanto, o que é verdadeiro é que todos esses aspectos – solidez, fluidez, forma – são efêmeros. Você pode reduzir a água a moléculas, a partículas, e estas a simples eventos interconectados em termos de probabilidades quânticas, e não encontrará "nada" que exista em si.

Essa compreensão é fruto de uma análise aprofundada do funcionamento da mente, que precisa que ela seja suficientemente clara e estável para seguir um processo rigoroso de introspecção e para utilizar corretamente a lógica a fim de reconstruir nossa percepção ordinária da realidade.

WOLF: Acho bastante surpreendente que métodos contemplativos levem a *insights* sobre a natureza do mundo que contradizem nossas percepções imediatas.

Matthieu: No campo da física, os experimentos mentais e as intuições visionárias de Einstein o levaram a formular a teoria da relatividade, que também contradiz nossas percepções ordinárias. É ainda mais impressionante com a física quântica.

Wolf: A intuição e a introspecção não se mostraram instrumentos particularmente eficazes para compreender fenômenos que não sejam diretamente acessíveis aos sentidos. Isso é ainda mais verdadeiro quando se trata de compreender a organização e as diferentes funções do cérebro. Na ciência, existem certas regras, ou estratégias, para validar hipóteses. Nós nos baseamos na reprodutibilidade, na previsibilidade, na coerência e na ausência de contradições. Às vezes, acontece aplicarmos critérios estéticos como a beleza, porque explicações simples são mais precisas ou mais convincentes que explicações complexas. Admito plenamente que se possa alcançar uma visão penetrante examinando o funcionamento da própria mente. Mas como validar esse processo? Como demonstrar aos outros a relevância do que foi obtido por meio da introspecção? E, no contexto da introspecção, o que é "verdadeiro", então?

Afinar os instrumentos de introspecção

Matthieu: Tomemos o telescópio. Existem dois motivos que nos impedem de enxergar claramente através de um telescópio: as lentes estarem sujas ou mal reguladas, ou o telescópio estar desequilibrado. Logo, quando não há clareza e estabilidade, é impossível observar corretamente o objeto de investigação.

Wolf: No caso do telescópio, existem critérios objetivos que identificam o que é uma imagem precisa e extremamente nítida. Os aparelhos fotográficos modernos utilizam esses critérios para ajustar de modo automático a clareza da imagem. Mas quais são os critérios no caso da introspecção? Como nos sentimos quando o sistema cognitivo está ajustado corretamente?

MATTHIEU: Bem, é a mesma coisa: é preciso que o telescópio da mente esteja bem focalizado,[9] claro e estável. Faz tempo que a introspecção caiu em descrédito, porque, durante estudos realizados em laboratório, a mente dos sujeitos ficava dispersa na maior parte do tempo. A distração gera instabilidade mental. Além disso, uma mente não treinada é desprovida da clareza e da limpidez que permitem enxergar realmente o que se passa em si mesmo. Portanto, tomada pelas distrações ou mergulhada num estado de opacidade cognitiva, nos dois casos ela é incapaz de se entregar a uma introspecção correta.

WOLF: Quer dizer que estabilidade e clareza seriam os dois critérios principais?

MATTHIEU: Sim. Para retomar sua expressão, nós "nos sentimos" diferentes quando a mente está agitada, distraída e opaca, ou quando ela se encontra estável e clara como um céu imaculado. Uma mente límpida e tranquila não traz somente paz interior, mas permite compreender mais profundamente a natureza da realidade e da própria mente. Não se trata de efeitos imaginários, mas de estados mentais que podemos experimentar e com os quais podemos nos familiarizar.

WOLF: A reprodutibilidade também é um critério, como acontece na abordagem científica?

MATTHIEU: Toda vez que um contemplativo cuja mente não está constantemente tomada por um turbilhão de pensamentos analisa, por meio da introspecção, um aspecto particular da mente, ele chega invariavelmente à mesma conclusão. Logo, não é o caso de alguém cujo estado mental é exaltado e confuso.

Wolf: Em termos científicos, falaríamos de "redução de ruído",* isto é, de estabilização do sistema cognitivo.

Matthieu: É verdade. É preciso eliminar a confusão e a agitação mental. O filósofo Alexandre Jollien, meu amigo, fala de "Rádio Mental fm".

Wolf: É uma capacidade que o "olho interior" pode adquirir?

Matthieu: Sim. É o resultado de uma prática constante e regular. Existem práticas de meditação que permitem alcançar um estado mental claro e estável. Uma pessoa que treine a sua mente percebe e compreende os fenômenos mentais com mais precisão e se dá conta de que a fronteira entre os eventos mentais e os fenômenos externos não é tão sólida quanto parece. Trata-se de uma abordagem fenomenológica, já que examinamos diretamente nossa experiência. De todo modo, o que poderíamos analisar bem do outro? Nossa experiência constitui nosso mundo.

Wolf: Você aconselharia consolidar os conhecimentos da introspecção e não ceder a influências externas?

Matthieu: De fato, percebemos sempre os fenômenos externos e internos, porém com mais precisão e penetração, porque deixamos de lhes sobrepor nossas projeções mentais. É com base nisso que se estabelece entre contemplativos experientes um consenso impossível nos sujeitos não treinados. Podemos fazer uma comparação com os matemáticos, que, por terem tido a mesma formação, compreendem-se perfeitamente, chegam às mesmas conclusões e falam a mesma língua. Do mesmo modo, contemplativos experientes tiram conclusões

---

* No contexto científico, "reduzir o ruído" significa reduzir os sinais não relevantes para a interpretação da informação. (N. da Edição Francesa.)

idênticas sobre a natureza da mente e sobre a efemeridade e a interdependência dos fenômenos. Essa concordância pode ser verificada por meio da intersubjetividade de sua compreensão.

Experiências na primeira, na segunda e na terceira pessoas

WOLF: Matemáticos podem pegar um lápis, escrever uma fórmula e desenvolver uma demonstração baseando-se em regras lógicas. Como você pode saber, com seu mestre espiritual, que está indo na direção certa? Pois imagino que precise de um mestre para afinar seu instrumento, seu olho interior e seu microscópio pessoal.

MATTHIEU: Nós o sabemos graças àquilo que Francisco Varela, Claire Petitmengin e outros pesquisadores no campo das ciências cognitivas denominam "perspectiva na segunda pessoa", um conceito que vem completar as perspectivas na primeira e na terceira pessoas. A perspectiva na segunda pessoa significa um diálogo em profundidade, corretamente estruturado, entre o sujeito e o especialista que conduz a discussão, que faz perguntas adequadas e permite que o sujeito descreva sua experiência nos mínimos detalhes.

Na tradição tibetana, o meditador relata de tempos em tempos suas experiências meditativas a seu mestre espiritual. Nesse caso, o que faz toda a diferença é que a "segunda" pessoa não é simplesmente um psicólogo habilitado, mas alguém que tem uma experiência extremamente profunda da meditação, adquirida com muitos anos de treino, a qual lhe dá uma visão penetrante, profunda, clara e equilibrada da natureza da mente, um controle chamado muitas vezes de "realização espiritual" ou "conquista". É assim que um mestre qualificado está apto a avaliar a qualidade da prática de meditação do aluno.

Você poderia me dizer: "Segundo a perspectiva na terceira pessoa, como posso verificar a validade desses julgamentos?" Na verdade, você pode verificar por si próprio, mas para isso é preciso ter feito um treinamento em meditação. Existe um processo análogo na ciência. Se temos poucos conhecimentos de física e matemática, começamos confiando nos cientistas, porque imaginamos que eles sejam sérios. Por que teríamos de acreditar neles? Inicialmente, confiamos nesses *experts* porque existe um consenso entre eles, um consenso alcançado depois que eles validaram cuidadosamente suas respectivas descobertas. Sabemos também que, se adquirirmos uma formação séria em sua disciplina, seremos capazes de verificar por nós mesmos as descobertas deles. Não se trata, portanto, de acreditar neles para sempre baseados numa fé cega, o que seria muito insatisfatório.

Meditação não é matemática, mas ela constitui, de todo modo, uma ciência da mente que é conduzida com rigor, perseverança e disciplina.[10] Portanto, quando contemplativos muito bem treinados chegam às mesmas conclusões sobre o funcionamento da mente, suas experiências acumuladas têm um peso análogo às dos especialistas em matemática. Enquanto não nos envolvermos pessoalmente no exame da mente e não fizermos essa experiência, sempre haverá uma distância entre o que se diz sobre ele e o que se conhece por meio da vivência direta. No entanto, é possível preencher esse espaço aperfeiçoando sua própria *expertise*.

WOLF: Esse processo não se aplica a todas as estratégias cujo objetivo é esclarecer determinado tema? Concordamos sobre os critérios e os procedimentos, em seguida realizamos uma experiência, depois nos reunimos para verificar se existe consenso.

MATTHIEU: Exatamente. Portanto, nesse caso me parece mais apropriado falar em "ciência contemplativa", porque não se trata de descrições vagas baseadas em meras impressões. A literatura contemplativa tibetana abrange inúmeras obras que descrevem as diferentes etapas da análise da mente e que propõem uma taxonomia detalhada dos diversos tipos de estados mentais. Elas também explicitam os processos do pensamento: como se formam os conceitos, quais são as qualidades da pura consciência desperta, e assim por diante. Esses tratados também ensinam os meditadores a não confundir determinadas experiências instáveis com uma realização autêntica.

A totalidade das experiências meditativas foi apresentada por pessoas que adquiriram uma visão penetrante do funcionamento de sua própria mente. Você poderá sempre argumentar que elas estão redondamente enganadas, nada mais. No entanto, seria muito estranho que tantos meditadores experientes, dotados de extrema perspicácia mental, tendo apurado suas capacidades introspectivas a tal nível, pudessem se deixar enganar da mesma maneira, em momentos diversos da história e em diferentes lugares, enquanto pessoas sem nenhum treinamento em meditação teriam uma compreensão mais confiável do funcionamento da mente.

É por essa razão que Buda estimulou os contemplativos a praticar assiduamente quando disse: "Eu lhes mostrei o caminho, cabe a vocês segui-lo. Não creiam no que eu digo simplesmente em respeito a mim, mas examinem minuciosamente a verdade, como se examinassem a pureza de uma peça de ouro, esfregando-a numa pedra lisa, batendo nela e fundindo-a". Nunca devemos pressupor coisas sem verificá-las por nós mesmos.

No entanto, algumas coisas continuam inacessíveis ao nosso conhecimento. Elas escapam definitivamente a nossa experiência direta. Quando crentes das religiões deístas falam no "mistério de Deus", eles aceitam a ideia de que nunca conhecerão inteiramente a natureza de Deus por meio de sua experiência limitada e imperfeita. O budismo afirma que nossas faculdades cognitivas não têm condições de apreender determinados aspectos da realidade. Mas isso não significa, de modo algum, que eles permanecerão inacessíveis para sempre.

Wolf: Isso também significa que aqueles que não seguem essas práticas não deveriam se basear em suas intuições na primeira pessoa, seus julgamentos internos imediatos, porque eles não afinaram seus instrumentos cognitivos. Portanto, todos eles devem ser considerados indivíduos ingênuos ou comuns que se deixam enganar por suas percepções equivocadas.

MATTHIEU: Sim, mas eles sempre dispõem do potencial necessário para mudar. Continuam sendo indivíduos comuns enquanto seu potencial de compreensão permanecer inexplorado.

WOLF: Dado que a mente da maioria de nós não foi treinada nesses métodos introspectivos, a situação parece bastante deprimente. No Ocidente, desde o Século das Luzes, nós nos concentramos na ciência como a fonte de referência do conhecimento; porém, já que somos todos indivíduos comuns, inclusive as mentes mais importantes – Platão, Sócrates, Kant –, como podemos confiar em nossas descobertas e em nossas conclusões?

Isso me faz pensar no estranho enigma que ilustra as divergências entre os progressos da introspecção e os das investigações científicas. Pense nas inúmeras teorias contraditórias baseadas na introspecção e na observação do comportamento dos outros e que explicam a organização do cérebro. A maior parte dessas teorias se mostra incompatível com o que sabemos quando começamos a analisar as funções cognitivas com a ajuda de métodos quantitativos psicofísicos e submetemos o cérebro a uma investigação científica. Até onde sei, essa constatação se revela precisa no caso de todas as teorias pré-científicas do cérebro, sejam elas formuladas em contextos filosóficos orientais ou ocidentais. Será que essa divergência significa que nossas intuições são simplesmente falsas, porque nos falta esse treinamento contemplativo? Nesse caso, esperaríamos que aqueles que têm a experiência da prática meditativa, aqueles que apuraram o olhar interior, apresentem conclusões mais válidas sobre o funcionamento do cérebro. Uma mente que passou por um treinamento budista não deveria experimentar o funcionamento do cérebro de maneira mais "realista", em relação às hipóteses formuladas por nossa intuição ocidental, ingênua e desprovida de qualquer treinamento em meditação?

MATTHIEU: Seria mais correto dizer que a *mente* dos contemplativos experientes funciona de maneira mais realista que a das pessoas não treinadas. Isso não significa, de modo algum, que esses meditadores associem suas experiências a determinadas áreas do cérebro, como o faria uma ressonância magnética funcional. Como você sabe, sejamos meditadores experientes ou não, é impossível "sentir" o cérebro, e muito menos saber o que se passa nas diferentes áreas cerebrais e redes neuronais. Dito isso, a colaboração entre contemplativos e neurocientistas nos últimos quinze anos mostrou claramente que esses campos de investigação podem enriquecer nossa compreensão mútua e correlacionar as perspectivas à primeira e à terceira pessoas.

Ao buscar uma abordagem em primeira pessoa, um contemplativo não vai descobrir quais áreas do cérebro estão diretamente envolvidas nos sentimentos de compaixão e de atenção focada. No entanto, um contemplativo com prática estará plenamente consciente de seus processos cognitivos, da maneira como seus pensamentos se desdobram, do jeito como suas emoções se formam e como elas podem ser equilibradas e controladas. O meditador também terá experiência do que é conhecido como *consciência pura*, que é um estado de consciência lúcido livre de construções mentais e processos de pensamento automáticos. O meditador talvez também entenda que não há um eu autônomo da mente, o que, na minha opinião, combina com a visão da neurociência.

O desenvolvimento recente da chamada "neurociência contemplativa" examina como esse conhecimento e esse controle da mente, adquiridos por meio da meditação, estão associados a determinadas atividades específicas do cérebro, e como o meditador consegue, ou não, controlá-las e vigiar sua evolução. Também podemos explorar a experiência desses contemplativos para interpretar as descobertas relacionadas ao funcionamento do cérebro, particularmente no campo das emoções, do bem-estar, da depressão e de outros estados caracterizados por maior acuidade mental.

O médico e o tratamento

MATTHIEU: Não é dar prova de pessimismo constatar que a maioria de nós fica um pouco confusa, pois existe uma maneira de sair dessa confusão. O médico que diagnostica uma doença ou uma epidemia não é pessimista. Ele sabe que existe um problema importante, mas também sabe que o problema tem causas identificáveis e que existe um tratamento para saná-lo. Os textos budistas muitas vezes comparam Buda a um médico experiente, os seres sensíveis a doentes, os ensinamentos à receita do médico e a aplicação dos ensinamentos ao tratamento. É inútil se sentir deprimido, pela boa e simples razão de que a mente tem o potencial necessário para curar essa ilusão, ou seja, perceber a realidade como ela é.

WOLF: A realidade a que você se refere é essencialmente um estado interior livre de confusão e mal-entendidos, já que não existe uma verdadeira realidade exterior enquanto tal.

MATTHIEU: É a realidade de reconhecer a natureza da consciência pura, bem como a natureza e as causas do sofrimento – as toxinas mentais –, e a possibilidade de se livrar dessas causas por meio do cultivo da sabedoria. Mas também é a apreensão mais acurada da realidade exterior como eventos interdependentes destituídos de existência própria. Ao contrário da ciência, não se trata de reunir informações detalhadas sobre todos os fenômenos examinando a complexidade da natureza, e sim de adquirir uma compreensão da natureza última desses fenômenos, a fim de eliminar a ignorância fundamental e o sofrimento.

Quando se trata de eliminar o sofrimento, nem todos os conhecimentos têm a mesma utilidade. Havia uma pessoa muito curiosa que fazia todo tipo de pergunta a Buda, sobre uma infinidade de temas, como saber se o universo era infinito ou finito. Em vez de responder, Buda ficava calado. Num determinado momento, ele pegou um punhado de folhas e perguntou ao visitante: "Existem mais folhas na minha mão ou na floresta?" Embora um pouco surpreso, o curioso respondeu: "Certamente existem menos folhas em sua mão". Buda, então, fez o seguinte comentário: "É a mesma coisa, se o seu objetivo é acabar com o sofrimento do mundo e alcançar o Despertar, algumas formas de conhecimento são úteis e necessárias, outras, não". Inúmeros temas são muito interessantes em si mesmos, como conhecer a temperatura das estrelas ou o modo de reprodução das flores, mas não têm utilidade imediata para quem procura se libertar do sofrimento.

Tudo depende do objetivo perseguido. Criar um conhecimento válido do mecanismo da ilusão cognitiva é extremamente útil se formos joguetes do apego compulsivo ou do ódio, pois esse conhecimento nos ajudará a remediar as causas profundas do nosso sofrimento.

A ética da prática e a ciência

WOLF: Penso que estamos de acordo na afirmação de que não se pode deduzir nenhum valor ético da simples exploração científica. A ciência nos ajuda a determinar as interpretações corretas ou incorretas do mundo observável, mas não nos livra do peso que representa a elaboração de julgamentos morais.

MATTHIEU: O que é perfeitamente compreensível, uma vez que o principal objetivo da ciência não é estabelecer valores morais. Os conhecimentos e as descrições fornecidos pela ciência não têm valor moral em si mesmos. Não passam de informações que podemos utilizar de várias maneiras. É no uso que fazemos dos conhecimentos que a moral intervém. Como o objetivo principal do budismo é nos libertar do sofrimento, sua lógica está intimamente ligada à ética.

WOLF: É possível deduzir valores a partir da introspecção, da prática do treinamento da mente? Parece-me que os valores são o resultado de experiências coletivas que são formuladas em seguida, seja como mandamentos religiosos, seja como sistemas legais. Geração após geração, por meio de tentativas sucessivas, as comunidades humanas determinaram os comportamentos que diminuíam ou aumentavam o sofrimento. Elas deduziram regras de conduta e codificaram o conjunto de suas experiências. Em seguida, os seres humanos projetaram essas regras atribuindo-as à vontade divina, a fim de aumentar sua autoridade e obter a aprovação da comunidade, ou as incorporaram a um sistema legal. Nos dois casos, a recompensa ou a punição são os instrumentos habitualmente utilizados para manter a obediência dos membros do grupo.

Matthieu: Não há dúvida de que, em certos casos, isso é verdade. Segundo o budismo, que não recorre a nenhuma autoridade divina, a ética é um conjunto de regras de conduta estabelecidas a partir da experiência empírica e da sabedoria, cujo objetivo é evitar causar sofrimento aos outros e a si mesmo. Buda não é um santo, nem um profeta, nem um deus vivo, mas um sábio, um "desperto". A ética é, de fato, uma ciência da alegria e do sofrimento, não um conjunto de leis promulgadas por uma entidade divina ou por pensadores dogmáticos. Dado que essa ética consiste essencialmente em evitar prejudicar os outros desenvolvendo mais a sabedoria e a compaixão, compreendendo melhor os mecanismos da alegria e do sofrimento e as leis de causa e efeito, ela estimula os métodos e as práticas que são mais capazes de alcançar esses objetivos.

Três aspectos da filosofia budista

Wolf: Tratamos até o momento de três aspectos da filosofia budista; corrija-me se houver um ponto que não compreendi bem. O primeiro é a posição filosófica e epistemológica do budismo, que é, muito claramente, bastante radical. Ela afirma que, como seres humanos comuns e não treinados na meditação, a maior parte do que percebemos fora de nossa própria mente – bem como a maioria das experiências que temos com o nosso terceiro olho, isto é, a introspecção – é ilusória.

O segundo aspecto é a convicção de que é possível apurar esse olhar interior por meio da prática meditativa, a fim de ter a experiência do que a mente e a realidade realmente são.

Por fim, e isso me parece ser o ponto mais importante e a consequência dos dois primeiros aspectos, se conseguirmos purificar nossa própria mente de modo que a percepção não fique mais contaminada por falsas crenças, transformaremos os traços fundamentais da nossa personalidade e nos tornaremos, assim, seres humanos melhores, capazes de contribuir de forma mais eficaz para a redução do sofrimento.

Portanto, o budismo é, por um lado, uma ciência do conhecimento altamente elaborada e, por outro, um sistema pragmático de aprendizagem. Ao contrário da epistemologia ocidental, consideramos que ele é uma disciplina experimental que tenta esclarecer, por meio da prática e do treinamento da mente, os diferentes estados da nossa consciência e descobrir a essência da realidade. Primeiro aperfeiçoe seu telescópio interior, depois compreenda o mundo exterior.

A ciência ocidental rejeita a ideia de que é possível extrair de suas próprias observações o mínimo valor moral ou impor regras de conduta. Ela afirma que as escolhas éticas normalmente produzem os melhores resultados quando estão baseadas em provas sólidas e são guiadas por argumentos racionais e não por crenças, superstições ou dogmas ideológicos. Além disso, ela garante que é possível reduzir o sofrimento identificando suas causas e desenvolvendo instrumentos que permitam erradicá-lo.

A filosofia budista afirma que aplica os critérios da ciência experimental, mas vai mais longe ao asseverar que é possível estabelecer valores éticos a partir de sua própria prática e que os praticantes realizam uma transformação total a fim de reduzir o sofrimento.

MATTHIEU: Bravo! Sim, existe uma dimensão ética enraizada no conjunto da abordagem budista, já que a função do conhecimento é eliminar o sofrimento. Para isso, é indispensável diferenciar os modos de agir, falar e pensar que provocam sofrimento daqueles que levam à realização e à plenitude. Não concebemos o bem e o mal em termos de entidades absolutas, mas como uma alegria e um sofrimento que nossos pensamentos, nossas palavras e nossas ações infligem aos outros e a nós mesmos.

Os valores morais dependem também de uma compreensão correta da realidade. Dizemos, por exemplo, que a felicidade egoísta não está de acordo com a realidade, porque ela pressupõe que funcionamos como entidades separadas e independentes, que só se ocupariam de suas próprias questões, o que não seria o caso, já que dependemos todos uns dos outros. Esse tipo de busca da felicidade está fadado ao fracasso. Por outro lado, a compreensão da interdependência de todos os seres e fenômenos é a base lógica que permite desenvolver o altruísmo e a compaixão.[11] O esforço para alcançar simultaneamente a sua felicidade e a dos outros tem muito mais possibilidades de sucesso, porque se trata de uma postura de acordo com a realidade. O amor altruísta é reflexo de um certo nível de compreensão da interdependência estreita de todas as pessoas e da felicidade geral, ao passo que o egoísmo exacerba o individualismo e aumenta o abismo entre você e os outros.

WOLF: Você diz que essas características negativas são, na verdade, percepções equivocadas da realidade. É uma forma de afirmar, exatamente como Rousseau, que a realidade é essencialmente boa.

MATTHIEU: A realidade não é, em si mesma, nem boa nem ruim; o que existe é uma maneira correta e uma maneira incorreta de apreendê-la. Esses diferentes modos de apreensão têm consequências: uma mente que não altera a realidade conhecerá, naturalmente, uma liberdade interior e será imbuída de compaixão, em vez de ficar dominada pela ganância e pelo ódio. Portanto, sim, se estivermos sintonizados com as coisas como elas são, adotaremos, de fato, um comportamento que nos afastará do sofrimento. A confusão mental não é apenas um véu que ofusca a compreensão da verdadeira natureza das coisas. Do ponto de vista prático, ela também nos impede de discernir o tipo de comportamento que nos permitiria encontrar a felicidade e evitar o sofrimento.

WOLF: Claro, se você agir de acordo com o verdadeiro modo de funcionamento do mundo, terá menos problemas, porque haverá menos contradições e conflitos.

MATTHIEU: Exato. Essa é a razão pela qual o exame da natureza do real não diz respeito a uma simples curiosidade intelectual, mas tem consequências profundas em nossa experiência.

WOLF: E é por isso que, para perceber a realidade com mais precisão, precisamos afiar nossos instrumentos cognitivos.

MATTHIEU: Se reconhecermos que a realidade é interdependente e efêmera, adotaremos uma atitude correta e teremos mais possibilidades de alcançar uma verdadeira realização. Caso contrário, como escreveu Rabindranath Tagore: "Deciframos o mundo de maneira incorreta e dizemos que ele nos engana".[12]

WOLF: Também podemos exprimir essa ideia em termos darwinistas. Se nosso modelo de mundo estiver correto, seremos menos atormentados por contradições, emitiremos menos julgamentos equivocados, enfrentaremos melhor os mal-entendidos frequentes da vida e causaremos menos sofrimento. Precisamos, então, tentar conceber um modelo de mundo mais realista. Penso que todas as culturas têm como ponto comum a necessidade premente de tentar compreender o mundo, mas as motivações e as estratégias são diferentes. Reduzir o sofrimento é, sem dúvida, um dos objetivos, mas existem outros... Aqueles que detêm o conhecimento controlam melhor o mundo, dominam mais facilmente os outros e têm um acesso privilegiado aos recursos. Conceber modelos realistas de mundo aumenta a adequação dos indivíduos a esse mundo.

A ciência é um dos meios de adquirir esse conhecimento. As descobertas científicas encontram uma explicação clara e esclarecem as causas dos mecanismos. Outra fonte de conhecimento é a experiência coletiva, mas os saberes dela decorrentes permanecem na maioria das vezes implícitos: o indivíduo sabe, mas as origens do seu próprio conhecimento permanecem obscuras. Existe também a estratégia que você explicou, a que recorre à introspecção e à prática da meditação para conhecer sua própria condição. Enfim, o sistema evolucionista e pragmático permite criar representações melhores do mundo. Como seres humanos criativos, temos a possibilidade de imaginar e testar modelos. Podemos, então, selecionar os que funcionam melhor para nós, aderir aos que reduzem o sofrimento e abandonar os que o aumentam.

MATTHIEU: Isso é crucial.

WOLF: E você pode otimizar seus modelos...

MATTHIEU: ... por meio da meditação analítica, da investigação lógica e do conhecimento válido. Concentrar-se alternadamente na compreensão interior e na exposição ao mundo exterior permite uma assimilação mais profunda dessa compreensão interior em nosso modo de ser.

WOLF: A implicação então é que o cérebro pode impor a si mesmo um treinamento que induz a mudanças duradouras em suas próprias estruturas cognitivas?

MATTHIEU: Essa é a razão por que uma compreensão meramente teórica não funciona. Treinamento implica aperfeiçoamento, repetição que leva a uma lenta remodelagem do nosso modo de ser, que será correlacionada com uma remodelagem do cérebro. Precisamos adquirir uma compreensão correta e então desenvolver essa compreensão até que ela se torne parte de nós.

WOLF: É interessante examinar como nos envolvemos nesse processo. Imagino que seja necessário um instrutor que, antes de mais nada, ensine que há algo a ser descoberto; ou existe um impulso interno que motiva a exploração de si e estimula o aperfeiçoamento pessoal?

MATTHIEU: O impulso interior tem origem no desejo profundo de se libertar do sofrimento. Esse desejo reflete o potencial de transformação e de realização que temos dentro de nós. Um mestre espiritual qualificado desempenha um papel crucial: ele nos mostra e nos explica os meios de alcançar essa transformação, exatamente como os conselhos de um marinheiro, um artesão ou um músico experientes são preciosos para quem quer adquirir as aptidões deles. Às vezes queremos reinventar a roda, mas é absurdo não tirar proveito da amplitude de conhecimentos acumulados por aqueles que dominaram sua arte e suas aptidões, como os montanhistas que escalaram os picos mais altos e os navegantes que singraram os mares por quarenta anos. Querer recomeçar tudo do zero sem aproveitar a sabedoria dos outros não é uma boa estratégia. Gerações de marinheiros experimentaram várias maneiras de navegar e elaboraram mapas dos muitos lugares que visitaram. Da mesma forma, a ciência contemplativa budista acumulou durante 2.500 anos uma experiência empírica da investigação da mente, que começou com Buda Shakyamuni. Não faz sentido ignorá-la.

WOLF: Estou começando a entendê-lo. O objetivo é alcançar a felicidade e minimizar o sofrimento, mas, para atingi-lo, é necessário fazer com que seu modelo interior esteja em sintonia com as condições "reais" do mundo. Consequentemente, devemos ser capazes de identificar visões e maneiras erradas de pensar.

MATTHIEU: Um dos principais objetivos do caminho budista é eliminar as opiniões equivocadas.

Resumindo

WOLF: Eu gostaria de recapitular os pontos principais da nossa conversa. Discutimos inicialmente, em profundidade, questões epistemológicas, comparando as fontes de conhecimento ocidentais e budistas. Estas últimas recorrem principalmente à introspecção, à prática da meditação e à observação do mundo, depois de se ter purificado a mente.

MATTHIEU: E de se ter procedido a uma abordagem analítica da realidade.

WOLF: Uma abordagem analítica que exige que a pessoa refine o olhar interior da mente para depurar seu próprio sistema cognitivo. Esse processo, tal como o entendo, tem consequências profundas. Uma delas é que ele evita que consideremos incontestável o que percebemos e nos ajuda a apreender a realidade como transitória e livre de propriedades tangíveis, que dependeriam do contexto. Essa concepção permite, por sua vez, construir modelos mais realistas da realidade, reduzir os conflitos entre as representações equivocadas e a própria realidade, o que, consequentemente, redunda na diminuição do sofrimento.

Um dos aspectos essenciais dessa abordagem consiste em aprender a se livrar desses condicionamentos a fim de evitar apegos emocionais. A consciência de que os objetos não possuem características próprias permite manter um distanciamento dos atributos intangíveis que lhes conferimos. Se entendi direito o que você disse, isso se aplica às emoções que estão associadas a situações sociais e a outros seres sensíveis. A ganância e o apego funcionam como filtros que distorcem nossa percepção e nos impedem de enxergar o mundo "real". Convém, portanto, evitar essas duas tendências emocionais.

Consigo compreender esse ponto. Somos todos vítimas das nossas emoções: se formos arrebatados por uma poderosa paixão amorosa ou por um ódio violento, cometeremos certamente um erro de interpretação da situação, atribuindo características equivocadas ao objeto do nosso amor ou do nosso ódio. Se conseguirmos nos livrar dessas interpretações falsas, a realidade perde as características que lhe atribuímos, tornando-se, assim, mais fácil de administrar.

A prática da meditação, a introspecção e o desenvolvimento da mente permitem, portanto, alcançar maior objetividade. Além disso, essa "ciência da mente" pode servir de base a um sistema ético. Parece que essa concepção se diferencia dos pontos de vista predominantes nas sociedades ocidentais, que consideram que só é possível alcançar a objetividade por meio de uma abordagem na terceira pessoa, baseando-se em critérios como reprodutibilidade, validação das previsões etc.

No contexto ocidental, a ética não faz parte integrante da exploração científica, pelo menos não no domínio das ciências naturais.

MATTHIEU: Contanto que se compreenda a ética como uma ciência da alegria e do sofrimento, não como um dogma desconectado da experiência vivida.

WOLF: Portanto, o que se diz é que a prática da meditação leva à construção de modelos realistas de si mesmo e do mundo. Aliadas aos efeitos da prática, essas novas concepções provocam, então, mudanças de atitude que, se forem compartilhadas por um grande número de pessoas no longo prazo, podem melhorar a condição humana.

MATTHIEU: Isso só é possível se nosso modo de ser se libertar de qualquer interpretação enganosa da realidade e das elaborações mentais. Ele se exprime, então, naturalmente, por meio de atitudes altruístas, compassivas e preocupadas com o bem dos outros. Esse tipo de comportamento só é possível se admitirmos que, assim com nós, os outros também querem ser felizes e evitar o sofrimento. Essa predisposição particular da mente se traduz num comportamento que serve, naturalmente, ao bem do outro. Nossos atos se tornam a expressão espontânea do nosso modo de ser.

WOLF: Se todos assimilassem corretamente esse modelo de mundo, isso poderia funcionar.

MATTHIEU: Não é preciso esperar que todos cheguem à mesma conclusão. Cada um de nós tem a possibilidade de adquirir e conservar uma compreensão correta da realidade e de cultivar uma perspectiva, uma motivação, um esforço e uma conduta apropriados. Nesse caso, não há nenhuma dúvida de que funcionaremos da melhor maneira possível. Mesmo se os acontecimentos e as circunstâncias forem imprevisíveis e saírem do controle, podemos procurar manter o rumo utilizando a bússola interior da visão e da motivação corretas. Essa é a melhor maneira de alcançar o objetivo da libertação do sofrimento para si e para os outros.

WOLF: Como é possível adquirir uma sabedoria que, conforme acreditamos, é elaborada coletivamente, ao longo de gerações, e é codificada em sistemas religiosos e legais – uma sabedoria que estabelece um modo de comportamento que nenhum indivíduo consegue alcançar numa única vida? Certas atitudes podem se mostrar benéficas para a própria vida do indivíduo, mas, no longo prazo, ter consequências prejudiciais para a sociedade, resultados que ele jamais verá. Esse conhecimento só é adquirido de maneira coletiva, ao longo de gerações, e não pode ser fruto unicamente da introspecção.

MATTHIEU: Mesmo que seja impossível conhecer o resultado das nossas ações, sempre é possível verificar o sentido da nossa motivação; esse é um princípio fundamental. Trata-se de uma motivação egoísta, cuja única finalidade é nosso próprio interesse, ou, de fato, uma motivação altruísta? Se gerarmos sem descanso esta última e utilizarmos ao máximo nossos conhecimentos, nosso raciocínio e nossas aptidões para agir segundo essa perspectiva altruísta, é bem provável que, no longo prazo, o efeito seja positivo.

A compreensão adequada da realidade gera uma atitude mental correta e um comportamento que, a cada momento, está de acordo com essa compreensão. Todos saem ganhando: nós nos alegramos enquanto agimos de maneira benéfica para os outros. Esse modo ideal de ser terá efeitos positivos, primeiro no seio da família, depois no povoado ou na comunidade local, estendendo-se aos poucos para toda a sociedade. Como dizia Gandhi, "se conseguíssemos transformar a nós mesmos, as tendências no mundo também se transformariam. Quando um homem muda sua própria natureza, a atitude do mundo para com ele muda. [...] Não precisamos esperar para ver o que os outros fazem".

WOLF: É uma visão penetrante com a qual todas as pessoas que vivem a espiritualidade não podem deixar de estar de acordo. Num sistema social altamente interconectado, a reação dos outros à transformação de algumas pessoas assume uma importância capital. A menos que um número significativo de pessoas siga o caminho da transformação pessoal, existe o risco de ver aqueles que estão apegados ao poder e defendem o egoísmo tirar proveito da bondade de uma minoria pacífica. Seria preciso, então, estabelecer um sistema de normas que limite o poder e a influência desses aproveitadores. A transformação pessoal e a regulação das interações sociais devem ocorrer simultaneamente.

Estamos diante da mesma complementaridade de estratégias que encontramos quando examinamos as diferenças entre a ciência contemplativa e as ciências naturais, bem como entre as abordagens na primeira e na terceira pessoas, que, ambas, permitem melhor compreensão do mundo e da condição humana. Espero que, em algum momento da nossa conversa, examinemos até onde é possível estabelecer uma convergência entre os *insights* adquiridos por meio da ciência contemplativa e os progressos realizados nos domínios das ciências humanas e das ciências naturais. Essa comparação deverá se mostrar particularmente interessante na medida em que os métodos de investigação em vigor nas ciências naturais são aplicados agora na exploração de fenômenos psicológicos acessíveis apenas por meio de uma perspectiva na primeira pessoa, como percepções, sensações, emoções, realidades sociais e, por fim, mas não menos importante, a consciência.

4

O exame do ego

O ego é uma entidade que se localiza no centro do nosso ser ou um centro de controle no cérebro? Mais, é um *continuum* de experiências que reflete a história da pessoa? O monge budista desconstrói a ideia de um ego unitário e autônomo, enquanto o neurocientista confirma que nenhuma área do cérebro assume um papel principal. O conceito de um regente de orquestra como esse é uma ilusão cômoda para funcionar na vida. Será que é indispensável um ego forte para a boa saúde mental? Se abandonamos a crença cega no eu não corremos o risco de nos tornar vulneráveis? Ao contrário, um ego transparente favoreceria a coragem e a confiança interior?

Matthieu: Vamos abordar agora a causa da nossa percepção equivocada da realidade: o apego à ideia de um ego distinto e autônomo que seria o centro do nosso ser, o posto de controle da nossa experiência. Segundo o ponto de vista budista, pressupor a existência de tal entidade é uma distorção da realidade que alimenta a ilusão e desencadeia todo tipo de estados mentais aflitivos.

Wolf: Como você consegue conciliar essa afirmação com a necessidade de ter um ego forte?

Matthieu: Tudo depende do que você chama de "ego forte". Existe uma diferença crucial entre o fato de se ter uma confiança interior aliada a uma poderosa determinação e um forte apego à crença na existência de uma entidade única como essência do nosso ser. A força interior não vem de um ego reificado até o egocentrismo, mas de uma liberdade interior, o que é completamente diferente.

Por que alimentamos o sentimento de que temos um ego autônomo? A todo momento, tenho a sensação de que existo, de que sinto frio ou calor, de que tenho fome ou de que estou saciado. Em cada um desses instantes, o "eu" representa o elemento subjetivo e imediato da minha experiência.

A isso se acrescenta a história da minha vida, que me define como pessoa. Ela é o *continuum* de todas as experiências que vivi ao longo do tempo. A "pessoa" é a história dinâmica e complexa do nosso fluxo de consciência.

Wolf: É o que chamamos de memória biográfica.

Matthieu: De certo modo, sim. Esse fluxo de consciência, porém, não se reduz unicamente aos acontecimentos de que nos lembramos. Se tirarmos uma amostra de água de um rio, ela reflete toda a sua história, desde o nascimento até o local da amostra. A qualidade dela depende do solo e da vegetação que o rio atravessou, mas também do seu nível de poluição ou de pureza.

Esses dois aspectos – o "eu" do tempo real e a continuidade das experiências da "pessoa" – é que nos permitem viver neste mundo. Esses dois aspectos do modo de ser não representam nenhum problema, mas nós acrescentamos a eles outra coisa: a concepção de um eu autônomo.

Sabemos que o corpo e a mente estão em constante transformação. Deixamos de ser crianças irrequietas e aos poucos envelhecemos. Nossa experiência se transforma e se enriquece a todo momento. E, no entanto, pensamos que existe algo no meio desse conjunto que nos define agora e que nos definiu durante toda a nossa vida. Nós nos referimos a ele chamando-o de "ego", "*self*" ou "eu". Não contentes em ser um *continuum* único de experiências, julgamos que no centro desse fluxo mora uma entidade singular e distinta: o nosso verdadeiro "ego", algo como um barco que viaja ao longo do rio de nossa experiência.

Quando acreditamos que existe essa entidade, com a qual nos identificamos, procuramos protegê-la e tememos que ela desapareça. Esse forte apego à ideia de um ego gera as ideias de "posse": "meu" corpo, "meu" nome, "minha" mente, "meus" amigos etc.

Não conseguimos deixar de imaginar esse ser como uma entidade distinta e singular e, embora nosso corpo e nossa mente sofram transformações contínuas, teimamos em lhe atribuir características de permanência, de singularidade e de autonomia. Paradoxalmente, essa crença tem como resultado o aumento da nossa vulnerabilidade e não o desenvolvimento de uma confiança autêntica. Na verdade, ao presumir que o ego é uma entidade autônoma, diferente e única, entramos numa contradição básica com a realidade. Nossa vida é regida essencialmente por relações de interdependência. Sem dúvida, nossa própria felicidade é importante, mas ela só pode existir por meio e ao lado da felicidade dos outros. Além disso, o ego se torna o alvo permanente do ganho e da perda, do prazer e da dor, do elogio e da crítica etc. Temos a sensação de que é preciso proteger e satisfazer esse ego custe o que custar. Sentimos repulsa com relação a tudo que o ameaça e atração por tudo que lhe é agradável e o fortalece. Esses dois impulsos básicos, de atração e de rejeição, dão origem a uma miríade de emoções conflituosas: raiva, ganância, arrogância, ciúme, que, afinal, geram sempre sofrimento.

WOLF: Você parece manter uma relação mais sofisticada com seu "ego". Se você pergunta às pessoas: "Quem é seu ego?", elas provavelmente dirão apenas: "Sou eu", e até parecerão desorientadas diante da pergunta. Elas não se colocarão no lugar do observador como você está fazendo agora ao analisar sua relação consigo mesmo.

MATTHIEU: Exatamente. Enquanto não examinamos o "ego", nós o consideramos como algo evidente e nos identificamos intimamente com ele. Porém, assim que iniciamos o exame, percebemos que é extremamente difícil indicar algo preciso que seria o "ego". Por outro lado, deveria ser fácil constatar o quanto nosso apego a essa ideia de um ego independente perturba nossa vida. É por isso que é tão difícil sair do círculo vicioso do sofrimento.

No entanto, é possível ajudar o outro a tomar consciência da importância que o "ego" assume em sua vida. Por exemplo, se estou diante de um penhasco e grito: "Ei, Matthieu, você é um perfeito idiota!", quando o eco dessas palavras volta a mim, rio e não fico chateado por causa delas. Porém, se alguém ao meu lado me lança diretamente esse mesmo insulto, com o mesmo tom de voz e a mesma intensidade, isso me deixa irritado. Qual é a diferença? No primeiro caso, meu ego não foi visado, enquanto no segundo ele o foi claramente, o que faz com que de repente seja difícil ouvir essas palavras, que, no entanto, são as mesmas nos dois casos.

WOLF: Você não ficou chateado quando foi você que gritou os insultos pela mesma razão que faz com que não possa fazer cócegas em si mesmo: percebemos as ações de que somos autores de uma maneira inteiramente diversa das que são realizadas por outras pessoas.

A análise do ego

MATTHIEU: Já que a ideia da existência de um ego independente influencia tão fortemente nossa experiência, é nosso dever analisá-la com muita atenção. Como fazê-lo?

Nosso corpo é uma reunião temporária de ossos e carne. Nossa consciência é um fluxo dinâmico de experiências. Nossa história pessoal nada mais é que a memória do que não existe mais. Nosso sobrenome, ao qual atribuímos tanta importância e ao qual associamos nossa reputação e nossa condição social, não passa de um conjunto de letras. Quando vejo ou ouço meu nome, Matthieu, minha mente salta e penso: "Sou eu!" Porém, se separo todas as letras que o compõem, M-A-T-T-H-I-E-U, não me identifico mais com nenhuma delas. A ideia de "meu nome" não passa de uma construção mental. Seja qual for o modo de analisar nosso corpo, nossa fala e nossa mente, é impossível indicar uma entidade específica a respeito da qual se possa afirmar que ela constitui o ego. Donde se conclui que o ego nada mais é que um conceito, uma convenção.

Se quisermos que essa análise do ego tenha sentido, precisamos determinar a natureza dele por meio de um minucioso exame introspectivo. Concluiremos que ele não está no exterior do corpo nem é algo que impregnaria a totalidade do corpo, à imagem do sal que se dissolve na água.

Podemos então pensar que o ego está associado à consciência, que não passa de um fluxo de experiências. O momento de consciência passado não existe mais, o futuro ainda não ocorreu e o próprio presente é imperceptível. Não existe, portanto, nenhum ego dotado de existência real, nenhuma alma, nenhum ego, nenhum *atman* – o Ego essencial, segundo o hinduísmo –, nenhuma entidade pessoal e autônoma. Só existe um fluxo de experiências. É interessante observar que, longe de nos rebaixar, essa constatação nos livra de uma grave ilusão. Depois de realizar essa análise, é legítimo e pragmático pensar num *ego convencional*, isto é, uma etiqueta pregada no nosso corpo e na nossa mente, do mesmo modo que é lógico dar um nome a um rio para diferenciá-lo de outro. O ego só existe de maneira utilitária, convencional, não como uma entidade realmente existente, independente e definida. Ele é uma ilusão cômoda que permite que nos definamos em relação ao resto do mundo.

WOLF: É verdade, contanto que você defina o ego como algo que lhe é atribuído por seu ambiente social, por aqueles que o percebem como um agente dotado de intencionalidade, um ego autônomo. Também é verdade na medida em que você considera seu ego como uma experiência derivada da soma de suas recordações biográficas e da consciência de ser um indivíduo encarnado e dotado de uma mente. É incontestável que não encontramos o ego ou a mente associados a qualquer área do cérebro, enquanto existem relacionados a este centros responsáveis por recordações biográficas e pela consciência corporal.

MATTHIEU: Existem inúmeras maneiras de demonstrar que é impossível considerar o ego como uma entidade circunscrita. Quando dizemos: "Este é o meu corpo", o pronome possessivo "meu" se torna proprietário do corpo, não o próprio corpo. Todavia, se alguém nos empurra, protestamos: "Ele me empurrou!" Nesse caso, o ego se vê, subitamente, associado ao corpo. Contudo, vamos além quando declaramos: "Ele me deixou triste". Nesse momento, nós nos tornamos os proprietários dos nossos sentimentos. Em seguida, ao dizer: "Isso me chateia", voltamos ao ego que se identifica com o próprio sujeito.

Imaginemos, por um momento, que o ego não fosse uma entidade localizada, mas algo que impregnasse a totalidade do meu corpo e da minha mente. O que acontece com ele se eu perder as pernas? Na minha mente, eu sou Matthieu, um inválido que perdeu as pernas, mas continuo sendo Matthieu. Mesmo que minha imagem corporal esteja diminuída, continuo tendo a percepção de que esse ego profundamente enraizado não foi amputado. Ele simplesmente se transformou num ego frustrado ou deprimido, corajoso ou resiliente.

Como é impossível encontrar o ego no corpo, nós nos voltamos para a consciência. Contudo, ao contrário da ideia de que temos um ego permanente, a experiência consciente muda continuamente. Onde se encontra o ego nisso tudo? Em nenhum lugar.

WOLF: Há pessoas com amnésia total, que perderam toda a memória episódica e biográfica, como o célebre paciente H. M., acompanhado durante décadas pela neuropsicóloga Brenda Milner. H. M. havia passado por uma remoção dos lobos temporais nos dois hemisférios, para aliviá-lo de uma epilepsia resistente a todos os tratamentos. Ele vivia apenas no presente, embora tivesse conservado a noção de ego. Portanto, viver a experiência de si mesmo como resultado de sua própria história individual não é indispensável para a constituição do ego. Segundo Brenda, que o acompanhou até sua morte, em 2008, H. M. tinha algumas lembranças anteriores à cirurgia, antigas recordações que ele associava a "si mesmo".

MATTHIEU: Teria sido muito interessante fazer algumas perguntas precisas a H. M., para se ter uma ideia mais clara do tipo de representação do ego que ele havia desenvolvido. Eu diria que a tendência de perceber um ego identitário associado ao fato de estar vivo é totalmente instintiva, e não pressupõe necessariamente que se tenha muitas lembranças do passado. Como Brenda Milner me relatou, parece que H. M. mantinha um relacionamento muito cortês com todo mundo. Ela me disse que ele reagia normalmente quando o chamavam pelo nome, e, certamente, tinha uma imagem de si próprio. Reagia com satisfação quando era elogiado e ficava irritado quando o criticavam.

WOLF: Ele parecia ter senso de humor e, portanto, reagia normalmente a elogios e críticas. Não compreendia perguntas relacionadas a acontecimentos ocorridos depois da cirurgia, mas sua memória de curto prazo era suficiente para que ele conseguisse conversar.

MATTHIEU: Será que ele tinha o senso de hierarquia social? Era capaz de perceber a diferença de condição social entre as pessoas – por exemplo, entre o diretor do hospital e o pessoal da manutenção?

WOLF: Isso não é muito claro. Ele era realmente gentil com todo mundo, mas creio que conseguia diferenciar a condição social das pessoas e ajustar seu grau de familiaridade de acordo com o interlocutor, graças, certamente, a um processo inconsciente que lhe permitia apreender os sinais relevantes.

MATTHIEU: Ele esperava ser tratado de determinada maneira, e, caso isso não ocorresse, se mostrava irritado?

WOLF: Ele ficava irritado quando lhe pediam para fazer alguma coisa que era incapaz de fazer.

MATTHIEU: Tinha-se a impressão de que suas reações emocionais imediatas eram influenciadas por uma espécie de egocentrismo e de apego ao ego? Há indícios que mostrariam que o bom humor constante que ele aparentava seria decorrente do eudemonismo* e não do hedonismo?

WOLF: Esta é uma pergunta delicada, porque ele só foi submetido a testes psicológicos depois da cirurgia, e já estava com a saúde precária antes de ser operado. Ele tinha, certamente, o sentimento de "ego", podia se sentir ofendido ou lisonjeado e reagia normalmente às interações sociais. O essencial da sua "personalidade" não tinha sido afetado. Ele era incapaz de se lembrar de acontecimentos passados: sua única deficiência era essa. Claro que é difícil saber com segurança em que medida ele conseguia processar sinais sensoriais inconscientes e se seu inconsciente tinha acesso a experiências passadas. Quanto a mim, penso que o conjunto de seu sistema de aprendizagem procedural estava intacto, e que ele permaneceu assim durante toda a vida.

MATTHIEU: Seria fascinante ter mais detalhes a respeito dele; saber, por exemplo, que tipo de ego uma pessoa como H. M. tinha elaborado em sua mente. A história pessoal, o sentimento de ter uma imagem de si, o

---

* Doutrina que considera a busca de uma vida feliz, seja no âmbito individual, seja no coletivo, o princípio e o fundamento dos valores morais, julgando eticamente positivas todas as ações que conduzam o homem à felicidade. (N. do T.)

modo como nos enxergamos, o modo como gostaríamos que os outros nos enxergassem e o modo como pensamos que eles nos consideram, todas essas funções foram, sem dúvida, profundamente alteradas nele. E, no entanto, seu caso não contradiz obrigatoriamente o que acabei de explicar sobre a inexistência do ego. O surgimento do conceito de um "ego", de um "ego autônomo", pode ocorrer num nível muito elementar, desde que se estabeleça uma relação com o mundo exterior. A questão seria quanto alguém como H. M. solidificaria esse ego num conceito.

Retomando nossa análise do ego, a única coisa que se pode concluir é: sim, existe de fato um ego, mas se trata de uma simples etiqueta mental colada no fluxo da nossa experiência, na associação do corpo e da consciência, conjunto composto de partes, e, portanto, efêmero. Existe apenas um ego conceitual, uma atribuição nominal. Por que, então, o desejo de proteger esse ego e de agradar a ele a qualquer preço?

WOLF: Bem, é claro que queremos nos proteger! Desejamos passar pela vida sem enfrentar muitas vicissitudes; não é um ego independente que procuramos proteger, é nossa própria totalidade, nós como pessoas. Mesmo os animais, desprovidos do conceito de ego, se protegem, tornando-se agressivos quando se sentem ameaçados.

MATTHIEU: É verdade. É perfeitamente natural e desejável proteger sua vida, evitar o sofrimento e se esforçar para alcançar uma felicidade autêntica. Estou me referindo ao impulso disfuncional para proteger o ego. No exemplo que dei sobre reagir com irritação e rir ao se ouvir as mesmas palavras, é apenas o ego que se inflama no primeiro caso e se diverte no segundo. Sua vida não está em perigo. Mas é desse egocentrismo exacerbado que surgem os estados mentais mais conflituosos. Quando nos entrincheiramos no egocentrismo, cavamos um fosso muito mais profundo entre nós mesmos e o mundo. Permita-me citar outro exemplo. Comparemos o fluxo de consciência ao Reno. É claro que ele tem uma longa história, mas a cada momento é diferente. Heráclito dizia: "Jamais nos banhamos duas vezes no mesmo rio". Não existe uma coisa que seria uma entidade "Reno".

O ego existe de maneira convencional

WOLF: Apesar de tudo, penso que é absolutamente legítimo chamar esse rio de Reno, porque ele possui inúmeras características que são permanentes e que não se modificam apesar das características sempre oscilantes da água. Na verdade, essa efemeridade é, ela mesma, um traço permanente e constitutivo dos rios.

MATTHIEU: Certamente. Inúmeras características diferenciam o Reno do Ganges: as paisagens que ladeiam suas margens, a qualidade da água, sua vazão etc. No entanto, não existe uma entidade independente que representaria o núcleo da existência do Reno. "Reno" nada mais é que uma denominação prática aplicada a um conjunto de fenômenos em transformação constante. Essa maneira de conceber o ego é perfeitamente correta e não nos impede de atuar no mundo.

Lembro-me de que, em 2003, em Paris, Sua Santidade o dalai-lama tinha ensinado uma manhã inteira sobre a não existência do ego. Na hora do almoço, depois de me inteirar das perguntas escritas recolhidas junto ao auditório, eu lhe disse que, para muitos participantes, a ideia da não existência do ego era difícil de entender. Eles faziam perguntas como esta: "Se sou desprovido de um ego, como posso ser responsável por meus atos?" Ou então: "Como se pode falar de carma se não existe ninguém para viver a experiência do resultado dos atos passados?" E assim por diante. Rindo, Sua Santidade me respondeu: "A culpa é sua. Você traduziu errado. Eu nunca disse que não existia ego". Ele estava brincando, mas o que ele queria dizer – e foi esse o tema de sua intervenção no período da tarde – é que de fato existe um ego convencional, nominal, que está associado ao corpo e à mente. Esse conceito não representa um problema, ele é funcional, desde que não seja transformado numa espécie de entidade central, autônoma e perene que constituiria o núcleo do nosso ser.

WOLF: Acredito que estou começando a entender a natureza desse ego mal compreendido como você o descreve. Você considera uma projeção esse ego entendido erroneamente, não uma parte integrante de nós que existe por si mesma. Ele é uma construção mental dissociada das origens da pessoa que, em razão disso, precisa de reafirmação e de reforço constantes, mas também de esforço contínuo para que apareça tal como desejamos que ela seja.

Matthieu: Exatamente isso. Nós construímos uma entidade e a colocamos como dirigente do nosso universo pessoal.

Wolf: Podemos chamar esse processo de projeção?

Matthieu: Sim, é uma projeção. A abordagem analítica budista pretende desconstruir essa construção mental por meio de uma investigação lógica e experimental que conclui que não somos essa entidade imaginária com a qual nos identificamos, e sim um fluxo dinâmico de experiências.

Wolf: Mas você iria tão longe quanto o filósofo da mente Thomas Metzinger, que intitulou seu livro de *Being No One* [Ser ninguém]?[1]

Matthieu: Não há dúvida nenhuma de que somos seres humanos dotados de um *continuum* de experiências associadas ao corpo e ao mundo exterior. Mas esse *continuum* está em perpétua transformação, e não podemos encontrar em lugar algum uma entidade singular e bem circunscrita que seria a essência concreta de nosso ser. Metzinger também fala do ego como um "processo contínuo", um "ego fenomenal", que não é uma entidade isolável.

Wolf: Para mim existe uma diferença entre os conceitos de ego e de egocentrismo. O egocentrismo é uma exacerbação do ego que associamos ao egoísmo, uma atitude incompatível com o altruísmo e a compaixão. Contudo, o "ego" não deixa de ser um conceito que designa algo que podemos experimentar, através da introspecção ou da observação dos outros. Ele é uma dessas realidades imperceptíveis que o conhecimento humano e as interações sociais introduziram no mundo e que afeta nossa vida do mesmo modo que crenças, sistemas de valores ou as ideias de livre-arbítrio, autonomia e responsabilidade. Eu o identifico como você, Matthieu, e posso avaliar suas eventuais transformações. Posso dizer a alguém: "Você não é mais você mesmo", quando essa pessoa está com muita raiva ou tomada pela paixão. Mas não questiono a identidade da pessoa.

O ego e a liberdade

WOLF: Quanto à liberdade, você sabe que não defendo o conceito de livre-arbítrio incondicional que vem acompanhado de uma atitude dualista e que é impossível verificar por meio de critérios neurobiológicos. Compartilho o pessimismo de Schopenhauer, que afirmou de forma inequívoca que não podemos querer de maneira diferente daquilo que quer nossa vontade, e que não podemos modificar nossa vontade por meio de um simples esforço de vontade. Gostaria de me concentrar no sentimento duradouro de liberdade, quando estamos livres de entraves e em harmonia com nós mesmos. Experimentamos essa sensação quando existe harmonia e equilíbrio entre as propensões e os impulsos inconscientes e os imperativos decorrentes da análise racional do mundo. Esse estado de equilíbrio é um estado agradável em que o sujeito se sente livre, sem as restrições provocadas por conflitos internos, afetos ligados à possessividade ou pressões impostas pelo ego ou pelas circunstâncias externas.

As restrições externas podem reduzir bastante o leque de opções. Na ausência dessas limitações, experimentamos uma sensação de liberdade; a verdadeira liberdade, porém, acontece no momento em que impulsos, restrições e desejos estão em harmonia entre si. Somos programados para buscar informações novas; porém, simultaneamente, sentimos uma forte inclinação para criar vínculos, desejamos a estabilidade, porque, nesse estado, é desnecessário fazer com que o ego intencional intervenha, iniciando uma mudança, para resolver conflitos.

Muitas vezes nos vemos diante de impulsos incompatíveis. Se queremos que a mente reencontre seu equilíbrio, se queremos criar uma sensação de liberdade, é preciso resolver os antagonismos conflituosos internos entre desejos contraditórios.

MATTHIEU: Esses conflitos internos estão ligados essencialmente a duas pulsões básicas: a *atração* por aquilo que consideramos agradável e a *aversão* por aquilo que consideramos desagradável.

WOLF: Sim. Quando conseguimos reconciliar essas duas forças contrárias, quando não existe conflito entre as obrigações que nos impomos e o resultado de nossas decisões racionais, nós nos sentimos livres e em estado de harmonia. É então que, livres desses limites coercitivos, a consciência do ego pode diminuir. Assim que as restrições reaparecem, o ego se manifesta, como um agente cuja liberdade deve ser defendida.

MATTHIEU: Na maioria das vezes, os conflitos internos são gerados inutilmente, por uma exacerbação da autoestima, quando ela se torna cada vez mais exigente. Quando compreendemos a natureza ilusória do ego, não sentimos mais a necessidade de defendê-lo e ficamos muito menos sujeitos às incertezas da esperança, do medo e das lutas internas. A autêntica liberdade consiste em se libertar dos *diktats* desse ego, em vez de acompanhar todos os pensamentos bizarros que atravessam nossa mente.

Um ego fraco para uma mente forte

WOLF: Mas também parece que vários problemas têm origem num ego fraco, um ego que depende muito dos outros para se definir. É aí que entramos no círculo vicioso do desejo e da aversão.

MATTHIEU: A existência de um ego fraco pode ser explicada de diversas maneiras. Algumas pessoas são atormentadas pela ideia de que não são dignas de serem amadas, que não possuem nenhuma característica positiva e que não foram feitas para a felicidade. Esses sentimentos são consequência muitas vezes do desprezo, das críticas recorrentes ou de uma desvalorização por parte dos pais ou das pessoas próximas. A isso se soma um sentimento de culpa: essas pessoas se sentem responsáveis e culpadas pelos defeitos que lhes são atribuídos. Acossadas por esses pensamentos negativos, incriminam-se constantemente e se sentem isoladas dos outros. Para que elas possam passar do desespero ao desejo de reencontrar uma vida equilibrada, devemos ajudá-las a estabelecer uma relação mais calorosa consigo mesmas e a sentir compaixão em relação ao seu próprio sofrimento, em vez de se julgar de maneira rigorosa. É a partir dessa reconciliação consigo mesmas que elas conseguem melhorar seu relacionamento com os outros. Pesquisadores e psicólogos como Paul Gilbert e Kristin Neff[2] demonstraram claramente os benefícios da autocompaixão.

Em inúmeros outros casos, o que costumamos chamar de "ego fraco" está relacionado mais a um ego inseguro e caprichoso, resultante de uma mente mergulhada na confusão, sempre insatisfeita e a se queixar de sua insatisfação. Essa atitude normalmente é consequência de uma intensa ruminação, que repete ao longo do tempo "eu, eu, eu", mas também do fato de se deixar absorver pelos pequenos aborrecimentos da vida. Esse eu ilusório precisa afirmar sua existência multiplicando suas exigências, ou então se fazendo de vítima.

Uma pessoa que não está preocupada com a própria imagem, com a afirmação do seu ego, tem mais confiança em si mesma, não é nem narcisista nem vítima. Um ser dotado de um ego "transparente" não fica na dependência de circunstâncias agradáveis ou desagradáveis, do elogio ou da crítica, de imagens positivas ou negativas que ele passa de si mesmo.

WOLF: E o que dizer de um ego forte? Você o identificaria a um nível alto de egocentrismo?

MATTHIEU: Eu não chamaria esse ego de forte, mas de "inflado". Nesse caso, a única coisa forte é o apego. Um suposto ego forte é, na verdade, muito vulnerável, já que, no interior desse universo centrado unicamente em si, tudo se transforma em ameaça ou objeto de desejo insaciável.

Além disso, quanto mais forte o ego, maior o alvo para as flechas das perturbações externas e internas. O elogio é uma preocupação tão importante quanto a crítica, porque ambos fortalecem ainda mais o ego e intensificam o temor de perder a boa reputação. Quando o apego ao ego se desfaz, o alvo desaparece e conhecemos a paz.

WOLF: O que você acaba de descrever, na minha visão, é um ego narcísico, que vem acompanhado de uma diminuição da autoconfiança e que eu chamaria de ego frágil ou mal estruturado. Pessoas dotadas desse tipo de personalidade precisam constantemente de apoio externo para reforçá-las em sua identidade, o que as torna extremamente vulneráveis. Nesse caso, há um problema de terminologia.

MATTHIEU: E, no entanto, estudos demonstraram que pessoas narcisistas têm, na verdade, uma opinião favorável de si mesmas e não estão tentando somente compensar a falta de autoestima.[3] O ego consegue criar apenas uma autoconfiança artificial, comprovada por meio de atributos precários como poder, beleza, fama e uma autoimagem positiva. Essa ilusão produz uma sensação de segurança extremamente frágil. Quando as circunstâncias mudam e o fosso com a realidade aumenta, o ego fica irritado ou deprimido, enrijece ou vacila. A autoconfiança desmorona e restam apenas frustração e sofrimento. A queda de Narciso é dolorosa.

WOLF: De acordo, mas na maior parte do tempo pensamos que, quanto mais forte o ego, mais independente e autônoma é a pessoa. Também consideramos que, estando em paz com nós mesmos, corremos um risco menor de ser perturbados por opiniões equivocadas, e que, além disso, quanto menos sofremos de egocentrismo, maior nossa capacidade de desenvolver a empatia, a generosidade e o amor pelo outro.

MATTHIEU: A questão principal aqui é estabelecer uma distinção clara entre um ego forte e uma mente forte. Um *ego* forte vem acompanhado de um egocentrismo exagerado e da percepção reificada de uma entidade que seria o ego. Uma *mente* forte é uma mente resiliente, livre e sagaz, que sabe administrar de maneira adequada os acontecimentos da vida, sejam eles quais forem, uma mente que não se sente insegura e, portanto, é aberta aos outros, uma mente que não é sacudida pela raiva, pela ganância, pela inveja ou por outros elementos mentais perturbadores. Todas essas características decorrem do fato de que teríamos conseguido diminuir a sensação de um ego identitário. Poderíamos dizer, portanto, mesmo que isso pareça paradoxal, que a mente só pode ser forte desde que não se deixe dominar pelo apego ao ego. Resumindo: a situação ideal seria ter um ego fraco e uma mente forte.

Do mesmo modo, é um engano identificar a autonomia, ou independência, saudável, baseada numa liberdade interior, ao apego a um ego reificado, que é a fonte mesma da nossa vulnerabilidade, da nossa insatisfação crônica e das exigências desproporcionais em relação aos outros e ao mundo. Ser independente, como você diz, não representa um problema, contanto que você se refira à capacidade de se assumir e de ter recursos internos suficientes para enfrentar as vicissitudes da vida. Mas essa "independência" não significa imaginar um ego que seria uma entidade independente. Trata-se, antes, do oposto: é compreendendo a interdependência fundamental entre nós, o outro e o mundo que constituímos a base lógica indispensável à expansão do amor altruísta e da compaixão.

Não devemos confundir apego ao ego com autoconfiança. O dalai-lama, por exemplo, tem uma profunda confiança em si mesmo, já que ele sabe, por experiência própria, que não existe ego a defender nem a valorizar. É por isso que ele ri tanto diante da ideia dos que veem nele um "deus vivo" quanto dos que veem nele um "demônio", como é o caso dos seus "irmãos e irmãs chineses". Quanto mais clara for nossa compreensão do ego como mera existência convencional, menos seremos vulneráveis e mais profunda será nossa liberdade interior.

WOLF: Concordo em que, se não existe nenhuma proteção do ego, não existe risco de que ele seja atacado. Apesar de tudo, se eu agredi-lo ou insultá-lo, você se sentirá ofendido e se defenderá.

MATTHIEU: Para mim, a melhor defesa é não ser afetado de maneira nenhuma. Isso não significa que eu seja uma pessoa limitada ou idiota, mas que o que você faz ou diz simplesmente não tem nenhum impacto sobre mim. Se um indivíduo joga poeira ou tinta em pó no ar, ela simplesmente cai na cabeça dele. Quando o apego ao ego não significa mais um alvo fácil para o insulto ou o elogio, você não será perturbado por isso, mas rirá disso, como o dalai-lama, ou como faria um homem idoso que observa uma brincadeira de crianças: ele percebe tudo que está acontecendo, porém, ao contrário das crianças, a vitória ou a derrota de um dos lados não o afeta. Essa profunda abertura da mente, essa liberdade, é o sinal de que alcançamos a realização interna graças à prática da meditação.

Um praticante capaz de permanecer num estado natural, livre do ego, imperturbável, não está, de modo algum, indiferente aos outros nem separado do mundo exterior; ele pode contar com seus recursos internos, que continuam sempre presentes.

WOLF: O que você chama de mente forte, associada a um ego "transparente", é, sem dúvida, o equivalente ao meu ego forte ou, digamos, bem estruturado, que exige pouca atenção porque não tem necessidade de se afirmar, enquanto o ego autocentrado, ao qual você atribui inúmeras conotações negativas, equivaleria ao meu ego fraco, inseguro, até mesmo narcísico, que exige a reafirmação contínua de si próprio e de sua existência vazia.

MATTHIEU: Um texto budista explica que, inicialmente, para identificar com clareza os efeitos do apego ao ego, é importante deixá-lo se manifestar em toda a sua amplitude e observar o que ele provoca na mente. A seguir examinamos sua natureza. Depois de reconhecer que ela é de ordem conceitual, é preciso desconstruir o ego. Em outras palavras, não se trata de ignorá-lo, mas de examinar seu modo de funcionamento a fim de transformá-lo num estado de liberdade. É então que se manifesta confiança autêntica em si.

WOLF: Acho que estou entendendo: quando a autoconfiança não precisa mais ser reforçada por fatores externos, ela deixa de ser uma preocupação, o que nos permite lhe afrouxar os controles sem que por isso nos sintamos perdidos. Parece que essa atitude contribui para a construção do amadurecimento saudável que cria uma personalidade adulta, independente e autônoma.

MATTHIEU: Sim. Você também pode dizer que caracterizamos essa pessoa como livre porque ela se libertou de todos os entraves, sejam eles os obstáculos internos do apego, sejam os externos, provenientes de circunstâncias diversas. A autonomia está associada à liberdade, não a um ego soberano e autoritário.

Ego e ausência de ego

MATTHIEU: É muito mais agradável lidar com pessoas que têm um ego "translúcido". Elas se sentem muito mais ligadas ao outro, já que muitos dos nossos problemas se devem ao fosso artificial que cavamos entre nós e os demais, considerados como entidades completamente diferentes de nós. Ao adotar essa concepção, o ego nega sua interdependência com o mundo e procura se isolar dentro da bolha do egocentrismo. Sartre dizia que "o inferno são os outros". Eu diria, em vez disso, que "o inferno é o ego". Não o ego funcional e convencional, mas o ego disfuncional, aquele que colamos na realidade, aquele que consideramos real e que controla sozinho nossa mente.

Nosso amigo comum Paul Ekman, um dos mais eminentes especialistas da ciência das emoções, observou o que ele chama de "pessoas dotadas de qualidades humanas excepcionais". Entre os traços mais admiráveis que ele encontrou nelas, figuram "uma impressão de bondade, um modo de ser que os outros percebem e apreciam e, ao contrário de tantos charlatões carismáticos, uma adequação perfeita entre vida privada e pública". Acima de tudo, Ekman notou que essas pessoas demonstram "ausência de ego". O pouco-caso com que elas encaram sua condição social e sua notoriedade – seu ego – é uma fonte de inspiração para os outros.[4] Ekman também insiste no fato de que "as pessoas buscam instintivamente a companhia delas, que consideram extremamente enriquecedora, mesmo que não consigam explicar o motivo".

Seres humanos que têm ego transparente, como o dalai-lama, são incrivelmente fortes, sua autoconfiança se compara a uma montanha inabalável. Não é o caso de pessoas cheias de si. O mínimo que podemos dizer é que não é muito inspirador estar na companhia delas.

WOLF: Eu diria que o dalai-lama é como um rochedo que se ergue no mar agitado: ele é sensível, é acessível, mas não depende da sua autoestima ou da aprovação dos outros, nem se sente ofendido se alguém lhe diz: "Não gosto de você". Para mim, esse comportamento é a marca de uma personalidade forte, de uma grande autoconfiança, no sentido positivo do termo, de um eu estável e desprovido de qualquer narcisismo. Ele não tem, evidentemente, nenhum problema de ego, já que consegue contar plenamente com sua autoconfiança. Egocentrismo, dependência da fama, vulnerabilidade às críticas são, todos, sinais que indicam autoconfiança limitada, que eu associaria a um eu fraco e não estruturado, um eu que não conseguiu se organizar de maneira harmoniosa.

Você poderia definir mais precisamente o conceito de "bolha do ego"? Isso tem a ver com o fato de só se sentir à vontade no espaço protegido de seu próprio ego?

MATTHIEU: Só é possível se sentir realmente à vontade no espaço de liberdade da pura consciência desperta, e não na bolha do apego ao ego. A "bolha do ego" é um espaço mental estreito em que tudo gira em torno do "eu". De fato, nós construímos nossa própria bolha na esperança vã de que será mais fácil nos protegermos num espaço limitado. Na verdade, erguemos apenas uma prisão interior, na qual estamos à mercê de inúmeros pensamentos, expectativas e temores que não param de girar. Esse recuo exacerba a sensação de importância do ego e um egocentrismo cujo único objetivo é a satisfação imediata dos desejos, sem a preocupação com os outros nem com o mundo, que o ego só levará em conta se puder utilizá-lo em seu proveito ou ser for afetado por ele.

O problema é que, no interior dessa bolha, tudo explode de maneira desproporcional. Como nosso espaço interior é extremamente limitado, a mínima contrariedade nos provoca uma enorme aflição.

Se arrebentamos a bolha do ego, permitindo que o espaço reduzido da mente submetido ao apego se amplie até se fundir na imensidão da consciência desperta, esses mesmos eventos que tanto nos perturbavam parecem inofensivos.

WOLF: Já que, aparentemente, nossas concepções sobre o sentido que atribuímos à expressões "ego fraco" e "ego forte" são divergentes, não poderíamos encontrar outra palavra para indicar o que nos aprisiona na bolha do ego?

MATTHIEU: Você estaria de acordo com o termo "egocentrismo"?

WOLF: Totalmente. A palavra "egocentrismo" abrange as características essenciais das atitudes que você descreve e traduz com perfeição suas conotações.

MATTHIEU: Eu acrescentaria que, muitas vezes, com medo de se sentir rejeitadas, as pessoas absorvidas por seu egocentrismo desejam, mais do que tudo, que apreendamos o mundo do mesmo modo que elas. Por exemplo, alguns indivíduos têm uma concepção muito pessimista do mundo e da humanidade, que os leva a desconfiar dos outros. Querem que entremos em sua bolha egoica e adotemos as mesmas atitudes e o mesmo modo de vida que eles, com o único objetivo de se sentirem valorizados. Embora estejamos dispostos a levar em conta, sinceramente, seu ponto de vista e dar mostras de compreensão diante de seu comportamento, nem por isso temos de adotar sua maneira de pensar, simplesmente para agradar a essas pessoas!

A praga da ruminação

WOLF: Você sugeriu que uma boa prática contemplativa consistia em desconstruir o ego "inflado", cuja característica constitutiva é a ganância e a integração desse ego numa vasta rede de relações. Gostaria de examinar agora como se poderia incorporar essa desconstrução do ego à educação e à psicoterapia convencionais.

Penso que a psicanálise também tenta construir um ego convencional coerente, mas seus métodos diferem radicalmente das estratégias contemplativas. Ela estimula o eu a se tornar o juiz de ações e comportamentos, estimulando, com isso, a ruminação e a exploração de conflitos.

MATTHIEU: Estou longe de ser especialista no assunto, mas muitas pessoas que conheço bem e que fizeram anos de psicanálise e depois anos de práticas budistas me disseram que, para elas, havia uma diferença muito clara entre as duas abordagens. Uma delas me disse: "Na psicanálise, trata-se sempre do eu, do eu, sempre do eu: meus sonhos, minhas percepções, meus medos". Tudo isso acompanhado de ruminações infindáveis sobre o passado e o futuro. No contexto psicanalítico, as pessoas são avaliadas apenas pelo filtro do egocentrismo, e não pelo que elas são em si mesmas.

Embora a abordagem psicanalítica possa ajudar a apurar a percepção das elaborações mentais, ela fica atolada num pântano de repetições voltadas para o passado. É como se tentássemos encontrar uma espécie de normalidade dentro da bolha do ego em vez de nos libertarmos dela. Para um praticante budista, estabilizar o ego e fazer um pacto com ele é uma péssima estratégia. Essa abordagem traz à mente a famosa síndrome de Estocolmo: pessoas tomadas como reféns acabam sentindo uma espécie de compreensão e mesmo simpatia por seus sequestradores ou torturadores.

Como praticantes budistas, procuramos nos libertar desses vínculos perniciosos, não nos reconciliar com eles. A clareza da presença desperta permite que nos libertemos dos vínculos que nos prendem ao ego e à ruminação.

WOLF: A repetição e a análise dos conflitos seriam, então, diametralmente opostas à meditação?

MATTHIEU: Exatamente. Como dissemos, a ruminação é a praga da prática meditativa e da liberdade interior. Porém, não se deve confundir ruminação com meditação analítica, que serve para desconstruir o conceito de um ego independente. A ruminação também não pode ser confundida com a observação atenta dos estados mentais que permitem identificar uma emoção aflitiva no momento em que ela aparece e desmontar a reação em cadeia que vem depois. Aliás, existem muitas semelhanças entre as práticas de meditação budistas e os métodos utilizados em terapia cognitivo-comportamental para localizar emoções e elaborações mentais negativas.

Estudos revelaram que a ruminação é crônica em pessoas que sofrem de depressão. Um dos métodos da terapia cognitiva baseada na atenção (*mindfulness-based cognitive therapy*, ou MBCT) consiste em se distanciar das ruminações por meio da prática da meditação da atenção plena.

WOLF: Interessante. Parece que estamos diante de duas técnicas, uma muito antiga e outra muito recente, que têm como objetivo o aperfeiçoamento da condição humana e a estabilização do ego, e que obedecem a abordagens completamente diferentes. À primeira vista, a meditação também parece ser uma prática concentrada no ego: nós nos retiramos para um lugar isolado, não falamos com ninguém e nos dedicamos inteiramente a nós mesmos. A meditação não corre o risco de degenerar em ruminação solitária e egoísta?

MATTHIEU: O risco existe, mas se trata, nesse caso, de um desvio da prática meditativa. Como podemos suspeitar que a meditação é uma atitude egoísta quando ela visa precisamente à libertação do egoísmo? A ruminação é uma perturbação mental que alimenta cadeias contínuas de pensamentos que obrigam as pessoas a só se preocuparem consigo mesmas. Ela impede que se permaneça no frescor da pura presença desperta. Sejam quais forem os pensamentos que apareçam, você deixa que eles passem sem deixar vestígios. Essa é a liberdade. Além disso, você estimula a compaixão e o amor altruísta e, ao retornar ao mundo, está muito mais bem armado para se colocar a serviço dos outros.

WOLF: Seria extremamente desejável se de fato pudéssemos passar pela vida dessa maneira relaxada, se um pouco daquilo que experimentamos durante a meditação pudesse ser preservado na vida diária, em situações em que temos de assumir responsabilidades ou enfrentamos condições desfavoráveis.

MATTHIEU: Certamente, é esse o objetivo dessa atitude! Devemos conservar, nos períodos posteriores à meditação, os efeitos construtivos obtidos durante a prática.

WOLF: Se isso fosse possível, seria uma maravilha! A meditação permitiria evitar o círculo vicioso dos pensamentos negativos, da desconfiança, da vingança e do engano, todas essas construções mentais particularmente contagiosas quando um grupo social se rende à lei do "olho por olho, dente por dente".

MATTHIEU: A manutenção desse comportamento deixaria o mundo cego e desdentado, como dizia Gandhi. Os métodos contemplativos foram elaborados justamente para escaparmos do ciclo pernicioso de pensamentos aflitivos.

WOLF: Personalidades fracas que desenvolveram um apego poderoso ao ego procuram continuamente interações positivas a fim de se garantir. Sua atitude é contagiosa. Será que a meditação consegue romper esse círculo compulsivo e imunizar os praticantes contra comportamentos tão profundamente enraizados?

MATTHIEU: Dizemos que os sinais de uma meditação produtiva são uma mente perfeitamente controlada, o desaparecimento de estados mentais aflitivos, uma conduta em harmonia com as características que o praticante se esforçou em desenvolver. Se a meditação consistisse apenas em se sentir bem durante alguns instantes, relaxar e esvaziar a mente numa outra bolha de tranquilidade artificial, ela seria inútil, pois bastaria enfrentar adversidades ou conflitos internos para ficarmos novamente à mercê deles. Portanto, a prática da meditação *tem* de se traduzir em transformações reais, progressivas e duradouras em nossa vivência interior e em nossa relação com o mundo. Devo dizer que encontrei um grande número de meditadores experientes que têm essas características. Do contrário, essas práticas de meditação não passariam de pura e simples perda de tempo.

Há alguém no comando?

MATTHIEU: Você me disse, certa vez, que a estrutura e o modo de funcionamento do cérebro estão mais de acordo com a ideia oriental do ego – uma construção mental resultante de inúmeros fatores interdependentes – do que com a ideia ocidental de um posto de comando central e bem definido.

WOLF: Existe, de fato, uma disparidade impressionante entre a intuição ocidental da organização do cérebro e os dados científicos. A maioria das concepções filosóficas ocidentais afirma que o cérebro tem um centro específico que seria o local a que convergiriam todos os sinais sensoriais para serem interpretados de modo coerente. Nesse local, as decisões seriam tomadas, os planos, elaborados e as respostas, programadas. E, afinal, esse lugar central seria a sede do ego autônomo dotado de intencionalidade.

Contrariamente a essa intuição que dominou as filosofias ocidentais e os sistemas de crença e alimentou a noção de dualismo ontológico, os dados neurobiológicos traçaram um quadro inteiramente diferente. Não existe centro cartesiano no cérebro. Estamos diante de uma infinidade de conjuntos interconectados que funcionam paralelamente, e cada conjunto está associado a funções cognitivas ou executivas específicas. Esses subconjuntos cooperam segundo configurações que não param de mudar, em função das tarefas a cumprir. Essa coordenação dinâmica acontece graças a interações que, elas mesmas, se organizam dentro das redes neuronais, não sob a direção de um centro de comando superior que orquestraria esses processos de forma vertical, o que chamamos de modo de causalidade "descendente". Diversificados e coordenados, esses processos geram padrões extremamente complexos de atividade espaço-temporal que estão correlacionados a percepções, decisões, pensamentos, planos, sentimentos, crenças, intenções etc.

MATTHIEU: Se esse posto de comando central não existe, de onde vem a ideia de que seríamos dotados de um ego unitário, e em que esse ego seria útil em termos de evolução?

WOLF: Essa pergunta está intimamente ligada a outra: por que temos a impressão de que o livre-arbítrio não está sujeito a leis naturais, quando sabemos que as decisões resultam de interações neuronais que obedecem a leis naturais? É claro que esse sistema complexo apresenta "ruídos", isto é, elementos de perturbação, mas pode-se dizer que, em geral, ele funciona segundo as leis da causalidade. E ainda bem que é assim, do contrário esses sistemas não conseguiriam se adaptar ao mundo, fazer previsões "corretas", como também não conseguiriam reagir às situações cambiantes que os organismos têm de enfrentar para sobreviver. O problema é o seguinte: nenhuma capacidade sensorial nos permite detectar os processos que ocorrem no cérebro, processos que se situam a montante das nossas percepções, decisões e ações. Temos consciência apenas das consequências desses processos neuronais, aos quais não temos acesso.

O mesmo problema acontece quando tentamos encontrar um agente ou um observador interno que associamos ao eu. Percebemos o outro como um agente dotado de singularidade e de vontade próprias e nos atribuímos essas mesmas características, sem ter consciência de nossos processos neuronais subjacentes. De fato, a intuição sugere que o ego ou a mente estão, de certa maneira, na origem dos nossos pensamentos, planos e ações. Só que a exploração neurocientífica revela que não existe nenhum local específico no cérebro que seria a sede desse agente determinado. Conseguimos observar apenas estados dinâmicos de uma rede extremamente complexa de neurônios estreitamente conectados, que se manifestam em comportamentos observáveis e experiências subjetivas.

MATTHIEU: Portanto, seria perfeitamente possível dizer que o problema é que temos a impressão de que *deveria* existir um agente unilateral que explicasse nosso modo de pensar e agir. E, como não o encontramos, ficamos perplexos.

WOLF: É justamente porque temos dificuldade de imaginar que fenômenos imateriais como as percepções, a agentividade* e as emoções possam resultar de processos físicos que se postulou o dualismo ontológico – isto é, a separação clara entre mente e matéria – ao longo de toda a história. Se considerarmos o cérebro como uma simples máquina composta de matéria obediente às leis da natureza, não temos escolha senão pressupor um agente independente e imaterial que seria dotado de todas as características que associamos ao ego. A análise científica do cérebro contradiz formalmente esses pontos de vista simplistas. O cérebro é um sistema complexo que obedece a uma

---

* O neologismo "agentividade", que deriva da palavra inglesa "*agency*", cada vez mais difundido nos domínios da filosofia, das ciências sociais e da antropologia, designa a capacidade, ou o poder, de um indivíduo de influenciar os outros e o mundo. (N. da Edição Francesa.)

dinâmica não linear segundo uma organização autônoma. A evolução, a educação e a experiência foram elementos de adaptação que lhe permitiram perseguir determinados objetivos e realizar todas as funções que atribuímos ao ego. Esse é, pelo menos, o consenso adotado hoje pela maioria dos pesquisadores no campo da neurociência cognitiva. Sistemas tão complexos evoluem e seguem trajetórias imprevisíveis, mesmo que seja possível explicá-las retroativamente – como é o caso da evolução.

Portanto, sistemas não lineares dotados de uma organização autônoma são criativos e apresentam comportamentos que um observador desavisado chamaria de intencionais e razoáveis. Temos a tendência de negar que essas características possam surgir de mecanismos dinâmicos do cérebro, porque não temos nenhum conhecimento intuitivo da complexidade e do funcionamento não linear desse órgão. *Acreditamos* que eles obedecem às mesmas regras, aparentemente simples, que regem a pequena parte dos processos naturais que percebemos graças aos sentidos específicos de que a evolução nos dotou. A consequência dessa falsa crença é pressupor a existência de um homúnculo que nos controlaria e nos dotaria de todas as maravilhas que atribuímos ao ego.

MATTHIEU: Essa crença se explica, sem dúvida, pelo fato de que temos necessidade de simplificar um processo complexo, e que é mais confortável imaginar a existência de uma entidade autônoma que controlaria nossa personalidade. Os problemas começam quando procuramos conceituar esse processo atribuindo-lhe uma existência tangível.[5]

WOLF: Temos o mesmo problema com o conceito de Deus. Como queremos explicar uma infinidade de fenômenos que não conseguimos elucidar com os instrumentos cognitivos disponíveis, inventamos um agente que solta raios, faz ressoar trovões e soprar as tempestades.

MATTHIEU: A reificação do ego seria, portanto, um deus que teríamos inventado, uma espécie de deus "feito em casa".

WOLF: Num certo sentido, sim. Inventa-se um agente voluntário que existiria num nível ontológico diferente do nível dos processos neuronais, mas capaz de influenciar o mundo em que vivemos. E, de fato, esses conceitos, essas elaborações mentais, essas projeções – que poderíamos qualificar até de realidades sociais, já que a maioria delas tem origem em interações sociais e em discursos interpessoais – têm um impacto enorme. Não há dúvida de que somos influenciados por eles: são eles que nos fazem erguer catedrais, que nos dizem o momento de sentir culpa ou vir em socorro dos vizinhos. Além disso, ao conferir a esse conjunto de conceitos o poder característico que atribuímos aos deuses, nós lhes delegamos nossa responsabilidade; nós lhes atribuímos o papel de pastores, de juízes ou de soberanos. Ao fazê-lo, nós os consideramos responsáveis por nossa felicidade ou nossa aflição. Afinal, para poder obedecer a regras que a experiência coletiva indicou como úteis, atribuímos a essas elaborações mentais, a essas projeções, uma autoridade absoluta. É o caso, por exemplo, dos Dez Mandamentos. Tornar essa autoridade transcendente a protege do relativismo e invalida qualquer possibilidade de discussão, pois não haveria resposta.

MATTHIEU: Construções mentais como o ego podem fornecer explicações simplificadoras que, num determinado momento, deixam de ser úteis porque não refletem a realidade. Se, ao contrário, em vez de perceber o ego como um regente interno, nós o consideramos como um fluxo interdependente de experiências dinâmicas – o que, no começo, pode parecer relativamente desconfortável –, essa nova concepção ajuda a nos libertar do sofrimento, pela simples e única razão de que ela nos oferece uma visão dos seres e do mundo mais de acordo com a realidade.

WOLF: Existe um preço a pagar para dar esse passo?

MATTHIEU: Não vejo nenhum efeito colateral desse reconhecimento. O que se ganha é uma liberdade interior e uma autêntica sensação de confiança e felicidade, porque o ego é, de fato, um amante que atrai o sofrimento. É assim que o budismo o considera.

5

Livre-arbítrio, responsabilidade e justiça

O livre-arbítrio existe? Se todas as nossas decisões são elaboradas por meio de processos dos quais temos apenas consciência parcial, somos realmente responsáveis por nossos atos? Até que ponto esses mecanismos são influenciados pelo conjunto de experiências vividas por nós? O treinamento da mente pode modificar o conteúdo e a evolução dos processos inconscientes? E quais são as suas repercussões no modo como avaliamos a responsabilidade pessoal, as noções de bem e de mal, de punição, de reabilitação e de perdão? Afinal de contas, é possível comprovar o livre-arbítrio?

O processo de tomada de decisão

WOLF: E se abordássemos agora a noção de livre-arbítrio? Inicialmente, gostaria de expor as ideias que apresentei sobre o tema por ocasião de uma conferência internacional de filosofia há alguns anos. Minha impressão era que o nosso sistema judiciário punha um excesso de responsabilidade nas costas dos psiquiatras forenses. Infelizmente, naquela época o debate logo se transformou em polêmica, porque a mídia apresentou uma falsa conclusão, que equivalia a dizer que, se não existe livre-arbítrio, não existe culpa, e, consequentemente, a punição não se justifica.

MATTHIEU: O psiquiatra forense é a pessoa que analisa as circunstâncias do crime e tenta compreender as motivações do criminoso?

WOLF: Não, o psiquiatra forense é um especialista a quem a justiça pede que determine se o acusado é plenamente responsável por seus atos ou se existem circunstâncias atenuantes. Na verdade, esse especialista tem o poder de decidir se o acusado deve ir para a prisão ou se deve ser considerado doente mental e transferido para um estabelecimento psiquiátrico. Para um neurobiologista, é evidente que todos os atos de uma pessoa são preparados com antecedência pelos processos neuronais que ocorrem no cérebro. Até onde se sabe, esses processos obedecem às leis da natureza, inclusive ao princípio de causalidade. Se não fosse assim, nenhum organismo vivo seria capaz de estabelecer relações coerentes entre suas condições ambientais e suas respostas comportamentais. Se os organismos respondessem de maneira aleatória aos desafios apresentados pelo mundo, não conseguiriam sobreviver. Um cérebro não adaptado faria com que, em determinados momentos, fugíssemos da presença do tigre e, em outros, ficássemos plantados diante dele.

MATTHIEU: Ou então tentaríamos lhe acariciar a cabeça...

WOLF: A probabilidade de sobreviver e de se reproduzir seria menor. É improvável que organismos dotados de cérebro tão pouco confiáveis tenham feito parte dos nossos ancestrais. Para nós, os eventos mentais, como ter sentimentos, tomar uma decisão, planejar, perceber e estar consciente, podem parecer muito distantes dos processos fisiológicos. A neurobiologia pressupõe que os processos mentais são o resultado de processos neuronais, não a sua causa. Portanto, nesse contexto é inconcebível que uma entidade mental imaterial controle a atividade de redes neuronais a fim de desencadear uma ação. A neurobiologia afirma categoricamente, e defendo com firmeza essa posição, que todos os fenômenos mentais que penetram em nossa consciência são consequência da atividade neuronal que tem lugar nos inúmeros centros do cérebro, os quais devem cooperar a fim de produzir os estados mentais específicos que experimentamos, sejam percepções, sejam decisões, sentimentos, opiniões ou vontades. Desse ponto de vista, todos os fenômenos mentais são, portanto, a consequência, e *não* a causa, de processos neuronais.

MATTHIEU: Mas não é verdade que só podemos falar em *correlações* entre os processos neuronais e os eventos mentais? Até o momento, o problema da causalidade não parece ter sido resolvido? Eu poderia lhe dizer igualmente que o treinamento direto da mente afeta a neuroplasticidade do cérebro. Parece, portanto, que estamos diante de uma causalidade recíproca, uma causalidade que atua nos dois sentidos.

WOLF: Os dados vão além da simples correlação! Por exemplo, lesões cerebrais específicas provocam a perda de funções específicas. Uma estimulação elétrica ou farmacológica realizada em conjuntos cerebrais específicos provoca fenômenos mentais específicos, como sensações de bem-estar ou de medo, modificando as percepções e as ações de maneira previsível. Se uma pessoa quer treinar a mente, deve existir necessariamente uma motivação que lhe permite fazê-lo. Essa motivação é o reflexo de um estado neuronal específico, isto é, de uma atividade neuronal específica que desencadeia os mecanismos da motivação e faz com que a pessoa se retire para meditar. Esses estados internos podem estar ligados a lembranças dos efeitos benéficos que já experimentamos ou à recomendação de pessoas que tiveram êxito na prática do treinamento da mente.

É possível também que o fator desencadeante que nos estimula a meditar seja um conflito não resolvido, ou ainda que a meditação nos apareça como uma solução para ocupar o tempo livre. As condições cognitivas estão sempre associadas a sistemas específicos de atividade neuronal. É preciso, portanto, uma motivação suficientemente forte para que alguém comece a praticar o treinamento da mente, que também está associado a mecanismos específicos de ativação. Se esses mecanismos forem mantidos por tempo suficiente, eles irão introduzir, por sua vez, transformações na ligação entre neurônios, gerando assim modificações de longo prazo das funções cerebrais – do mesmo modo que treinar para realizar um movimento altera as estruturas cerebrais responsáveis pela execução desse movimento.

Podemos nos perguntar o seguinte: e quanto às nossas decisões pessoais, ou aos argumentos propostos pelos outros, que, evidentemente, influenciam nossas decisões e nossas ações? Como todos os outros fenômenos mentais, eles são o resultado de processos neuronais que, por sua vez, influenciam e podem modificar os mecanismos de ativação neuronal que estão na origem das decisões e das ações que se seguem. No caso da decisão pessoal, as informações que a sustentam têm origens neuronais diferentes, como a recordação de determinadas experiências, os valores morais incutidos, as disposições emocionais específicas do indivíduo e a percepção do contexto.

Os argumentos dos outros também têm correlatos neuronais no cérebro da pessoa que os recebe. Por exemplo, o ouvido traduz um argumento verbal numa atividade neuronal, o sentido dessa informação é decodificado pelo cérebro nas áreas da fala e os mecanismos de ativação neuronal resultantes se espalham por outras áreas do cérebro, até atingir, por último, os centros responsáveis pela tomada de decisão. Até o momento, todos os resultados das nossas pesquisas sustentam esse ponto de vista, e nada indica que deveríamos buscar outras explicações.

MATTHIEU: Se eu levar seu raciocínio até o fim, poderia dizer que suas próprias convicções e seu estado mental atual resultam da atividade neuronal, ela mesma determinada por inúmeros fatores, como a estrutura genética específica do seu cérebro e as modificações epigenéticas dessa estrutura provocadas pela experiência e pelo contexto. O filósofo da ciência Michel Bitbol lembrou-me da afirmação de Husserl segundo a qual, se devêssemos considerar que a "lógica" é mero produto da evolução do cérebro humano, então os princípios elementares da lógica não poderiam ter valor universal. Se a compreensão da lógica depende da presença de uma consciência, a proposição "se A é maior que B e B é maior que C, então A é maior que C" continua válida, independentemente do tipo de consciência com que tenhamos de lidar.

WOLF: Não vejo nenhuma contradição nisso, e concordo com Husserl. Tudo indica que os nossos conhecimentos dependem de processos construtivistas. Já discutimos esse assunto. Os conhecimentos *a priori*, isto é, anteriores à experiência, e as interpretações indispensáveis à elaboração de experiências encontram-se nas estruturas específicas do cérebro dos seres humanos. Dado que essa estrutura resulta de um processo de adaptação genética e epigenética à dimensão do mundo acessível aos nossos sentidos, temos o direito de pensar que as percepções e as formas de interferência são subjetivas e, portanto, não generalizáveis. É verdade que estamos presos dentro de um raciocínio epistemológico circular. Nosso cérebro e, portanto, nossos conhecimentos se adaptaram ao pequeno nicho que é o mundo no qual a vida se desenvolveu e evoluiu. E nesse nicho, minúsculo em relação ao resto do universo, somente essas variáveis, isto é, nosso cérebro e nossos conhecimentos empíricos, conduziram os processos de adaptação dos nossos sistemas cognitivos, que se manifestam por meio da organização de nossos órgãos sensoriais. Esses órgãos são, eles mesmos, altamente seletivos e sensíveis apenas a um leque muito limitado de sinais físico-químicos.

Utilizamos, portanto, um instrumento cognitivo que foi ajustado para apreender um segmento muito restrito do mundo, com o objetivo de "compreender" a totalidade desse mundo. É a partir das dimensões do universo ao qual estamos adaptados que extrapolamos as dimensões dos universos aos quais não estamos adaptados. Pior, a evolução não aperfeiçoou nossos instrumentos cognitivos para que pudéssemos analisar a suposta "verdadeira natureza" que estaria oculta por trás dos fenômenos, mas com o único objetivo de que pudéssemos interpretar as informações necessárias à nossa sobrevivência e à reprodução dos organismos. De fato, a sobrevivência e a reprodução requerem métodos heurísticos muito diferentes das estratégias indispensáveis à descoberta da verdadeira natureza das coisas.

Voltemos, porém, ao problema do livre-arbítrio e das bases neuronais da tomada de decisão. Além dos indícios de que as decisões são "preparadas" por meio de processos neuronais que obedecem às leis da natureza, existe o seguinte problema: em geral, temos consciência apenas de uma porção ínfima das causas que determinam nossas decisões. Com a ajuda de técnicas de neuroimagem, foi demonstrado cientificamente que, na maioria dos casos, os sujeitos só tomam consciência de uma decisão alguns segundos depois de a terem tomado. Desse modo, a atividade neuronal que entra em jogo nas redes envolvidas na tomada de decisão converge na direção de um resultado – a própria tomada de decisão – antes que os sujeitos tenham consciência de ter tomado esta ou aquela decisão.

MATTHIEU: Quantos segundos transcorrem antes que a decisão se torne consciente?

WOLF: Até dez ou quinze segundos.[1]

MATTHIEU: Como se sabe que o sujeito conseguiu tomar uma decisão?

WOLF: Pedimos aos sujeitos que decidam em que momento e com que mão, direita ou esquerda, eles querem pressionar a tecla "resposta" e que indiquem o resultado de sua decisão. Por exemplo, o sujeito decide pressionar o botão com a mão direita. Se subtraímos o tempo necessário para programar e executar esse movimento do momento em que o sujeito efetivamente pressiona a tecla, obtemos o instante exato em ele tomou consciência de sua decisão.

MATTHIEU: Mas, então, o que você me diz da intenção secundária de pressionar a tecla para assinalar a intenção de usar a mão direita ou a esquerda? Parece que dois processos intencionais estão envolvidos aqui.

WOLF: No contexto desse experimento, o ponto principal é o seguinte: assim que os sujeitos chegaram a uma decisão, assim que decidiram usar a mão direita, eles pressionaram a tecla. No entanto, o registro da atividade neuronal revela que os processos neuronais que servem de base e preparam essa decisão começaram muito antes da tomada de consciência da decisão.

Temos indícios complementares com estudos experimentais ao longo dos quais os sujeitos executam ações em resposta a instruções dadas de tal maneira que eles não podem percebê-las conscientemente. Em outras palavras, constatamos que os sujeitos respondem a essas instruções sem ter consciência de ter obedecido a elas. Chegamos facilmente a esse mesmo resultado com pacientes submetidos à calosotomia, isto é, a extração parcial ou total do corpo caloso, a estrutura que une os dois hemisférios cerebrais (o objetivo dessa cirurgia é controlar a propagação de ataques epilépticos). Se apresentamos um estímulo ao hemisfério não dominante,* o que tem menos capacidades verbais, os pacientes não têm consciência de tê-lo recebido, apesar de esse hemisfério ter processado o estímulo e respondido a ele. Também é possível induzir uma dissociação análoga entre consciência e estimulação em sujeitos sadios. Nesse caso, as instruções do protocolo são elaboradas de tal maneira que permaneçam abaixo do limiar da consciência, isto é, que os estímulos permaneçam subliminares. Para tal, recorremos à técnica da "ocultação". Se um estímulo – no caso, uma instrução por

---

* Em neuropsicologia, o termo "dominante" designa o hemisfério cerebral responsável pela linguagem; o outro hemisfério é conhecido como não dominante ou menor. Na maioria da população, considera-se que o hemisfério esquerdo é o dominante. (N. da Edição Francesa.)

escrito – é apresentado muito rapidamente ao sujeito e é logo seguido por uma figura de alto contraste, a instrução passa "despercebida" ao sujeito; apesar de tudo, porém, ela pode ser processada pelo cérebro e resultar numa ação que coincidirá com o estímulo.

Outra possibilidade é desviar a atenção do sujeito, uma técnica utilizada com bastante frequência por mágicos para que seus gestos permaneçam imperceptíveis aos olhos do público. No momento em que os sujeitos respondem às instruções "não perceptíveis", isto é, às instruções que eles não perceberam conscientemente, é evidente que, então, eles se tornam conscientes de suas ações, que interpretam como o resultado de sua própria intenção. Se perguntamos a esses sujeitos: "Por que você fez isso?", eles dão uma resposta de tipo intencional: "Fiz porque quis". Em seguida, eles inventam um motivo, convencidos de que foi sua intenção que desencadeou a ação. Temos aí um exemplo perfeito do fato de que a pessoa se atribui, de maneira ilusória e subjetiva, a plena responsabilidade pela totalidade de um processo decisório.

Sentimos necessidade de encontrar razões para tudo que fazemos. Quando, porém, não temos acesso ao verdadeiro motivo pelo qual realizamos uma ação – porque a motivação é inconsciente ou porque nossa atenção foi desviada –, inventamos um, no qual passamos a acreditar, sem perceber que ele é fruto da nossa imaginação.

MATTHIEU: Por que o cérebro teria necessidade de encontrar motivos? Só "você", como pessoa, é que tem necessidade de encontrar motivos, para implantá-los em sua história pessoal. As relações causais entre os processos cerebrais não constituem "motivos". Ter um motivo para agir implica a noção de meta, de objetivo particular, isto é, algo que não é da ordem da simples sequência de eventos causais.

WOLF: Como regra geral, a menos que sua atenção tenha sido desviada, as pessoas têm consciência de seus atos e sentem uma necessidade irresistível de explicar por que motivo elas agiram; como supõem que toda ação tem uma causa, querem continuar coerentes. Se a ação é desencadeada por uma causa da qual elas não têm consciência, pode acontecer elas admitirem que não sabem por que agiram; o mais frequente, porém, é inventarem um motivo *a posteriori*. Não há dúvida de que, no nível neuronal, existe uma sequência homogênea de mecanismos de ativação cuja sucessão obedece ao princípio de causalidade. Considerando todos os indícios neurobiológicos da existência de relações causais entre processos cerebrais e comportamento, parece impossível sustentar a hipótese de que, no momento mesmo da tomada de decisão, alguém teria podido tomar outra decisão que não seja a que tomou. Contudo, *é isso que nosso sistema legal dá a entender*: o delinquente teria podido agir de outra maneira, e, como não o fez, é culpado e deve ser punido.

É interessante constatar que discutimos o problema do livre-arbítrio e da livre decisão pressupondo que as decisões são o resultado de deliberações conscientes e do raciocínio. Essas discussões podem tratar de argumentos morais que foram gravados na memória e que voltaram à consciência, das consequências benéficas ou prejudiciais de um ato, ou de ideias sobre as quais ouvimos falar recentemente. Se tivermos tempo suficiente para avaliar essas argumentações segundo as regras do diálogo e dos sistemas de valores aceitos numa determinada sociedade – e se as condições da deliberação não forem dificultadas, isto é, se a consciência não for perturbada por um evento qualquer –, pensaremos, então, que o indivíduo é inteiramente livre para escolher entre diversas opções futuras, inclusive a opção de escolher evitar qualquer decisão.

No entanto, "o agente que delibera" é uma rede neuronal, e o resultado da deliberação, isto é, a decisão, é a consequência de um processo neuronal que, por sua vez, é determinado pela sequência de processos que o precedem imediatamente. Portanto, o resultado desse processo depende de todas as variáveis que moldaram a estrutura funcional do cérebro no passado: predisposições genéticas, efeitos epigenéticos das impressões da primeira infância, a soma das experiências passadas e o conjunto de estímulos presentes. Resumindo: uma decisão iminente é influenciada por todas as variáveis que determinam a programação específica do cérebro, bem como por todas as influências que atuam no cérebro no momento da tomada de decisão.

MATTHIEU: Mas a atividade cerebral que se põe em marcha dez segundos antes da ação é, ela mesma, influenciada por inúmeros eventos conscientes e inconscientes que a precederam. Parece-me que esses dados mostram simplesmente que determinados eventos cerebrais estão associados a pensamentos e intenções conscientes, e que outros obedecem a processos inconscientes. Esses dois tipos de processos, conscientes e inconscientes, precedem e influenciam nossos atos. Na verdade, tudo que você acabou de dizer equivale a reconhecer a validade das leis de causa e efeito. Além disso, inúmeros fatores, além dos processos inconscientes, podem estar envolvidos na rede de causalidade.

Por outro lado, quando você afirma que o agente que delibera é uma rede neuronal, poderíamos, então, pensar: "Não fui eu quem tomou a decisão, foi minha rede neuronal". Desse modo, você se dissocia de seus próprios atos e não pode mais assumir a responsabilidade no nível da perspectiva em primeira pessoa ("Sou responsável por aquilo que faço"). Essa posição está longe de ser neutra, pois ela corre o risco de pesar bastante em nossa tomada de decisão e em nosso comportamento. Estudos mostraram que sujeitos que leem um texto que diz que o nosso comportamento é inteiramente determinado pelo funcionamento do cérebro têm um comportamento muito diferente dos que leem um texto que defende a existência do livre-arbítrio.[2] É interessante constatar que as pessoas a quem foi incutido o conhecimento do livre-arbítrio tiveram um comportamento muito mais íntegro do que aquelas que foram convencidas da existência do determinismo cerebral. Estas últimas tinham uma tendência maior a desprezar regras morais e trapacear. Isso se explica, sem dúvida, porque elas avaliavam que, afinal de contas, não eram realmente responsáveis por seu comportamento.

Voltando ao experimento da tomada de decisão com sujeitos que escolhem pressionar uma tecla com a mão direita ou a esquerda, nosso amigo comum Richie Davidson sugeriu que seria interessante verificar se os praticantes experientes, permanecendo no estado meditativo da presença aberta, poderiam tomar consciência da decisão de utilizar a mão direita antes dos sujeitos inexperientes. Segundo ele, seria importante verificar se meditadores experientes poderiam alterar subitamente o processo decisório levantando a mão esquerda, no momento mesmo em que os processos cerebrais previam, com segurança, que eles iriam levantar a mão direita.

Como ressalta a especialista em neuroética Kathinka Evers, mesmo se as decisões conscientes são precedidas imediatamente de uma preparação neurológica inconsciente, isso não significa que a consciência está ausente: as experiências acumuladas ao longo da vida não param de influenciar o conteúdo dos processos inconscientes. Isso significa que temos, de fato, um certo controle dos processos inconscientes, por meio dos conteúdos conscientes que os precederam. Somos responsáveis, em certa medida, pelos conteúdos do nosso inconsciente, já que os fenômenos conscientes e inconscientes não param de se moldar reciprocamente numa rede complexa de causalidade mútua.

Uma pessoa que, num gesto heroico, pula na água gelada para salvar alguém de morrer afogado, declara depois do salvamento: "O que fiz é normal. Eu tinha de fazê-lo. Não tive outra escolha senão socorrê-lo". A questão não é que ela não tinha outra escolha, e sim que a escolha se impôs a ela de maneira tão evidente que a decisão de pular na água foi tomada numa fração de segundo. Quando os acontecimentos ocorrem com muita rapidez, o modo como agimos espontaneamente reflete o que somos: mais, ou menos, altruístas e mais, ou menos, corajosos. Dito isso, nosso modo de ser é o resultado de inúmeros momentos de consciência durante os quais nossa mente se voltou cada vez mais aos modos de pensar altruístas, desenvolvendo aos poucos um estado mental e um comportamento impregnados de altruísmo. Portanto, mesmo se durante os décimos de segundo que precedem uma decisão existem processos inconscientes em ação no cérebro, *a decisão final é, antes de mais nada, o ponto culminante da experiência de toda uma vida.*

Isso significa que o treinamento da mente permite modelar nossos processos conscientes e inconscientes, nossos modos de pensar, nossas emoções, nossos humores e, afinal, nossas tendências habituais. Temos, portanto, a responsabilidade de orientar esse processo na direção correta e cultivar um modo de ser ético e construtivo, em vez de nos entregarmos a um comportamento antiético pernicioso.

WOLF: Você tem toda a razão. É evidente que, graças ao treinamento da mente, a recordação consciente das experiências e as deliberações conscientes influenciam a busca e a descoberta de conteúdos inconscientes, podendo até modificá-los. No entanto, é preciso não esquecer que esses processos "conscientes" são provocados por interações neuronais, o que nos remete à ideia simples e incontestável de que determinados estados neuronais influenciam os estados neuronais que se seguem a eles. É preciso lembrar que não existe "consciência" sem a existência de um substrato neuronal correspondente.

MATTHIEU: Você não está tirando conclusões muito apressadas? Ainda que a maioria dos neurocientistas esteja de acordo com essa teoria, seria um exagero afirmar que ela foi comprovada de maneira definitiva e irrefutável. Você descreve um processo causal, o que é perfeitamente correto. Porém, de acordo com essa teoria, estamos realmente seguros de incluir todas as causas que podem influenciar nossos pensamentos e nossas decisões? Se realmente existisse uma consciência capaz de exercer uma influência causal descendente no cérebro, ela também faria parte de um processo causal, e não constituiria, de modo algum, um elemento à parte e um pouco "estranho", do mesmo modo que não constituiria uma exceção à lei de causalidade.

WOLF: Antes de voltar ao problema da causalidade mental, gostaria de concluir o ponto de vista que defendo. Nosso modo de decidir, a maneira como nossos mecanismos neuronais convergem para que cheguemos a uma decisão, depende de todas as variáveis que influenciam o estado dinâmico do cérebro no próprio momento da decisão. Essas variáveis são os fatores que moldaram a estrutura funcional do cérebro (genes, processos de desenvolvimento, educação, experiências), mas também as influências decorrentes do passado recente (conceitos, contexto, disposições emocionais e inúmeros outros elementos). Em princípio, qualquer experiência passada de que temos consciência pode ser levada em conta por ocasião das deliberações conscientes. No entanto, como um grande número de experiências não chega ao nível da consciência, elas não podem ser levadas em conta como argumentos que intervêm nas deliberações conscientes. Porém, apesar disso essas experiências inconscientes vão influenciar o resultado das decisões, como motivações inconscientes e heurísticas. Na verdade, como ressaltamos, apenas uma pequena parte das inúmeras variáveis que intervêm nas decisões entra em jogo nas deliberações conscientes: nós temos recordações conscientes extremamente limitadas, e talvez não tenhamos nenhuma lembrança, dos fatores genéticos e epigenéticos que moldaram nossas estruturas cerebrais e, consequentemente, dos fatores que presidiram a elaboração das nossas tendências comportamentais individuais.

MATTHIEU: Você diz que temos recordações conscientes extremamente limitadas dos fatores que moldaram nossa estrutura cerebral. Eu gostaria de acrescentar que a maioria das pessoas tem uma consciência restrita de sua própria consciência, isto é, dos processos infinitesimais que ocorrem sem cessar na mente. E temos apenas uma percepção mínima, e talvez até nenhuma percepção, da pura consciência desperta que está sempre presente por trás da cortina das elaborações mentais. Ao nos concentrarmos nos neurônios e na estrutura do cérebro, deixamos de viver a experiência da nossa própria consciência do momento presente, o que, no entanto, nos proporcionaria *insights* valiosos quanto à natureza da própria consciência.

WOLF: Não creio que a reflexão sobre os problemas neuronais e a estrutura do cérebro interfira nas experiências de consciência. Você certamente está fazendo alusão a uma forma de metaconsciência, isto é, a capacidade de ter consciência do fato de ter consciência. Para desenvolver essa metaconsciência, certamente é necessário recuar e sair da rotina; mas por que as reflexões sobre os processos neuronais subjacentes nos afastariam do desenvolvimento dessa metaconsciência?

Voltando às motivações que determinam as nossas decisões, acho muito preocupante que às vezes sejamos incapazes de extrair dos conhecimentos armazenados na memória os argumentos que evitariam que tomemos uma decisão infeliz, o que aconteceria se tivéssemos acesso a esses dados durante nossas deliberações internas.

MATTHIEU: Isso me lembra o que Paul Ekman denomina "período refratário". Quando estamos com muita raiva, somos incapazes de levar em conta ou de lembrar qualquer aspecto positivo da pessoa que nos irrita, o que diminuiria nossa agressividade. Seja como for, ao examinar os elementos de uma tomada de decisão e a ideia de livre-arbítrio, continuo pensando que deveríamos ter uma abordagem mais holística que incluísse a influência exercida por nossos estados de consciência passados.

WOLF: Na verdade, os argumentos que afloram à consciência são muitas vezes submetidos a uma seleção que atende a motivações inconscientes e desprovidas de qualquer controle da vontade.

MATTHIEU: Portanto, não seríamos capazes de analisar minuciosamente e com atenção todos os argumentos possíveis.

WOLF: Por causa da capacidade limitada do espaço de trabalho da consciência, em todas as hipóteses, só um conjunto definido de argumentos está disponível para que a consciência delibere. O modo pelo qual esses argumentos são avaliados e, em seguida, associados depende, como dissemos, da estrutura cerebral e do seu estado de dinamismo presente. O primeiro parâmetro, a estrutura cerebral, varia de pessoa para pessoa, enquanto o segundo, o estado presente, muda de acordo com as circunstâncias.

Além disso, dado que a capacidade da memória de trabalho é limitada e varia bastante segundo os indivíduos, o número de argumentos presentes simultaneamente na capacidade de trabalho da memória e avaliados uns em relação aos outros diverge de um indivíduo para o outro. Algumas pessoas são capazes de manter simultaneamente até sete argumentos na memória de trabalho, ao passo que outras são mais limitadas e só conseguem recorrer a quatro ou cinco argumentos de cada vez. Sejam quais forem as restrições impostas por essas variáveis, essas considerações nos levam a concluir que o resultado de um processo decisório *é o único resultado possível* naquele momento preciso. Só no caso, aliás muito pouco provável, em que houvesse dois estados futuros da rede neuronal que se mostrassem igualmente possíveis é que oscilações mínimas e imprevisíveis da atividade do sistema neuronal poderiam influir e determinar para qual opção esse sistema se dirigiria.

Matthieu: Concordo, mas, uma vez que a decisão se torna consciente e que pensamos "Quero fazer isso, quero roubar, quero mentir", mesmo se essa decisão foi elaborada de forma inconsciente no cérebro e que o indivíduo não tenha tido outra escolha senão se sujeitar a ela, também existe um processo de regulação que se instala e o faz dizer: "Será que quero mesmo fazer isso? Isso não me parece muito correto". Posso me sentir incapaz de resistir às pulsões sem deixar de lutar contra elas, de modo que se instaure um processo de regulação que modifica e inverte a decisão inicial. Esses processos de regulação existem, e cada um de nós pode recorrer a eles. Eles permitem controlar as emoções. Também podemos fortalecê-los treinando essa regulação emocional, refletindo sobre as consequências negativas das nossas pulsões em nós mesmos e nos outros e nos inspirando em modelos fornecidos por comportamentos positivos.

Nesse momento, uma aspiração profunda toma conta da mente: "Eu realmente não deveria fazer isso". Portanto, admitindo que não sejamos "responsáveis", num determinado momento, por querer o que queremos, nem pela poderosa pulsão que brotou, temos, de todo modo, certa parcela de responsabilidade pelo fato de gerar ou não esse processo de regulação, de recusar ou não esse desejo impetuoso. Somos responsáveis pela tradução em ações das etapas necessárias para nos transformarmos naquilo que desejamos ser dentro de um mês, um ano ou até o fim da vida.

WOLF: É evidente que o resultado de uma deliberação consciente influencia os comportamentos posteriores. Se constatamos, por meio da experiência, que uma decisão específica teve consequências negativas, a decisão seguinte, num contexto comparável, consistirá provavelmente na retificação da nossa atitude. Essa nova decisão e seus efeitos, assim como as experiências desagradáveis que se seguiram à primeira decisão, vão ficar registradas na memória de longo prazo e, em razão disso, irão atuar seja como motivações inconscientes, seja como argumentos conscientes que vão influenciar as decisões futuras que condicionam a ação. Quando uma experiência passada resulta numa modificação de prioridades e estratégias comportamentais, o sistema neuronal se esforça por atingir os novos objetivos. Parece que o nosso cérebro está organizado de tal maneira que nos sentimos mal quando não perseguimos as metas que estabelecemos para nós mesmos. Parece também que é o mesmo sentimento de mal-estar que nos estimula a resolver conflitos. É assim que a experiência repetida do resultado de decisões positivas ou negativas pode resultar numa transformação duradoura da estrutura funcional do cérebro e, portanto, de suas predisposições comportamentais. Modificação que, por sua vez, influenciará o resultado de decisões futuras.

Não podemos esquecer, porém, que a decisão inicial e o registro do objetivo na memória, bem como as sensações de mal-estar associadas ao abandono desse objetivo, são o *resultado* de processos neuronais, não a causa deles. É o processo neuronal que avaliou o resultado da primeira decisão (negativa), que, ela mesma, provocou o registro na memória de um novo objetivo. E é o novo engrama, isto é, esse novo traço mnemônico, que modifica o estado do cérebro e influencia futuros processos neuronais da decisão.

Por fim, o novo objetivo assim determinado, que pode ter sido inicialmente um argumento racional consciente, muda de condição e se torna um hábito que influencia o comportamento sem precisar se manifestar em nível consciente. Esse novo objetivo pode se tornar uma das variáveis que atuam num nível inconsciente. É o caso, por exemplo, de quando recusamos outro copo de vinho porque sabemos que não nos sentimos bem se bebemos demais...

MATTHIEU: É evidente que a aprendizagem permite aperfeiçoar a regulação das nossas emoções. Sabemos que as brincadeiras infantis, mesmo um pouco violentas, fazem parte desse processo de regulação. Quando crianças e animais pequenos participam de uma brincadeira violenta, eles aprendem quando é o momento de parar antes de ferir o parceiro. Uma das funções superiores do cérebro humano – funções sem dúvida inexistentes em outros mamíferos – é justamente conter uma forma muito elaborada de regulação emocional, que, por sua vez, constitui uma forma de responsabilidade.

Não quero com isso afirmar que podemos aperfeiçoar nossa regulação emocional por um longo período. O que estou dizendo é que a cada instante, mesmo no momento em que sentimos um forte impulso para agir, temos a capacidade de avaliar a legitimidade dessa ação e controlar nossa vontade e nossa energia mental para evitar nos envolvermos numa ação prejudicial, mesmo se sentimos um desejo intenso de fazê-lo.

WOLF: Sim, tudo indica que cérebros mais evoluídos possuem sistemas de controle hierarquizados e extremamente organizados que lhes permitem fornecer respostas que dependem, em grande medida, de variáveis internas, não mais apenas de estímulos externos. Esse fato aumenta o grau de liberdade do cérebro quando ele precisa reagir a situações, permitindo-lhe tomar a iniciativa. Consequentemente, quanto mais os atos e decisões estiverem sob o controle desses sistemas internos, mais tenderemos a responsabilizar o sujeito da ação. Nas crianças, esses sistemas de controle não estão ainda plenamente desenvolvidos; é por isso que elas são menos responsáveis por seus atos do que os adultos. Não repreendemos uma criança por seu comportamento impulsivo, mas, se sabemos que ela entendeu e assimilou as regras de conduta e não as respeitou, temos a tendência de dizer que ela é responsável por seus atos e que merece ser punida. Dentro da lógica desse raciocínio, consideramos que os adultos são mais responsáveis por ações e decisões frutos de deliberações conscientes do que por atos realizados de maneira impensada e inconsequente, ou em resposta a um estímulo.

MATTHIEU: Você está dizendo que, quando sentimos que uma atitude é prejudicial e temos consciência de que poderíamos utilizar nossa capacidade de regular nossas emoções mas não o fazemos, nossa responsabilidade aumenta.

WOLF: Nesse contexto, é interessante constatar que a maioria das pessoas, inclusive dentro do nosso sistema judiciário, tende a associar responsabilidade com ação planejada com plena consciência. Dito de outra maneira, quanto mais planejada foi a ação, mais o indivíduo é responsável. Um dos motivos dessa atitude pode ser explicado pelo fato de que, na sociedade, as regras de conduta são expostas claramente por meio da linguagem, que só pode ser decodificada por meio de um processo consciente. É verdade que a maior parte da educação de crianças pequenas é não verbal e se parece aos modos de condicionamento que moldam o comportamento de animais domesticados. De todo modo, assim que a criança passa a compreender a linguagem, a maioria das regras e exigências de conduta é transmitida por meio de instruções verbais e argumentos racionais. Supõe-se que os indivíduos tenham consciência dessas regulamentações e que, portanto, possam incluí-las em suas deliberações pessoais. A pessoa que viola essas regras é culpada, porque consideramos que ela deveria tê-las levado em conta e respeitado. Estabelecemos de novo aqui a diferença entre as ações que resultam diretamente de nossas pulsões inconscientes das que cometemos de maneira intencional, depois de ter analisado conscientemente os aspectos positivos e negativos.

Conforme expusemos brevemente, a tomada de decisão acontece em dois níveis. A maioria das decisões que nos permitem viver depende de processos inconscientes e obedece a uma busca por soluções adaptadas. Embora esses processos decisórios não resultem numa ação imediata, eles podem influenciar um comportamento posterior ao se manifestar sob a forma da chamada "sensação instintiva". A pessoa não tem nenhuma recordação consciente dos motivos que a levaram a experimentar essa sensação, mas, quando os resultados de processos inconscientes entram em conflito com deliberações conscientes, ela percebe que o sistema nervoso autônomo reage. Sua tendência, então, é dizer: "Tomei a melhor decisão em função de todos os elementos racionais disponíveis e, no entanto, continuo com a impressão de que existe algo errado". Outro pensará: "Fiz o que me parecia correto, mas, quando penso no que fiz, percebo que foi algo totalmente insensato e irracional". É evidente que nos sentimos bem, satisfeitos e, em certa medida, "livres" quando os dois sistemas decisórios convergem para uma mesma e única solução.

MATTHIEU: O treinamento da mente ajuda a reforçar e preservar essa coerência entre razão e sentimentos intuitivos.

WOLF: Segundo Kant, ficamos em paz se somos capazes de interiorizar as leis que nos são impostas – as regras externas de conduta moral – a ponto de torná-las *nossas próprias* regras. Vivenciaríamos mais isso se fosse possível, como você disse, reforçar a coerência entre processos inconscientes e conscientes por meio do treinamento da mente.

MATTHIEU: Existe um problema grave quando as exigências sociais não são realmente éticas, quando não estão de acordo com o bem-estar dos demais, são dogmáticas e opressoras, como ocorre em regimes totalitários ou no caso de algumas tradições ancestrais que praticam a escravidão, sacrifícios humanos, a submissão das mulheres etc. Seria apropriado, então, nos contrapormos a essas exigências externas e razoável não aceitá-las cegamente.

WOLF: Esse ponto é importantíssimo. De fato, o que acontece se o indivíduo alcança uma coerência subjetiva fazendo com que os aspectos *negativos* de suas disposições comportamentais coincidam com regras externas antiéticas e deturpadas? A história – em especial o passado recente da Alemanha, o terrorismo contemporâneo e muitos outros crimes – fornece uma infinidade de exemplos lamentáveis. Quando uma sociedade reforça a dicotomia endogrupo/exogrupo e afirma que os membros do exogrupo são hostis, que são inimigos diabólicos, ela recorre a todos os instintos herdados cuja função original era defender os membros da parentela. Quando ocorre essa manipulação de padrões cognitivos, atos agressivos que teriam sido considerados altamente antiéticos se tivessem sido perpetrados contra membros do endogrupo são vistos como um dever moral quando dirigidos contra membros do exogrupo. A consequência disso é que guerreiros tribais, cruzados, soldados em defesa de nações e, lamentavelmente, terroristas e torturadores com frequência agem de acordo com imperativos externos e pulsões internas, sem experimentar conflitos pessoais, e podem até ser considerados heróis, em vez de assassinos, aos olhos de suas comunidades.

MATTHIEU: O filósofo Charles Taylor escreveu: "A filosofia moral contemporânea [...] tendeu a privilegiar o que é correto fazer em detrimento do que é bom ser, a insistir na definição do conteúdo da obrigação em vez da natureza da vida virtuosa; por outro lado, ela não atribui nenhum papel conceitual à ideia do bem como objeto do nosso amor ou da nossa fidelidade, ou como centro privilegiado da nossa atenção ou do nossa vontade".[3]

E, segundo Francisco Varela, a pessoa realmente virtuosa não age sem ética, mas a incorpora como um *expert* incorpora seu *know-how*; o homem sábio é ético, ou, mais claramente, seus atos são a expressão de decisões geradas por seu modo de ser, em resposta a esta ou àquela situação".[4] Quando enfrentamos uma situação inesperada que evolui com muita rapidez e não temos tempo de refletir, o modo como agimos espontaneamente é o reflexo externo daquilo que somos internamente naquele instante preciso da vida.

A moralidade espontânea, "instintiva", é a manifestação das nossas qualidades ou dos nossos defeitos mais profundos. Essas qualidades não podem ser o resultado exclusivo dos nossos pontos de vista intelectuais, mas devem ser a expressão da assimilação, em nosso fluxo mental, da bondade, da preocupação empática, da compaixão e da sabedoria. A exemplo de todas as outras aptidões, é perfeitamente possível treinar o desenvolvimento dessas qualidades.

WOLF: Se você estiver certo, isso significa que o treinamento da mente permite vencer algumas das pulsões profundamente enraizadas que são legado da evolução, de padrões de comportamento que estavam bem adaptados para garantir a sobrevivência e a reprodução no estado do mundo anterior à cultura, tantas atitudes que, certamente, não são mais condizentes com nossa condição atual. Espero, portanto, que você esteja certo, porque é absolutamente indispensável, para o futuro da humanidade, diminuir a influência dessas pulsões negativas.

A responsabilidade de mudar

MATTHIEU: Não podemos escolher o que somos agora, mas podemos escolher o que queremos ser. Todo mundo gostaria sem dúvida de ser alguém cheio de qualidades admiráveis em vez de um criminoso ou maníaco sexual, um objeto de desprezo para os outros. Pode ser também que não tenhamos a possibilidade de escolher de imediato o comportamento desejado. Mas temos a responsabilidade de iniciar um processo de mudança. E somos responsáveis, em certa medida, por não tê-lo iniciado antes.

Quando reconhecemos que não controlamos nossas emoções, o que é uma causa de sofrimento, temos a responsabilidade de escapar dessa armadilha.

Tomemos, por exemplo, uma pessoa dominada por suas pulsões. Como você explicou, ela não tem a escolha nem a capacidade necessária de controlar seus atos. Oscar Wilde dizia: "Consigo resistir a tudo, menos à tentação". Se essa pessoa sabe que possui traços de personalidade ou tendências que podem prejudicar os outros e a si mesma; que, além disso, já passou por essa falta de controle e sofreu por causa disso, ela pode utilizar seus defeitos como estímulo para iniciar uma transformação. Haverá necessariamente um momento em que as circunstâncias farão com que suas tendências compulsivas se exprimam com menos intensidade. Não seria essa uma ocasião inesperada para recorrer ao treinamento da mente que preconiza a utilização de antídotos adequados contra a emoção predominante, ou então para recorrer a pessoas que possam sugerir meios e métodos específicos? Agir nesse sentido sempre que possível e procurar a ajuda de alguém competente fazem parte da nossa responsabilidade geral.

Podemos, sob o impulso do momento, nos comportar como robôs, e nem por isso continuar a sê-lo a vida inteira. Já que tudo é resultado de causas e condições, quando o conjunto de causas se reúne para produzir um evento, seja um fenômeno cerebral, seja um de outro tipo, ele fatalmente ocorrerá. No entanto, podemos criar ao longo do tempo novas causas e condições que influenciem esse processo dinâmico. São essas as vantagens do treinamento da mente e da neuroplasticidade.

Podemos desaprovar uma ação, mas as pessoas não são intrinsecamente más, mesmo se seus atos o são. Sejam quais forem seus modos de pensar e de se comportar, eles são o resultado de um conjunto de causas e condições evidentemente variáveis que podemos modificar tomando medidas adequadas. Cada ser humano é mais ou menos perdido, mais ou menos dominado pela ilusão, e sua mente é relativamente "doente". Por isso, devemos tratar toda pessoa como alguém que, sob o efeito de inúmeras influências externas e internas, passou por um grande número de experiências.

Na maioria das vezes, a crítica está relacionada à ignorância, ao desprezo e à falta de compaixão. Um médico não culpa seus pacientes; mesmo que eles tenham tido um comportamento que lhes prejudicou a saúde, ele buscará tratamentos para curá-los, ajudá-los delicadamente a modificar seus hábitos. Se alguém prejudica o outro, não há dúvida de que devemos impedi-lo tomando medidas adequadas, eficazes e razoáveis, mas também é preciso ajudá-lo a mudar seu comportamento.

Em vez de gravar no mármore leis que controlam os comportamentos, deveríamos considerar os outros, assim como nós mesmos, como fluxos dinâmicos e fluidos, portadores de um genuíno potencial de mudança.

Quando perguntaram a Nelson Mandela como ele tinha conseguido se tornar amigo dos seus carcereiros ao longo de 27 anos de prisão, ele respondeu: "Ressaltando suas características positivas". E, quando lhe perguntaram também se ele achava que cada um tem alguma coisa boa dentro de si, ele garantiu: "Não existe a menor dúvida quanto a isso, contanto que sejamos capazes de desenvolver essa bondade inata".

WOLF: Você tem toda a razão. Os seres humanos possuem um amplo leque de tendências comportamentais, que vão do assassinato cometido a sangue-frio até o sacrifício altruísta de si mesmo, passando pelo genocídio. Além disso, existem diversas formas de influenciar o comportamento. Uma delas consiste em mudar as leis exteriores, conceber sistemas sociais e econômicos que recompensem os comportamentos que favoreçam a estabilidade e penalizem os atos destrutivos. Em certo sentido, essa abordagem é parecida a um processo evolutivo de onde emerge uma rede de interações sociais cujas estruturas estimulam um comportamento adaptado ao sistema existente. Além disso, os seres humanos passam por um processo de evolução cultural ao longo do qual certos traços dominantes são codificados, não nos genes, mas em convenções morais que se expressam por meio de atitudes e hábitos sociais. A diferença fundamental entre os dois tipos de mudança é que a evolução cultural tem um componente "intencional", já que criamos intencionalmente as estruturas das interações sociais que impõem as restrições ligadas à adaptação e à seleção.

Outra estratégia é codificar valores morais e desenvolver sistemas educacionais graças aos quais esses valores possam ser transformados em regras que definam modos de ação, que, por sua vez, sejam interiorizados pelos indivíduos e transmitidos de geração a geração. Esses valores morais são então comprovados por meio de sistemas normativos que reforçam as restrições definindo a lista de comportamentos tolerados.

Se compreendi bem, existe outra opção, defendida pelas tradições budistas, que consistiria em influir nas orientações comportamentais dos indivíduos recorrendo ao treinamento da mente. Em todos os casos, o objetivo seria obter a melhor adequação entre exigências externas e orientações internas dos indivíduos, com essas duas forças, externa e interna, indo no sentido do bem. A estrutura funcional do cérebro pode ser modificada por meio da educação, de experiências positivas e negativas que atuam como recompensa ou punição, do treinamento da mente e da prática. Os sistemas de recompensa do cérebro constituem os estímulos à mudança. Parece que o cérebro é dotado de sistemas capazes de diferenciar estados mentais como consequentes, lógicos, coerentes e harmoniosos, ou, ao contrário, conflituosos e indecisos. Embora não saibamos identificar ainda as assinaturas neuronais desses estados, nós nos esforçamos por alcançar esses estados de coerência e controlar os que são instáveis.

MATTHIEU: Os termos que você emprega – "coerente", harmonioso" – se referem a categorias da experiência, não a processos neuronais. Isso mostra que, para compreender o conjunto desses problemas, é preciso recorrer a nossa própria experiência subjetiva.

WOLF: Não necessariamente. Sentimentos subjetivos de harmonia devem estar associados a estados neuronais específicos. É possível que uma atividade neuronal coerente seja o vetor de sentimentos positivos. Como eu disse há pouco, não podemos ainda identificar as assinaturas da atividade cerebral que correspondem a estados internos caracterizados pela obtenção de uma solução ou livres de conflitos. É possível que esses estados se caracterizem por um alto nível de coerência neuronal. Como somos seres sociais, profundamente inseridos em nossas redes culturais, permanentemente expostos aos julgamentos dos outros, os critérios que definem estados mentais coerentes não têm origem unicamente na evolução biológica, mas também nas exigências decorrentes da evolução cultural. Quando essas experiências são interiorizadas, elas se transformam em exigências que impomos a nós mesmos e que devemos satisfazer a fim atingir estados internos coerentes e não conflituosos – do mesmo modo que tendemos a satisfazer as necessidades motivadas por necessidades biológicas como a saciedade e a reprodução. Tudo depende da natureza dos valores e das normas que as culturas nos impõem. Uma vez assimilados na estrutura do cérebro, os valores e as regras funcionam como objetivos e exigências. Os valores e as normas interiorizados desde a primeira infância, antes do desenvolvimento da memória episódica, continuam implícitos, profundamente enraizados no inconsciente, a ponto de sentirmos que eles são parte integrante da nossa personalidade. As orientações que nos são impostas mais tarde na vida em geral são mais explícitas: como temos consciência de onde elas vêm, nós as sentimos como restrições sociais impostas, sem que estejam necessariamente de acordo com nossas convicções internas. No entanto, desejamos aceitá-las a fim de reduzir os estados conflituosos no cérebro e, para isso, nos esforçamos por alcançar um estado de coerência.

MATTHIEU: As culturas nas quais evoluímos não são unicamente impostas. Nós também moldamos nossa cultura por meio do nosso modo de pensar, da nossa transformação pessoal e da nossa inteligência. Indivíduos e culturas são como duas lâminas que se afiam mutuamente. Como a ciência contemplativa e a neurociência demonstraram que é possível treinar a mente e modificar aos poucos nossos traços de personalidade, a soma das mudanças individuais também contribui para forjar uma nova cultura.

WOLF: Sim, nós criamos culturas, e elas, por sua vez, nos moldam. Concordo plenamente com a afirmação de que é possível superar, por meio do controle cognitivo, certos traços de personalidade herdados e registrados desde a primeira infância, mas também por meio da aprendizagem procedural, isto é, do desenvolvimento de novos hábitos mais bem adaptados.

MATTHIEU: Os contemplativos dizem quase a mesma coisa. No início, toda prática é um pouco restritiva e artificial; porém, à medida que ela se torna mais familiar, nós a realizamos com mais facilidade, até ela passar a fazer parte inteiramente de nós.

WOLF: Portanto, eu poderia pensar que a prática mental permite modificar certos traços de personalidade. Resistir a uma tentação específica ou se envolver numa ação altruísta – dois gestos que são recompensados pelo reconhecimento social – exigem, no início, a aplicação do controle cognitivo e o investimento de recursos atencionais. É possível imaginar que a prática assídua das novas atitudes acabe por gravá-las nas estruturas cerebrais, que, então, passam a executar suas funções sem recorrer ao controle cognitivo. Nesse caso, o novo comportamento adquirido tenderia a se transformar em um novo traço de personalidade. Seria interessante avaliar, por meio da experimentação, até que ponto a prática e o treinamento da mente adaptados ao ritmo de cada um são capazes de causar essas mudanças, mesmo em adultos, ou então observar se essas modificações resultam mais de eventos singulares como traumas ou experiências de despertar. O fato de que a sabedoria aumenta com a idade é uma prova de que a acumulação de experiências pode modificar traços de personalidade. É razoável, então, esperar que o treinamento da compaixão e da generosidade seja realmente eficaz.

MATTHIEU: Se certo número de indivíduos inicia uma mudança pessoal, isso naturalmente provoca mudanças graduais na cultura circundante...

WOLF: ... que, por sua vez, teriam impacto nas pessoas. E essa reciprocidade poderia gerar avanços que se fortaleceriam mutuamente, tanto no nível social como no nível individual, contribuindo para o aperfeiçoamento da sociedade, ao contrário da agressividade e da vingança, que geram círculos viciosos prejudiciais a todos. Devemos explorar essas duas possibilidades de mudança: trabalhar no nível do indivíduo e imaginar estruturas de interação social que estimulem a adoção de um comportamento pacífico.

Livre-arbítrio e leque de opções

WOLF: Voltemos à questão da relação que existe entre os conceitos de livre-arbítrio e culpa. Se alguém desrespeita a lei agindo de um modo que a sociedade considera condenável, uma das primeiras perguntas que se coloca é saber se o indivíduo estava no pleno controle das suas faculdades cognitivas e se tinha condição de compreender a natureza do seu ato e de avaliar as consequências. Verifica-se, então, se sua capacidade de considerar conscientemente todos os argumentos necessários para avaliar a adequação de sua decisão estava intacta. Caso se constate que o delinquente não tem nenhuma circunstância atenuante, ele é considerado plenamente responsável por seu ato.

No entanto, o leque de opções disponível em cada instante varia enormemente. Essa gama pode ser particularmente ampla se não existe pressão externa nem pulsão interna, quando se está plenamente consciente e se dispõe de tempo suficiente para refletir e prever todos os resultados possíveis de um gesto. E mesmo nessas condições ideais a decisão que por fim é tomada é a única que era possível tomar naquele momento específico.

MATTHIEU: Seu raciocínio não corre o risco de resultar numa tautologia: "A cada instante, só o que *é* pode *ser*"? Evidentemente, você não pode afirmar que a cada instante o que é *poderia não ter sido*. É inútil negar o que aconteceu, ou querer que o que é seja diferente. Entretanto, poderíamos, sem dúvida, evitar que este ou aquele evento ocorresse, e certamente podemos impedir que ele se repita. Temos a possibilidade de modificar o rumo das coisas e fazer escolhas relevantes, graças à aquisição de novos conhecimentos sobre o que convém ou não fazer, e treinar a mente nesse sentido.

WOLF: Se lembro que a decisão A me criou problemas, tentarei evitá-la caso me encontre nas mesmas circunstâncias. E o problema todo é esse: nosso sistema judiciário pressupõe que, em princípio, temos a liberdade de decidir. Se o indivíduo toma uma decisão infeliz, ele é considerado culpado, e a gravidade da culpa está relacionada às opções disponíveis no momento da decisão. Dito de outra maneira, o grau de culpa depende da importância dada à margem de liberdade, sabendo que, nesse caso, a palavra "liberdade" abrange o leque de opções acessível ao sujeito no momento da tomada de decisão. Se esse leque de opções se mostra muito limitado em razão de restrições externas e internas identificáveis, pode-se defender que qualquer pessoa na mesma situação, na falta de um grande número de opções, teria decidido e agido da mesma maneira. Desconfio, portanto, que os juízes ignoram a questão filosófica da liberdade e da independência da nossa vontade e da nossa volição, contentando-se em examinar em que medida a decisão ou a ação de uma pessoa se afastou da norma. Eles procuram analisar as restrições externas e internas em jogo no momento da decisão, depois avaliam a importância do desvio comparando o que pessoas supostamente normais teriam feito em circunstâncias análogas. Isso equivale a comparar a estrutura funcional do cérebro do delinquente à da média da população. Se os juízes chegam à conclusão de que o cidadão médio provavelmente teria agido como o acusado, concedem a este último as circunstâncias atenuantes e a punição é mais branda.

É interessante constatar que esse raciocínio está baseado na hipótese implícita de que os indivíduos decidem e agem de maneira mais ou menos previsível, em função das circunstâncias; dito de outra maneira, que o processo de decisão é influenciado por causas. Isso me permite pensar que, na verdade, nossos sistemas judiciários não estão baseados na concepção fictícia de um livre-arbítrio ilimitado. Trata-se de uma hipótese prática que está de acordo com nossa experiência subjetiva, hipótese segundo a qual seríamos livres para modificar nossas decisões a qualquer momento. Mesmo se abandonamos essa concepção fictícia, e mesmo se os indícios neurobiológicos que negam a existência de um livre-arbítrio totalmente livre e independente acabassem sendo amplamente aceitos, isso não poria em risco a legitimidade dos nossos sistemas judiciários, que devem fazer respeitar as normas estabelecidas. Devemos continuar a atribuir uma responsabilidade aos indivíduos, no sentido de que eles são os autores de seus atos, e a punir as violações da lei. A ideia de que toda decisão resulta de processos neuronais que obedecem à lei de causalidade não isenta ninguém da responsabilidade por seus atos. Quem mais poderíamos culpar?

É evidente que não existe uma correlação bem definida entre o fato de alguém ter seu próprio livre-arbítrio, um senso de responsabilidade, um sentimento de culpa, e a severidade da punição. Se atravessamos o sinal vermelho por descuido, mas essa infração não causa nenhum acidente, nós nos safamos com uma multa e alguns pontos a mais na carteira. Mas se a mesma falta de atenção, o mesmo erro subjetivo provocar um acidente fatal, a punição será muito mais grave. Portanto, nosso sistema judiciário considera tanto a gravidade do resultado de um ato como o próprio ato. Essa maneira de avaliar está de acordo com nossa concepção de justiça e de equidade. Se um indivíduo provocou um grande sofrimento, consideramos que são necessárias represálias para restabelecer o equilíbrio.

MATTHIEU: É por isso que a justiça corre o risco de se transformar num sistema que legitima a vingança em vez de avaliar, com toda a imparcialidade, a natureza das motivações e das intenções e determinar as verdadeiras responsabilidades. Como você acabou de demonstrar, a gravidade das consequências de um ato não está necessariamente ligada a nossas intenções, ela geralmente é imprevisível e escapa do nosso controle. Por outro lado, existe, sim, um senso de responsabilidade, pois somos os agentes da ação, voluntariamente ou não. Se, por inabilidade, quebro um belo vaso na casa de um amigo, fico sem graça, me desculpo e lhe dou outro vaso sem demora. Mesmo que não tivesse a mínima intenção de quebrar o vaso, considero-me responsável. Porém, eu poderia ter sido mais atento, pois estava circulando numa casa com a qual não estava familiarizado. Existem pessoas desastradas que costumam derrubar objetos; sua responsabilidade consiste em redobrar a vigilância. Se não estou envolvido num incidente e constato que não existe nenhuma relação entre esse incidente e eu mesmo – por exemplo, se a prateleira em que o vaso se encontrava vem abaixo sozinha na sala em que eu me encontrava –, então não me sinto de maneira nenhuma responsável pelo que acaba de acontecer.

Circunstâncias atenuantes

WOLF: Concordo. Mesmo se a vontade não é tão livre como sugere a intuição, é inegável que somos responsáveis por aquilo que fazemos, porque somos os autores da ação: assim como nossas ações, nossas decisões dependem de nós. Somos seus autores. Do mesmo modo que queremos que nossos méritos sejam reconhecidos e sejamos recompensados, também temos de aceitar as punições que nossa conduta condenável pode causar. E, mesmo se abandonarmos a ilusão de acreditar que temos o pleno exercício do livre-arbítrio, isso não invalida em nada o dever de sermos responsáveis.

Permita-me, porém, retornar brevemente ao problema das circunstâncias atenuantes. Tomemos um assassinato cometido sem nenhuma circunstância atenuante: o assassino dispunha de um amplo leque de opções, e o único motivo que pode ser identificado foi uma mera discussão com a vítima. O culpado é condenado à pena máxima de prisão. Alguns meses mais tarde, após uma crise epiléptica, ele é submetido a uma tomografia cerebral que revela a existência de um tumor no lobo pré-frontal. De imediato, o caso é revisto. O tumor provavelmente tinha destruído centros localizados na região afetada pelo tumor que são ligados a valores morais e onde o controle cognitivo é orquestrado para impedir ações julgadas inapropriadas. Na infância, essas estruturas ainda não amadureceram, e portanto crianças são menos capazes de se refrear. O assassino, a partir de agora considerado doente, não dispunha, portanto, das estruturas neuronais indispensáveis que lhe teriam permitido recorrer a valores morais para controlar seu gesto. Ele é transferido da prisão para uma clínica. Essa mudança de perspectiva foi possível por causa de um sintoma clínico e da disponibilidade de um instrumento potente de diagnóstico.

Contudo, se não existe indício de doença em termos de diagnóstico clínico, um neurobiologista ainda terá de confirmar se há alguma anormalidade no cérebro do delinquente, já que seu gesto jamais teria sido cometido por um cidadão normal. Inúmeras possibilidades de anomalia cerebral podem ser consideradas, ainda que os recursos atuais não permitam diagnosticar todas. Por exemplo, os circuitos neuronais dos centros em que são armazenados os valores morais e a inibição das respostas podem ter se desenvolvido de maneira anormal, por motivos genéticos ou epigenéticos. Uma anomalia do mesmo tipo pode ter afetado os mecanismos de aprendizagem responsáveis pela aquisição de normas sociais. Podem ter ocorrido também deficiências educacionais, de modo que os engramas respectivos, isto é, as mudanças neuronais que estão na origem das recordações e armazenam as exigências sociais, não tenham ficado suficientemente consolidados. São muitos os casos imperceptíveis no estado atual das pesquisas, e a lista é longa.

MATTHIEU: Portanto, mesmo se o diagnóstico não é tão grave como no caso de um tumor, dá no mesmo: existe uma disfunção em nível cerebral.

WOLF: Sim, mas as causas e, portanto, as consequências para o delinquente são diferentes. Se conseguimos identificar as causas neuronais, o assassino passa a ser considerado doente. Se elas não podem ser detectadas por meio de instrumentos adequados, ele vai para a prisão.

MATTHIEU: Nos dois casos, devemos considerar o delinquente como uma pessoa doente, ou ao menos com uma disfunção. Sem deixar de impedir que ele prejudique os outros, a única coisa a fazer seria adotar o ponto de vista médico de tratá-lo e ajudá-lo. Como ressaltei, essa abordagem concorda plenamente com o ponto de vista budista segundo o qual, influenciados pela ignorância, pela ganância, pelo ódio, pelo desejo insaciável e por outras toxinas mentais, somos todos doentes, e que portanto é indispensável acatar o conselho de um médico especialista, isto é, um mestre qualificado, para seguir o tratamento da transformação interior que irá nos curar dessa toxicidade mental. Não deve haver retaliação contra o que as pessoas fazem sob a influência de uma doença mental. Elas precisam da ajuda de pessoas sábias e experientes que têm *insights* sobre como esses processos ocorrem e que possam ensinar métodos de mudança. Por outro lado, precisam ter a inteligência de reconhecer a necessidade de transformação e a determinação para usar os métodos apropriados para gradualmente alcançá-la.

WOLF: Para que essa transformação seja possível, é preciso registrar no cérebro do indivíduo normas e valores novos, assim como objetivos novos. Essas novas orientações podem surgir naturalmente se o resultado de uma decisão se mostrou desagradável para ele ou fez com que ele se arrependesse. Em certos casos, porém, as novas exigências devem ser determinadas a partir de fatores externos, pois o cérebro "doente" não consegue alcançar seus objetivos sozinho. O cérebro de um assassino que mata impelido por um desejo irreprimível de dinheiro é forçosamente diferente do cérebro de uma pessoa que não comete esse ato. Parece, portanto, que tudo se passa como se o tribunal julgasse a estrutura funcional do cérebro dos delinquentes. Os indivíduos cuja estrutura funcional cerebral é extremamente perturbada são penalizados de maneira muito mais severa, ao passo que aqueles que são dotados de um cérebro que induz a um comportamento bem adaptado, que lhes permite agir na maior parte do tempo em conformidade com as regras sociais, são tratados com mais indulgência, porque essas pessoas só violarão a lei em circunstâncias consideradas e qualificadas como atenuantes.

Esse ponto de vista não põe em questão, em hipótese alguma, a responsabilidade do agente. Nunca é demais insistir nesse ponto! Quem, senão o autor de sua ação, seria responsável por ela? O que é preciso mudar, impreterivelmente, é *a atitude em relação aos indivíduos que cometem delitos.* Seus atos devem ser objeto de medidas disciplinares, mesmo se reconhecermos que eles não poderiam ter agido de outra maneira, em razão das circunstâncias. Como eu disse no começo desta conversa, é justamente esse ponto que gerou tanta confusão, quando apresentei esses argumentos pela primeira vez. Chegou-se a uma falsa conclusão, que equivalia a dizer: "Se o culpado não pôde agir de outra maneira, ele não é nem responsável nem culpado e, portanto, não pode ser punido. Assim, cada um pode fazer simplesmente o que quiser, e estará instaurada a anarquia". Essa argumentação, evidentemente, é absurda. Pode-se dizer que, de certo modo, devemos recorrer aos mesmos métodos utilizados com crianças: como não dispõem de mecanismos básicos de controle, somos indulgentes com elas, sem deixar de puni-las ou recompensá-las, a fim de orientar seu comportamento, incutir em seu cérebro novos objetivos e novas instruções que elas poderão desenvolver.

MATTHIEU: Em vez de aplicar retaliação, deveríamos dar ênfase à educação, à reabilitação, ao treinamento e à transformação pessoal, sem deixar de tomar medidas adequadas que impeçam a ação de malfeitores.

WOLF: Fui acusado muitas vezes de ofender a dignidade humana por argumentar contra a ficção do livre-arbítrio. Não vejo em que a tentativa de divulgar as descobertas da neurobiologia poria em perigo a dignidade humana. Minha posição não questiona a instituição judiciária nem a noção de responsabilidade pelos atos que as pessoas cometem. Ela deseja mudar nossa perspectiva, permitir que compreendamos melhor os comportamentos humanos e imaginemos um tratamento mais humano e mais prudente para esses indivíduos infelizes obrigados a viver com um cérebro que lhes impõe um comportamento que está em conflito com as normas sociais.

MATTHIEU: É um argumento muito interessante e muito profundo, que não deixa de ter pontos em comum com a abordagem budista.

WOLF: Fico feliz em sabê-lo.

Ver com o olhar de médico

MATTHIEU: No budismo nós nos consideramos pessoas doentes que vagueiam dentro do ciclo da existência condicionada, que chamamos de *samsara*, isto é, o mundo da confusão mental e da ignorância.

WOLF: Não é a mesma coisa que a ideia do pecado original no cristianismo?

MATTHIEU: Não, é diferente. Não se trata de um traço fundamental da natureza humana, mas do "esquecimento" dessa natureza. Quando está doente, você diz "Tenho gripe", não "Sou a gripe". Demonstramos que as "doenças" que provocam o sofrimento são o ódio, a ganância e as outras toxinas mentais. Elas não fazem parte intrinsecamente dos seres sensíveis, mas são o resultado de causas e condições que estão em constante mudança. A doença não é a condição normal do ser vivo, mas uma anomalia. De acordo com o budismo, o estado normal e saudável – a natureza humana fundamental que também é a natureza fundamental da mente – é parecido a uma pepita de ouro que permanece pura mesmo enterrada debaixo de uma camada espessa de lama. O budismo está mais próximo da visão de uma bondade original do que de um pecado original. Isso não significa que o ódio e a obsessão não sejam "naturais" e não façam parte do repertório da mente humana. Em vez disso, isso significa que eles são o resultado de construções mentais que escondem a compreensão da natureza fundamental da mente, a consciência pura, do mesmo modo que a lama oculta o ouro que ela encerra. É preciso estabelecer a distinção entre a natureza fundamental da mente e os diferentes estados conflituosos que resultam numa infinidade de padecimentos. Ninguém neste mundo é fundamentalmente mau, e sim mais ou menos intoxicado pelos efeitos dos venenos mentais. Uma pessoa não se define, fundamentalmente, por sua doença.

WOLF: Mas, se você afirma que um indivíduo tem uma personalidade criminosa, seu argumento não se sustenta mais.

MATTHIEU: Por quê?

WOLF: Porque a personalidade *é* a pessoa. A personalidade, o temperamento, todos os traços de caráter que são objeto de julgamentos sociais são determinados pelo cérebro. É por isso que a diferenciação entre o transtorno orgânico e o transtorno mental é imprecisa. Um tumor no fígado é uma doença somática que não atinge a integridade da personalidade. Por outro lado, um cérebro disfuncional perturba a personalidade. Em ambos os casos a pessoa está doente. A não ser que adotemos um ponto de vista dualista, não podemos estabelecer uma distinção entre uma mente pura, imaculada – a sua pepita de ouro – e um mecanismo impuro e defeituoso. Podemos afirmar que alguém é intrinsecamente "mau", e nem por isso lhe negar a possibilidade de se transformar.

Matthieu: Na verdade, não. De uma pessoa com predisposição genética para o câncer você diria, apesar de tudo, que estar com saúde é seu estado normal, enquanto a doença constitui um estado patológico provocado por diversas causas e condições. O mesmo acontece com os estados cerebrais e a natureza da mente. O fato de que a mente possa estar inundada de toxinas mentais, que são construções conceituais, não significa, por outro lado, que ela sempre tenha sido assim e que nunca poderá ser diferente. Se você despeja cianureto num copo de água, obtém um veneno mortal, embora a própria água não tenha sofrido nenhuma transformação essencial nem tenha se tornado tóxica. Você pode purificar a água, destilá-la ou neutralizar o cianureto. A composição básica da água não se modificou. Do mesmo modo, embora estados mentais aflitivos possam ofuscar a natureza fundamental da mente, sempre é possível reconhecer a pura consciência desperta por trás da cortina de pensamentos ilusórios. O budismo afirma que, no nível de sua natureza fundamental, não podemos confundir uma pessoa com o ódio do qual ela se tornou escrava.

Wolf: Mas quem produz o ódio e a raiva senão o próprio cérebro, que produz o *conjunto* de comportamentos que definem uma pessoa?

Matthieu: O ódio é provocado por construções mentais, reações em cadeia de pensamentos equivocados e ignorância. Um pensamento de irritação ou de ressentimento aparentemente inócuo irrompe dentro da mente, como uma pequena fagulha, dando origem a um segundo, depois a um terceiro pensamento, de modo que logo a mente se vê invadida pelas chamas da raiva.

WOLF: Isso não implica uma separação entre a pessoa, que é imaculada, e as emoções, nesse caso a raiva, que a escravizam? Mas de onde vem a raiva? Se ela é produzida pelo cérebro da pessoa, ela não é uma característica constitutiva dessa pessoa?

MATTHIEU: Pegar gripe faz parte da vida e da nossa fisiologia. Esse fenômeno se produz dentro do corpo e repercute intensamente em nós. Mas ele não faz parte intrinsecamente de nós. A gripe é um estado passageiro. Mesmo se considerarmos as coisas de um ponto de vista evolucionista, indivíduos e espécies são selecionados em função de traços específicos que favorecem sua sobrevivência. Todas as doenças, bem como os defeitos genéticos e as configurações do cérebro que, por diversos motivos, fazem com que nos comportemos de maneira disfuncional, são anomalias que diminuem nossas chances de sobrevivência. Todo mundo concorda em que uma boa saúde é um estado ideal. Do mesmo modo, a natureza da mente é conhecimento puro ou consciência desperta fundamental. É o seu estado ideal. No entanto, ela pode estar cheia de uma infinidade de conteúdos variados, todos eles efêmeros e instáveis. O potencial para a mudança sempre existe.

WOLF: Se uma pessoa está sujeita a acessos de raiva que, tratados pela terapia, acabam desaparecendo, você diria que sua personalidade mudou?

MATTHIEU: É evidente que os traços de personalidade dessa pessoa mudaram, mas não a natureza fundamental de sua consciência de base. Tudo depende, portanto, do que se entende por personalidade. Não se deve pôr no mesmo nível os estados temporários da mente ou do cérebro, que às vezes desencadeiam uma raiva incontrolável, com o conjunto do fluxo mental da pessoa. Vamos repetir: ninguém é intrinsecamente mau, porque as elaborações mentais são efêmeras. Podemos poluir um rio, mas também é possível purificá-lo. Mudar os conteúdos do fluxo mental é uma abordagem que certamente exige tempo, mas não nos esqueçamos de que o potencial de mudança está sempre presente. Claro, é preciso fazer alguma coisa a respeito disso. Não basta estalar os dedos e dizer: "Que essa água seja purificada!", ou "Se esta água não ficar pura imediatamente, eu a jogo fora". Do mesmo modo, condenar alguém à pena capital é jogar fora a água da sua vida, sem lhe dar chance alguma de mudar. Se essa pessoa não tem outra opção senão ser o que é aqui e agora, por ser o resultado de muitos eventos do passado, ela pode, em compensação, escolher quem será no futuro e, portanto, tem a responsabilidade de começar um processo de transformação. No entanto, é preciso enfatizar que será difícil, até mesmo impossível, que alguém sofrendo de uma deficiência mental grave se comprometa com um processo desse.

WOLF: Você estaria de acordo, portanto, com a ideia de que um indivíduo agiu de determinada maneira porque seu cérebro não lhe permitiu agir de outro modo num momento específico.

MATTHIEU: Uma pessoa que não tem a experiência do treinamento da mente é, sem dúvida, incapaz de controlar a raiva quando esta explode. Quando ela toma consciência dessa tendência, a melhor coisa que pode fazer, para si mesma e para os outros, é treinar a mente.

WOLF: O que acontece, porém, se alguém simplesmente não tem a capacidade cognitiva necessária para se dar conta dessa situação aberrante, ou não tem a força para induzir essa mudança?

MATTHIEU: A mudança não acontece facilmente, nem de uma só vez. É um processo que traz mudanças graduais, com persistência e perseverança. Para que essa transformação ocorra, é indispensável que a pessoa dê mostras de certo entusiasmo. É importante ajudá-la a tomar consciência de que não é "fundamentalmente má", mas que, evidentemente, sua mente e seu comportamento apresentam aspectos negativos, e que ela se sentiria muito melhor caso aceitasse iniciar um processo de transformação.

A verdadeira reabilitação

WOLF: A punição deveria ser, então, um estímulo à mudança, um instrumento educativo, sem jamais satisfazer sentimentos de vingança?

MATTHIEU: Sim. A vingança constitui um erro fundamental. Ela tem origem na hostilidade ou, em sua forma extrema, no ódio. A vingança é o equivalente a se contaminar voluntariamente injetando em si a mesma doença da pessoa que chamamos de doente. Como afirmou Arianna Ballotta, presidente da Coalizão Italiana contra a Pena de Morte, "como sociedade, não podemos matar para mostrar que o homicídio é um erro". Se respondemos ao ódio com ódio, ele nunca terá fim.

WOLF: A punição é uma tentativa de restabelecer a justiça, de restaurar um equilíbrio e de evitar futuros delitos?

MATTHIEU: Punir um indivíduo não é a mesma coisa que se vingar, desde que a punição seja aplicada com um objetivo compassivo e educativo, semelhante à atitude dos pais em relação aos filhos.

WOLF: Ela é um instrumento de autoproteção?

MATTHIEU: Esse é outro aspecto do problema. Sem deixar de reeducar delinquentes, é preciso proteger a sociedade dos delitos deles, mas também protegê-los de sua própria doença. As prisões deveriam funcionar como centros de reabilitação, catalisadores de mudança. Infelizmente, na maioria das vezes elas são antros de violência e de comportamento antissocial que reforçam as tendências violentas dos detentos, alimentando uma verdadeira cultura de maus-tratos. O ambiente carcerário é, no máximo, um meio de isolar indivíduos perigosos, o que é uma solução preferível à vingança e aos castigos, mas ele falha totalmente em pôr em prática a possibilidade de mudança. Enquanto o indivíduo não puder ser curado, é justo impedir que ele prejudique os outros;

mas essa abordagem deveria ser realizada sem ódio nem sentimento de vingança. O exemplo das prisões escandinavas, em que a reabilitação dos agressores é prioridade, mostrou que, ao retornarem ao convívio social, o efeito de reincidência era muito mais baixo que nos países em que prevalece a cultura da punição dura.

Ouvi uma reportagem assustadora na BBC sobre adolescentes americanos que até pouco tempo atrás eram julgados como adultos em vários estados, o que é totalmente contrário às leis internacionais. Em Denver, no Colorado, existe um certo número de jovens nessa situação. Um adolescente de 16 anos que havia ajudado um amigo a ocultar um assassinato foi julgado como adulto por cumplicidade e condenado à pena de prisão perpétua irrecorrível. Embora a Corte Suprema tenha modificado a lei em maio de 2010, ela não tem efeito retroativo. Portanto, esse adolescente vai passar o resto da vida na prisão por ter ajudado a acobertar um crime cometido por outra pessoa. A obsessão com segurança é tamanha nos Estados Unidos que os promotores distritais decidem imediatamente que um adolescente será julgado como adulto sem que ele tenha a possibilidade de passar por um júri criminal. Desse modo, esse jovem de 16 anos foi condenado à prisão perpétua no espaço de alguns minutos. Ao ser entrevistado na reportagem da BBC, ele declarou: "Tudo aconteceu muito rápido. Eu estava lá, ele era meu amigo e eu não sabia o que fazer. Entramos em pânico. Eu o ajudei a esconder o que ele tinha feito e a gente fugiu".

WOLF: E pensar que juízes fizeram isso, quando todo mundo sabe que o cérebro continua a se desenvolver até os 20 anos de idade, talvez até os 25, e que adolescentes são particularmente vulneráveis a seus impulsos emocionais.

MATTHIEU: Esse tipo de punição é uma paródia trágica de justiça, o sinal de um fracasso total em admitir todas as possibilidades de mudança de uma pessoa, e em especial de jovens que não puderam desenvolver plenamente sua personalidade e seu controle emocional. Essa punição também impede que o culpado se engaje em alguma atividade que tentaria reparar o mal que fez, reparação essa que é uma das únicas maneiras de restaurar a harmonia social.

É óbvio que essa reação populista do promotor distrital não é inspirada num senso de justiça, e sim no desejo de satisfazer a sede visceral do público por uma punição rápida e espetacular. Na verdade, é uma vingança. Claro que isso não significa de maneira alguma ignorar o destino trágico da vítima e a dor da família, mas constatar que as decisões do juiz desconsideram inteiramente o que sabemos sobre o potencial de transformação dos seres humanos, comprovado pela neurociência e defendido pelo budismo.

Se queremos criar uma sociedade mais compassiva, devemos oferecer a todos – criminosos, vítimas e juízes – a possibilidade de mudar sua atitude, suas reações e o modo de tratar os outros. Seria uma maneira muito melhor de tornar as ruas seguras! Condenar um jovem de 16 anos à prisão perpétua não resolve nada. Não é o caso de negar a existência de criminosos reincidentes, dos quais é preciso proteger a população, mas é urgente reconhecer que existem pessoas que agiram sob a influência de pressões muito fortes e que se arrependeram imediata e profundamente de seu gesto.

WOLF: E elas nunca mais cometerão esse tipo de delito. Seu cérebro provavelmente não está muito distante da norma e, sem dúvida nenhuma, é receptivo a medidas de reeducação.

MATTHIEU: Sabemos que a pena capital não é um instrumento dissuasivo eficaz. Na Europa, sua abolição não foi acompanhada do aumento da criminalidade, e seu restabelecimento em alguns estados americanos não se traduziu em uma baixa maior no número de delitos. Basta comparar os índices de homicídio nos Estados Unidos, onde a pena de morte ainda está em vigor, com os da Europa, onde eles são muito menores. Seria mais sensato suprimir a venda indiscriminada de armas de fogo, que é uma aberração. Dado que o aprisionamento é suficiente para impedir que um assassino cometa outros crimes, a pena de morte nada mais é que uma vingança legalizada. A compaixão não é uma recompensa pelo bom comportamento, assim como sua ausência não é uma punição pelo comportamento desviante. A finalidade da compaixão é eliminar todas as formas de sofrimento, sejam elas quais forem. Podemos emitir julgamentos morais, mas a compaixão pertence a uma categoria completamente diferente. Compaixão pelas vítimas é socorrê-las de todas as maneiras possíveis. Compaixão pelo criminoso é ajudá-lo a se livrar do ódio e de outras disfunções mentais que o levaram a prejudicar os outros. Não se trata, de maneira nenhuma, de minimizar o impacto doloroso dos atos cometidos, mas de admitir a possibilidade de mudança, de reparação e de perdão.

Wolf: É justamente com essas conclusões que muitas vezes encerro minhas palestras sobre livre-arbítrio. Chegamos a essas conclusões quando abandonamos a crença ilusória em um livre-arbítrio absoluto, e elas são, para mim, humanitárias. Se supomos que um comportamento desviante pode ser explicado por um motivo neuronal, que a causa do desvio pode ser genética ou epigenética, somos obrigados a admitir que é preciso excluir dos procedimentos legais qualquer forma de vingança, revanche ou compensação.

Matthieu: Eu me pergunto, porém, se basta supor que um motivo neuronal explique um comportamento desviante para que surja a verdadeira compaixão. Podemos simplesmente nos limitar a adotar uma posição indiferente, "objetiva", que se traduziria na falta de um desejo de vingança, sem gerar, no entanto, benevolência ou compaixão.

Wolf: Discordo! Quando consideramos os delinquentes como pacientes, como vítimas de transtornos genéticos e epigenéticos, ou como pessoas que sofrem de outras doenças, fica muito mais fácil tratá-los com benevolência e compaixão.

Matthieu: Abordar o problema dessa maneira é o ideal, porque esse ponto de vista permitiria ao indivíduo superar suas reações instintivas quando se vê diante do comportamento de pessoas agressivas. Desse modo, ele age como médico, não como um vingador. Se um paciente que sofre de distúrbios mentais agride o médico que o examina, este não irá reagir, mas tentará encontrar o melhor tratamento para curá-lo da doença.

Desvios horríveis

WOLF: O reconhecimento de que todos os comportamentos, inclusive os julgamentos éticos, têm um substrato neuronal também poderia reforçar os sentimentos de humildade e gratidão das pessoas saudáveis, que são afortunadas por terem uma propensão ao equilíbrio e, portanto, não correm quase nenhum risco de adotar um comportamento desviante. Não nos esqueçamos, porém, de que até cérebros aparentemente saudáveis podem ser radicalmente reprogramados. Penso nos inúmeros pais de família alemães, pessoas pacíficas, que se transformaram em guardas insensíveis e assassinos frios nos campos de concentração nazistas. Bastaram apenas alguns anos de campanha ideológica, propaganda e lavagem cerebral para conseguir essa transformação. O exemplo demonstra o perigo da plasticidade do cérebro humano. Esses crimes monstruosos e inimagináveis merecem ser punidos severamente. E devo admitir que para mim é difícil, se não impossível, considerar esses assassinos como pacientes dotados de cérebros anormais.

MATTHIEU: Você é uma pessoa boa, compassiva, que fica indignada diante da barbárie e da injustiça. Assim, reage como um ser humano, e compreende que se ater a uma rígida explicação neurobiológica do comportamento e das relações humanas não basta para explicar tudo. Aqueles nazistas eram seres humanos normais, dotados de cérebros normais; mas estavam mergulhados num profundo ódio ideológico, e eram estimulados a trabalhar com toda a objetividade, friamente e sem a menor compaixão, para promover a dominação ariana. Suas mentes estavam saturadas de uma propaganda baseada numa ideologia "bio-eugênica", que os autorizava a manter o sentimento de que estavam agindo certo quando assassinavam suas vítimas. Não lhes faltavam conhecimentos biológicos, faltava-lhes compaixão! Entretanto, eles não merecem o ódio como resposta, mas a compaixão. Não se trata aqui de um sentimento de fraqueza e permissividade, mas de uma abordagem corajosa e determinada a combater as causas do sofrimento, sejam elas quais forem. Permanecer mergulhado num erro profundo é sinal de ignorância básica, de extrema distorção da realidade, de falta de bondade e de compreensão da lei de causa e efeito.

Considerar o ódio como aceitável ou mesmo chegar ao ponto de promovê-lo como virtude é o arquétipo da cegueira mental. Isso não significa necessariamente que esses indivíduos tinham uma anomalia no cérebro, mas que eles aprenderam – e alguns, bem rápido – a aceitar a aberração como norma e a ficar indiferentes à crueldade mais terrível. Inúmeros fatores podem levar a esses extremos: explorar temores do povo e transformá-los em ódio, recorrendo a uma propaganda bem orquestrada; apostar na tendência das pessoas de moldar seu comportamento de acordo com o da maioria dominante, mesmo se esse comportamento se torna desumano; amortecer seus próprios sentimentos de empatia; demonizar o outro, o que permite eliminar qualquer preocupação e respeito com o bem-estar alheio; ou ainda tratar os outros como animais, isto é, não atribuindo valor algum à vida deles. (É seguindo um processo semelhante que os próprios animais são tratados como objetos de consumo desprovidos de valor intrínseco – e massacrados, centenas de milhares deles, todo ano.)

Wolf: Os nazistas eram pessoas normais antes de serem doutrinados. Oponho-me fortemente à interpretação segundo a qual eles simplesmente passaram a um estado anormal, porque, nesse caso, entram em jogo circunstâncias atenuantes, como expliquei anteriormente. Dou a impressão de me contradizer ao não conceder a esses monstros a mesma empatia que sinto por outros criminosos. Por quê? Talvez justamente porque eram pessoas que pareciam bem normais até o momento em que a ideologia e a propaganda lhes forneceram as motivações e as justificativas necessárias para cometer as atrocidades a que eles se entregaram. Porque tinham demonstrado, antes da implantação dessa ideologia, que eram capazes de levar uma vida decente e responsável. Ou será que eles tinham sido sempre anormais, conseguindo dissimular sua verdadeira natureza até que as condições externas lhes permitiram colocá-la em ação? Ou, então, será que o que consideramos normalidade é um equilíbrio, mantido a duras penas, entre o potencial de mal que reside em nós e as forças coercitivas das exigências morais que nos são impostas? Se nosso modo de ser "por *default*"*, isto é, o modo de ser habitual dos seres humanos, esconde um potencial tanto de bem como de mal, não é de esperar que o mal venha à tona assim que se instauram condições sociais que o recompensam e que depreciam o bem?

A tentativa de enfrentar essa catástrofe humana de nossa história recente também esclareceu de maneira diferente as motivações que estão na origem da punição. A grande maioria dos nazistas implicados direta ou indiretamente na execução dessas atrocidades conseguiu escapar e levar vida normal. Se eles tivessem sido submetidos a uma avaliação médico-legal, sem dúvida teriam conseguido se fazer passar por pessoas que não podem mais causar mal. Eles certamente não passaram por programas de reeducação, e, no entanto, é inacreditável que não tenham sido perseguidos e punidos pelos atos que cometeram. Nesse caso, o termo vingança não se aplica, já que todas as formas imagináveis de punição seriam imediatamente ofuscadas pela monstruosidade de seus crimes. Só podemos exigir o arrependimento e o remorso. Gostaria de concluir dizendo que a compreensão dos processos que resultam num comportamento criminoso não é motivo suficiente para tolerá-lo.

---

*A rede do modo por *default*, também conhecida como rede cerebral do modo por *default*, designa nossa maneira de ser natural, habitual, quando não intervimos especificamente para modificá-la e não nos envolvemos numa atividade específica. (Comunicação de Matthieu Ricard.)

Matthieu: Exatamente. Não se trata mais de fornecer uma explicação objetiva, mas de se comprometer diante de uma vida humana. Devemos também compreender que, mesmo que pensemos que o modo de ser habitual dos seres humanos é a bondade, os indivíduos podem facilmente descambar para uma animosidade que corre o risco de se fortalecer com rapidez. É como uma caminhada numa trilha de montanha. Enquanto caminhamos atentamente, tudo vai bem. Se, porém, damos um passo em falso e tropeçamos na beira do caminho, corremos o risco de despencar encosta abaixo, antes mesmo de entender o que está acontecendo.

Nunca deveríamos demonstrar complacência diante de um crime, nem concluir que o criminoso é fundamentalmente mau e o será para sempre. É preciso compreender também que o comportamento de uma pessoa é o resultado de inúmeras causas e condições interdependentes e complexas.

Wolf: Um ponto de vista tão nuançado não incorre no risco de apresentar o criminoso como vítima dessas condições interdependentes? Você está dizendo que deveríamos perdoá-lo?

Romper o ciclo do ódio

Matthieu: Perdoar não significa que atos nocivos não estejam errados nem que a pessoa não tenha de enfrentar suas consequências. O perdão não é uma absolvição. Perdoar é romper o ciclo do ódio. De nada vale se deixar levar, por sua vez, pelo mesmo sentimento de ódio que se deseja punir. Segundo o budismo, não se trata de escapar das consequências dos próprios atos. A noção de carma é a aplicação das leis gerais de causa e efeito às motivações e às ações cometidas por cada um de nós. Todo ato tem consequências, no curto e no longo prazos. Perdoar alguém e renunciar à retaliação não impede que o culpado enfrente as consequências do que fez.

WOLF: Mas como podemos nos proteger desses reflexos emocionais herdados geneticamente? Vingança e retaliação são emoções humanas profundamente enraizadas que desempenharam, em sociedades tradicionais, um papel importante na estabilização da solidariedade entre os membros do grupo. Se alguém violentasse e matasse minha filha, tenho certeza de que eu teria uma enorme dificuldade para controlar minha explosão emocional e meus desejos de vingança e de punição. Essas emoções geram ódio e o desejo de exercer represálias, e, por serem tão básicas no ser humano, é difícil reprimi-las através do controle cognitivo e da educação. A questão essencial que se coloca é saber se práticas de treinamento mental conseguem atingir essas camadas profundas e mudar nossas predisposições emocionais de tal modo que o desejo de vingança não mais se manifeste. Em caso positivo, o treinamento da mente se mostraria muito mais eficaz que nossos métodos de educação clássicos. Na verdade, esses métodos educativos parecem depender mais da cunhagem na mente, de regras de comportamento e do fortalecimento dos mecanismos de controle cognitivo exigidos para inibir os reflexos emocionais, do que da modificação profunda das próprias bases emocionais.

MATTHIEU: Depois do atentado de Oklahoma City, em 1995, que custou a vida de centenas de pessoas, perguntaram ao pai de uma criança de 3 anos que tinha sido morta no ataque se ele desejava que o assassino, Timothy McVeigh, fosse executado. Ele respondeu simplesmente: "Um morto a mais não vai aliviar minha dor". Uma atitude como essa não tem nada a ver com fraqueza, covardia ou qualquer forma de concessão. É possível ser extremamente sensível a situações intoleráveis e à necessidade de repará-las, sem por isso ser tomado pelo ódio. É preciso empregar todos os meios necessários para neutralizar um criminoso perigoso, sem perder de vista que ele é vítima de suas pulsões.

Contrariamente à atitude do pai dessa menina, a rádio americana VOA News descreveu os sentimentos da multidão alguns minutos antes da condenação de Timothy McVeigh: "As pessoas estavam do lado de fora do prédio em silêncio. Quando o veredito foi anunciado, elas aplaudiram e começaram a gritar de alegria. Uma delas declarou: 'Esperei um ano inteiro por este momento!'" Nos Estados Unidos, os membros da família da vítima têm o direito de assistir à execução do assassino. Eles costumam dizer que ver o assassino morrer os reconforta. Alguns chegam a dizer que a morte do condenado não basta, que gostariam de vê-lo sofrer tanto quanto ele fez sofrer a vítima. Estudos realizados sobre o perdão, e que tratam de casos semelhantes, mostraram que os familiares das vítimas não reencontram jamais a paz de espírito se alimentam um ressentimento duradouro contra o assassino, se são incapazes de perdoá-lo e se procuram se vingar. O sofrimento da vítima não pode ser compensado pelo sofrimento do assassino. Ao contrário, esses estudos mostraram que o perdão, no sentido de deixar de alimentar o ódio em relação ao criminoso, tem um efeito restaurador extremamente poderoso, que ajuda a trazer uma certa sensação de paz interior.[5]

Durante a Segunda Guerra Mundial, Eric Lomax, oficial do Exército britânico, foi capturado pelos japoneses no momento da tomada de Cingapura. Prisioneiro de guerra durante três anos, ele participou da construção da ponte ferroviária sobre o rio Kwai, na Tailândia.[6] Quando os guardas descobriram que Lomax tinha desenhado um mapa detalhado da estrada de ferro que os prisioneiros estavam sendo obrigados a construir, ele foi submetido a intensos interrogatórios e torturas, que incluíram simulação de afogamento. Depois da libertação, a angústia de Lomax, seu ódio dos japoneses e o desejo de vingança permaneceram intactos durante quase cinquenta anos.

Depois de ter feito psicoterapia num centro que tratava de vítimas de tortura, ele realizou pesquisas sobre seus torturadores. Descobriu que um intérprete envolvido nos interrogatórios, Nagase Takashi, que Lomax odiava particularmente, tinha passado a vida desde então reparando os atos que cometera durante a guerra por meio do combate ao militarismo e do engajamento em ações humanitárias. A princípio Lomax mostrou-se cético, até o dia em que encontrou outro artigo e um livrinho no qual Takashi explicava como dedicara a maior parte da vida a redimir os maus-tratos que o Exército japonês tinha aplicado aos prisioneiros de guerra. Na obra, ele descrevia as horríveis sessões de tortura infligidas a Lomax e o asco profundo que sentia de si mesmo por ter assistido àquelas sessões. Também contava seus pesadelos horríveis, *flashbacks* e o trauma doloroso, um sofrimento parecido ao que acompanhara Lomax durante décadas.

A mulher de Lomax escreveu, então, uma carta a Takashi, na qual manifestava o desejo de que os dois homens se reencontrassem para que pudessem cicatrizar suas feridas. O japonês respondeu de imediato, dizendo que gostaria muito de ver Lomax. Um ano depois, Lomax e a mulher tomaram um avião para a Tailândia a fim de se encontrarem com Takashi e sua esposa. Nos primeiros instantes do encontro, Takashi, com o rosto banhado em lágrimas, não parava de repetir: "Eu me arrependo tanto!" De repente, e de maneira totalmente inesperada, Lomax se pôs a consolar seu antigo torturador, cuja dor parecia ainda mais intensa que a sua. Os dois homens acabaram rindo; eles se lembraram das recordações comuns e, durante os poucos dias que passaram juntos, em momento algum Lomax sentiu um pingo que fosse da raiva que por tanto tempo alimentara contra Takashi.

Um ano depois, a convite de Takashi, Lomax e a mulher foram ao Japão. Ele pediu para se encontrar a sós com Takashi e lhe assegurou que o perdoava totalmente. Lomax escreveu: "Senti ter realizado mais do que jamais teria sonhado. O reencontro com Takashi permitiu que ele se transformasse de um inimigo odiado, com o qual qualquer amizade teria sido impensável, num irmão de sangue".[7]

Diante de situações tão dramáticas, existem bons motivos para pensar que o treinamento da mente pode mudar nossa concepção do mundo e nossas reações pessoais. O único inimigo verdadeiro é o próprio ódio, não a pessoa que cede a ele.

Existe um ego responsável?

WOLF: Você pressupõe um ego imaculado, que saberia o que deve fazer, que teria objetivos justos e não estaria contaminado por pulsões e tendências emocionais herdadas da evolução biológica e das marcas culturais. Se nos contentássemos em deixar esse ego agir sozinho, ele só tenderia ao bem. Infelizmente, porém, ele não pode fazer o que gostaria, porque está impedido por forças nocivas, as emoções negativas de raiva, ódio, inveja e ganância, o impulso para a posse, para a dominação, e assim por diante. Ao defender essa posição, você separa o ego do conjunto da pessoa. Isso me parece problemático, já que o ego consciente e as disposições comportamentais emergem, ambos, do mesmo cérebro. Considere, por exemplo, a prática da vingança que lava a honra e restabelece o orgulho da família com sangue. Essa prática parece mais uma norma cultural do que traços geneticamente adquiridos.

MATTHIEU: Como você sabe, segundo o budismo o ego nada mais é que uma construção mental. Não existe absolutamente nada que seja uma entidade independente, autônoma e singular que poderíamos designar formalmente como "ego". Portanto, não é o ego que é imaculado, é a natureza fundamental da nossa consciência, nossa capacidade primordial de conhecimento, que não é modificada por seus conteúdos. Se soubermos nos ligar a essa atenção pura e nua, então obteremos os meios para administrar nossas emoções conflituosas.

WOLF: Será que treinar essa pura presença desperta é mesmo suficiente para eliminar todos os traços de personalidade profundamente enraizados em nós que você associa à imperfeição?

MATTHIEU: Nós treinamos para nos tornarmos cada vez mais conscientes dos conteúdos da nossa mente, de modo que possamos descansar dentro dessa presença desperta e continuamente reconhecê-la, sem nos deixar levar por nossas construções mentais e nossas emoções intensas, e sem procurar reprimi-las a qualquer preço.

WOLF: Penso que esse é um ponto extremamente importante, que resolve nossas divergências sobre a ideia de um ego autônomo.

MATTHIEU: É preciso passar pela experiência do estado de pura consciência e perceber essa presença desperta como um estado sempre presente, por trás da cortina dos nossos pensamentos. Conhecemos esses instantes quando cessa a tagarelice contínua que costuma manter nossa mente ocupada, por exemplo, quando estamos sentados tranquilamente no flanco de uma montanha ou exaustos depois de um esforço físico intenso. É então que experimentamos um estado mental de quietude em que conceitos e conflitos internos quase não se manifestam mais. Esse estado nos oferece uma antevisão do que pode ser a clara consciência desperta. Reconhecer seu componente fundamental nos estimula a acreditar que uma mudança verdadeira pode acontecer.

WOLF: Esse conceito da pureza de uma consciência distinta dos traços de personalidade da pessoa influencia os sistemas judiciários dos países em que o budismo predomina, como o Tibete, o Butão ou Mianmar?

MATTHIEU: Fiquei muito feliz em ouvir da boca do próprio presidente da Corte Suprema do Butão que a nova Constituição tentou incorporar, de maneira secular, certos princípios éticos próprios do budismo, com o objetivo de equilibrar os direitos dos indivíduos com seus deveres e responsabilidades.

Mianmar viveu várias décadas submetida a um regime militar e totalitário. Assim como na China, os dignitários budistas não foram indicados por seus pares ou pelos fiéis, mas pelo governo. Não surpreende, portanto, que o comportamento das autoridades budistas seja por vezes suspeito. Recentemente, um movimento de monges budistas liderados por Ashin Wirathu incitou aldeões de Mianmar a perpetrar massacres horríveis de minorias muçulmanas. Na verdade, não se pode mais falar "monges" para se referir a eles, pois no budismo matar alguém, recorrer ao assassinato ou, ainda, regozijar-se com a morte dos outros equivale a romper imediatamente seus votos monásticos. Ashin Issariya, um monge eminente que pertence ao movimento pacifista "Revolução do Açafrão", ergueu-se, em nome dos princípios budistas da não violência, contra os discursos de ódio de Wirathu, mobilizando boa parte da população do país, contrária à propaganda racista e aos massacres. No momento atual, depois das eleições de novembro de 2015 que levaram ao poder Aung Sang Suu Kyi, a imensa maioria dos monges de Mianmar desautorizou os discursos e os atos de violência discriminatórios de Wirathu.[8]

O dalai-lama afirmou inúmeras vezes: nada no budismo justifica o recurso à violência, seja qual for o objetivo pretendido. Na verdade, não existe nenhuma diferença entre o fato de matar em tempo de paz e matar em tempo de guerra. Um soldado é responsável pelas mortes que causou, um general é responsável pelos massacres realizados sob suas ordens. Um budista sincero só pode se recusar a participar de atos de guerra, assim como de qualquer outro ato de violência.

Quanto ao Tibete, como o dalai-lama costuma lembrar, as coisas estavam longe de serem perfeitas no passado. Algumas práticas e algumas punições eram bastante cruéis. Não obstante, elas permaneciam muito limitadas, comparadas aos massacres indiscriminados que ocorreram ao longo dos séculos em países vizinhos, como China e Mongólia. No Tibete subsiste um antigo costume do qual fui testemunha: quando surge uma disputa entre duas pessoas, famílias ou tribos, e o ressentimento aumenta, uma das partes costuma submeter o caso à arbitragem de um lama. O lama convoca as partes envolvidas e, depois de conversarem, faz com que elas prometam interromper o ciclo de represálias. Para selar esse juramento, ele põe uma estátua de ouro de Buda sobre a cabeça dos membros dos dois campos e pede que cada um prometa solenemente não prejudicar mais nenhuma pessoa. Vi pessoas que, momentos antes, estavam a ponto de matar umas às outras recuperarem a calma e compartilharem uma xícara de chá como se tivessem sido amigas a vida inteira. Fiquei impressionado com esse poder que, ao afastar o ódio da mente, permitiu tal transformação. Disso isso, não sei se os textos da lei oficial estão baseados no conceito de bondade original.

WOLF: Inúmeras culturas parecem ter adotado essa estratégia de mediação e reconciliação, que, portanto, não está ligada especificamente a práticas contemplativas.

MATTHIEU: Sobre o processo de justiça e punição, o dalai-lama tem ideias interessantes em relação a levar em conta o sofrimento que um julgamento pode causar. Uma vez ele perguntou a advogados e juízes da América do Sul: "Duas pessoas cometeram o mesmo crime e, de acordo com a lei, devem ter uma pena de quinze anos de prisão. Mas um dos indivíduos é pai de cinco crianças que já não têm mais a mãe; o outro não tem família. Se você punir o pai com quinze anos de cadeia, cinco crianças inocentes terão um enorme sofrimento. Vocês dariam a mesma sentença nos dois casos?" Os advogados responderam que era uma questão legal realmente difícil, mas os juízes normalmente tentam levar em consideração as consequências de sua decisão.

WOLF: O que implica que com o objetivo de reduzir o sofrimento em uma esfera mais ampla não é possível julgar e sentenciar alguém sem levar em conta o contexto.

MATTHIEU: O propósito da justiça é diminuir o sofrimento de modo geral, não é? Não apenas conseguir uma vingança jurídica. Se a justiça consiste em impedir que um criminoso faça o mal novamente com o objetivo de diminuir o sofrimento para todos, é preciso considerar o fato de possivelmente criar um sofrimento maior ao privar a liberdade de alguém. A ética e a justiça devem ser menos dogmáticas e mais inseridas em contextos humanos.

WOLF: Certo. Mas é difícil aplicar essa noção num sistema canônico baseado no conceito de livre-arbítrio que tenta medir a culpa individual e determinar o grau de punição de maneira condizente. Sua proposta requer uma legislação flexível que permita ao magistrado considerar as consequências da sentença não apenas para o réu, mas para a sociedade como um todo. Isso confere aos juízes muita liberdade e requer confiança em sua integridade e sabedoria – e pode, sem dúvida, ser deturpado. Mesmo que a tarefa de avaliar o contexto maior seja deixada para um júri de doze pessoas selecionadas ao acaso, o resultado pode ser apenas baseado nas emoções desses indivíduos.

MATTHIEU: É fato que, embora seja desejável, essa flexibilidade seria difícil de ser estabelecida pela dificuldade em ser formalizada.

WOLF: Concordo plenamente. A lei e os processos para proteger as normas contribuem para assegurar uma sociedade mais humana. Gosto da ideia da personalização, de julgamentos não separados do contexto, mas isso vem a um custo muito alto – requer a consideração de muitas variáveis e uma investigação aprofundada, e depois os juízes serão expostos a mais detalhes sujeitos a opiniões pessoais e haverá ainda mais forças que possam influenciar seu ponto de vista.

É possível comprovar o livre-arbítrio?

MATTHIEU: Retomemos o tema do livre-arbítrio por meio de um experimento mental paradoxal. Imagine que você faça algo que não tem nenhum sentido, uma coisa que não se justifique nem pelas necessidades biológicas nem pelas decisões normais cotidianas. Imagine que está sentado e com muita sede. Você sente vontade de se levantar para preparar uma xícara de chá, ir ao banheiro e dar uma descansada. No momento em que esses desejos surgem em sua mente, eles já estavam atuando no cérebro há algum tempo. Em vez de satisfazê-los, você pensa: "Só para provar que o livre-arbítrio existe, vou ficar aqui sentado, mesmo morrendo de sede, mesmo se urinar nas calças ou desmaiar". Todas as funções biológicas de seu corpo estão berrando para o cérebro: "Pare! Levante-se, tome um chá, vá ao banheiro e tire uma soneca". Além do fato de exercer seu livre-arbítrio, existe uma espécie de deliberação automática que ocorreria no cérebro e que poderia levá-lo a fazer algo radicalmente contrário a suas necessidades naturais? Podemos imaginar todo tipo de cenário inverossímil, como chafurdar nu no monte de adubo do jardim, ou comprar uma passagem aérea para o Cazaquistão, o Paraguai ou qualquer lugar ao qual eu não tenha motivo algum para ir no momento!

Wolf: Se você faz realmente esse gênero de coisas completamente malucas, isso significa que seu cérebro está mais preocupado em provar que ele é livre para decidir do que em aliviá-lo. Se sua decisão é se deitar num monte de esterco, seu cérebro deve estar programado de tal maneira que esse ato lhe parece mais gratificante que qualquer outro.

Matthieu: Por que o cérebro deveria estar programado dessa maneira, já que tudo nesse comportamento parece ser contraproducente para minha sobrevivência?

Wolf: Deve haver uma espécie de força impulsiva em ação. Não pode se tratar apenas de uma atividade neuronal; essa força só pode ser gerada pelo próprio cérebro.

Matthieu: Porque ter a sensação de controlar as coisas provoca uma impressão de recompensa?

Wolf: Sim.

Matthieu: Isso me parece um certo exagero. Por que você quer provar, custe o que custar, que se trata de uma força impulsiva de caráter neuronal?

Wolf: Uma pessoa que tem a necessidade de agir de maneira tão aberrante para provar a si mesma e aos outros que ela é autônoma e livre para decidir tem, aparentemente, um problema consigo mesma como agente ou com a instituição.

Matthieu: Não necessariamente. Em outras circunstâncias, eu não desejaria ter um comportamento aberrante. Nesse momento, meu único objetivo é tomar calmamente a decisão de convencer alguém de que o livre-arbítrio existe, porque essa questão filosófica me interessa bastante. Isso me lembra a história do professor Barry Marshall, Prêmio Nobel de Fisiologia e de Medicina, que provou que a bactéria *Helicobacter pylori* era a causa da maioria das úlceras, e não, como se pensava até então, o estresse, os alimentos condimentados ou o excesso de acidez. "Todos estavam contra mim, mas eu sabia que tinha razão", disse ele certo dia. Marshall acabou ingerindo um concentrado dessa bactéria, esperando desenvolver uma úlcera nos anos seguintes. Para sua grande surpresa, porém, ele desenvolveu uma gastrite aguda alguns dias depois. Ele estava decidido e plenamente consciente de seu gesto aparentemente insensato, o qual ele cometeu não porque fosse louco, mas porque, a seu ver, o resultado tinha importância capital para o bem da humanidade.

Mesmo quando a afirmação do seu livre-arbítrio não salvar a vida de milhões de pessoas, penso que vale a pena adotar um comportamento anticonformista para demonstrar a legitimidade dessa decisão. Estou sentado aqui, num estado que, espero, é relativamente claro, e, se você decretar que isso é uma prova válida de livre-arbítrio, decido que é importante permanecer assim durante cinco horas nesta cadeira.

WOLF: Mas, se você se levantar para ir rolar completamente nu na grama, é porque deve ter um problema latente a resolver, uma exigência interna que precisa ser resolvida.

MATTHIEU: Talvez não, se esse comportamento aparentemente maluco permitir solucionar esse problema filosófico que, a meu ver, é mais importante que ter um ar de idiota que rola completamente nu na grama. Eu não rolo na grama porque não consigo deixar de fazê-lo, num acesso incontrolável de loucura, mas com uma mente clara e calma, pois, a meu ver, o que está em jogo é uma questão importante.

WOLF: Suponhamos que você vá rolar na grama. Isso bastaria para provar a existência do livre-arbítrio?

MATTHIEU: É o que eu lhe pergunto.

WOLF: O que deu origem a essa decisão? O que aconteceu em seu cérebro antes que esse projeto amadurecesse e você chegasse a uma decisão? Você concorda em que o planejamento e a decisão tiveram lugar em seu cérebro. Segundo você, trata-se do desejo de provar a você, ou a mim, que você exerce seu livre-arbítrio. Isso significa que você tem uma motivação concreta, e que essa motivação teve origem em nossa conversa, de uma contradição entre os meus argumentos e os seus sentimentos, um conflito que você quer resolver me demonstrando que pode decidir bruscamente fazer alguma coisa completamente inesperada e, *a priori*, inútil. E, no entanto, é possível rastrear perfeitamente os antecedentes da sua decisão que lhe parece livre. Houve argumentos que questionaram a existência do livre-arbítrio, esses pontos de vista entraram em conflito com sua intuição e, portanto, você imaginou uma maneira de resolver essa divergência.

MATTHIEU: Ainda assim, e repito o que eu disse, você afirma apenas que a natureza obedece às leis da causalidade. O problema principal diz respeito aos fatores envolvidos na tomada de decisão. Podemos imaginar uma causalidade descendente que seria proveniente da consciência? Voltamos sempre à mesma questão: não podemos descartar de maneira categórica a hipótese de que a consciência seja outra coisa que não a consequência indireta da atividade cerebral.

WOLF: Abordaremos esse ponto de forma mais detalhada. Voltemos, porém, ao nosso debate: penso que é importante fazer uma distinção entre criatividade e livre-arbítrio. Você demonstra criatividade ao imaginar um cenário que permitiria resolver o problema do livre-arbítrio. No entanto, a decisão de agir ou de permanecer sentado seria o resultado do estado do seu cérebro naquele momento, sendo que ele próprio dependia de uma infinidade de variáveis, algumas das quais teriam aflorado à sua consciência, enquanto outras teriam permanecido inconscientes. Segundo você, o que teria acontecido em seu cérebro se você tivesse decidido rolar nu na grama?

MATTHIEU: Seria um comportamento extravagante se eu obedecesse a ele sem um motivo válido. Se alguém lhe dissesse: "Role nu na grama e eu pouparei a vida do seu filho", você o faria, e ninguém consideraria isso um gesto de loucura. Para mim, vale a pena passar por louco para esclarecer a questão do livre-arbítrio, se a experiência desse comportamento exagerado se mostrar conclusiva.

WOLF: Vamos restringir esse problema a seus mecanismos neurológicos. Um padrão de atividade neuronal estava necessariamente na origem dessa decisão, do contrário nada teria acontecido. Portanto, alguma coisa que é o substrato dessa estranha decisão induziu esse padrão. O que aconteceu em sua mente nesse momento? O que, segundo você, foi o elemento estimulante, causador, aquilo que pôs as coisas em movimento, o *res movens*?

MATTHIEU: Intuitivamente, um elemento de consciência me impele a levar o argumento até o fim: meu respeito pela razão e pela sabedoria faz com que seja importante para mim esclarecer a questão do livre-arbítrio.

WOLF: Essa intuição está na origem da questão fascinante da causalidade mental, isto é, a questão de saber se simples pensamentos ou *insights* que vêm à consciência podem, em si mesmos, influenciar futuros processos neuronais. Essa questão está intimamente ligada às teorias sobre a natureza da consciência, um tema realmente muito amplo que deveria ser objeto de uma discussão específica, de preferência depois de uma boa noite de sono e um café bem forte, porque ela nos leva aos limites entre o que sabemos e o que podemos imaginar.

Os arquitetos do futuro

MATTHIEU: Nos planos filosófico e lógico, a questão do livre-arbítrio está associada ao problema mais amplo do determinismo. A menos que nos situemos no nível da física quântica, parece evidente que os eventos ocorrem em função das diferentes causas que os antecederam. No nível grosseiro do nosso mundo, se as coisas ocorressem sem causa, tudo poderia provir de tudo: flores surgiriam em pleno céu e a escuridão nasceria da luz. Na falta de processos de causalidade, nossos comportamentos seriam aleatórios e caóticos, já que não haveria nenhum elo causal entre as nossas intenções e as nossas ações. Certamente não poderíamos ser responsabilizados por nossos comportamentos equivocados ou desviantes. Seria inútil treinar a mente e procurar nos tornarmos pessoas melhores, uma vez que as coisas seriam apenas fruto do acaso. Na verdade, essa hipótese é completamente absurda.

No outro extremo do espectro, pensadores que defendem a ideia de um determinismo absoluto afirmam que, se tivéssemos condições de conhecer perfeitamente a totalidade do estado do universo a cada instante, poderíamos saber com exatidão o que aconteceu e prever, com a mesma precisão, o que acontecerá no instante seguinte. Os seres sensíveis funcionariam como máquinas, e não teríamos a possibilidade de decidir a respeito dos nossos atos. Do nascimento à morte, nossa vida seria completamente predeterminada pelos estados do universo. Se existisse um determinismo tão absoluto assim, qualquer tentativa de transformação pessoal seria igualmente inútil e ilusória. Seríamos meros robôs dotados da ilusão de pensar e decidir, enquanto, na verdade, nunca teríamos tido qualquer escolha.

Pierre Laplace, por exemplo, estava convencido de que, se uma inteligência pudesse saber todas as causas, condições e forças em funcionamento num momento particular do universo e tivesse, além disso, a capacidade de analisar todas essas informações, "nada seria incerto; o futuro e o passado estariam igualmente presentes aos olhos dela". Para os físicos modernos, porém, é impossível defender essa teoria. Como me disse o astrofísico Trinh Xuan Thuan, meu amigo, "na verdade, segundo o princípio da incerteza, uma vez que toda medida implica uma troca de energia, o tempo que essa medida leva não pode ser nulo. Quanto mais curto esse tempo, mais aumenta a energia necessária para essa medida. Uma medida instantânea exigiria uma energia infinita, o que é inviável. O sonho de conhecer com precisão todas essas condições é, portanto, irrealizável".[9]

Além disso, o determinismo absoluto só seria possível se houvesse um número finito de fatores envolvidos no estado do universo. Mas, se existe um número ilimitado de fatores, entre os quais a consciência e outros fatores que resultam da probabilidade, e se todos esses elementos interagem dentro de um sistema aberto, esse sistema escapa completamente do determinismo absoluto.

A interdependência, conceito central do budismo, designa uma coprodução na qual fenômenos efêmeros se condicionam mutuamente no contexto de uma rede infinita de causalidade dinâmica, rede que pode ser inovadora sem ser arbitrária, e que transcende os extremos do acaso e do determinismo. Parece, portanto, que o livre-arbítrio pode existir no interior dessa rede ilimitada de causas e condições, que incluem a própria consciência. Isso me lembra o argumento lógico de Karl Popper segundo o qual não podemos prever nossas próprias ações, já que a previsão se torna, ela própria, uma das causas determinantes que influenciam a ação. Se eu prevejo que vou bater numa árvore dentro de dez minutos num lugar determinado, essa possibilidade me permite evitar o lugar da colisão e, em razão disso, a previsão se mostrará falsa.

WOLF: Quanto ao essencial, estou plenamente de acordo com você, mas gostaria de apresentar outro motivo pelo qual o futuro é imprevisível, motivo esse que é compatível com o determinismo e com a ideia de que, mesmo se conhecêssemos todas as condições iniciais e as leis que regem a dinâmica de um determinado sistema, seria impossível prever suas trajetórias futuras. No entanto, essas ideias que parecem contraditórias à primeira vista podem ser aplicadas no caso de sistemas complexos não lineares – e o cérebro, segundo toda a probabilidade, é um sistema extremamente não linear. Mesmo que dispuséssemos de uma descrição exaustiva do estado atual de um cérebro, mesmo que os processos que conduzem do estado atual ao estado seguinte obedecessem à lei da causalidade – isto é, resultassem do determinismo, o que, segundo nós, acontece –, e mesmo supondo que nenhum evento externo interferisse, continuaria sendo impossível prever em que estado o cérebro se encontraria alguns meses mais tarde.

Essa característica demonstrada dos sistemas complexos não lineares parece ser contraintuitiva, porque nossos sistemas cognitivos geralmente pressupõem a linearidade. Pressupor a linearidade é uma hipótese heurística bem adaptada, porque a maioria dos processos dinâmicos que enfrentamos na vida pode se parecer com modelos lineares que nos permitem inferir previsões úteis para modular nossas reações de maneira adequada. Pense na cinética de objetos que se movem no campo gravitacional da Terra, como o pêndulo, por exemplo. Uma vez posto em movimento, sua trajetória é previsível. O mesmo acontece com uma lança ou uma bala. Em compensação, se prendemos três pêndulos um no outro com elásticos, quando os pomos em movimento suas trajetórias se tornam completamente imprevisíveis, em razão das complexas interações entre eles e da elasticidade das tiras de borracha. Do mesmo modo, nossos sistemas financeiros, econômicos e sociais obedecem a dinâmicas não lineares em consequência de interações complexas entre os agentes que estão no interior dessas redes densamente interconectadas. Nesse caso, nossa abordagem heurística falha e dá lugar, às vezes, a mal-entendidos graves que provocam decisões catastróficas. O problema principal aqui é que não apenas é impossível prever trajetórias futuras (senão todo mundo ganharia na Bolsa), mas também, em princípio, controlar a trajetória futura do sistema modificando suas variáveis. As crises recentes do mercado financeiro fornecem bons exemplos disso.

MATTHIEU: Quando nos voltamos para fenômenos internos, ou eventos mentais, a impossibilidade de conhecer todas as condições iniciais, indispensáveis para prever os estados mentais, torna-se ainda mais evidente. Tome, por exemplo, o conhecimento do "momento presente": no momento mesmo em que você toma consciência desse instante presente, não se trata mais do presente.

De acordo com o ponto de vista budista, nossos pensamentos e atos são condicionados pelo estado de ignorância em que nos encontramos atualmente, e pelas tendências habituais que acumulamos no passado. Mas a sabedoria e o conhecimento podem pôr fim a essa ignorância, enquanto o treinamento da mente permite desgastar as tendências atávicas. Em suma, só um ser que alcançou perfeita liberdade interior e o pleno Despertar pode realmente usufruir do livre-arbítrio. Dizem que foi assim que Buda se libertou das influências cármicas passadas. Como ele esgotou a maturação dos atos negativos anteriores, todos os seus atos são a expressão pura de sua sabedoria interior e de sua compaixão. Um buda é plenamente consciente dos aspectos mais ínfimos das causas e dos efeitos. Existe uma célebre frase do Guru Padmasambhava[*] que diz: "A visão pode ser tão elevada como o céu, mas nossa compreensão da lei de causalidade deve ser tão delicada como a mais pura farinha". Quanto mais nossa compreensão do vazio é profunda, mais nossa compreensão das leis de causa e efeito se torna transparente.

A libertação dos condicionamentos poderia ser a essência mesma do livre-arbítrio. Uma pessoa desperta age com sagacidade, segundo as motivações e necessidades de cada um, e não é influenciada pelas tendências do passado. Parece que antes mesmo de alcançar o objetivo último do Despertar – quando o meditador é capaz de permanecer durante alguns instantes no frescor do momento presente, um estado de pura consciência desperta sobre o qual as ruminações do passado e as previsões do futuro não mais atuam –, um estado como esse deveria ser propício à expressão do livre-arbítrio.

As pessoas que ainda estão sob o jugo da ilusão agem em função da força de tendências habituais passadas. Segundo a concepção budista, indivíduos que têm a tendência de matar ou odiar os outros elaboraram essa orientação não apenas a partir da primeira infância de sua vida atual, mas também por ocasião de existências anteriores. Contudo, mesmo sendo o produto do passado, somos, ainda assim, os arquitetos do nosso futuro.

WOLF: Tendo chegado a este nível de raciocínio, entramos, evidentemente, no domínio da crença e da metafísica. Como essas dimensões ultrapassam o contexto da ciência, a neurologia não pode nem defender nem desmentir nenhuma dessas afirmações.

---

[*] Erudito e filósofo, o Guru Padmasambhava (séculos VII-VIII) foi o mais importante mestre espiritual do Tibete, tendo sido o introdutor do budismo em solo tibetano. (N. da Edição Francesa.)

6

A natureza da consciência

A consciência é, basicamente, um fenômeno da experiência. Mas de onde ela vem? A consciência se limita à atividade cerebral ou devemos considerá-la como um "fato primeiro" que só é possível compreender por meio da experiência direta, a qual precede qualquer outra experiência e conhecimento? Em que a abordagem na "primeira pessoa" dos contemplativos e dos adeptos da fenomenologia se diferencia da concepção segundo a qual a consciência é um fenômeno resultante de interações neuronais? É possível prever uma visão intermediária que leve em conta um cérebro no interior de um corpo que, ele mesmo, esteja no interior de uma sociedade e de uma cultura? O que pensar dos fenômenos parapsicológicos?

Algo em vez de nada

Matthieu: O budismo considera que a consciência é um fenômeno primordial. Quando examinamos o mundo material, à medida que apuramos a análise dele, chegamos aos átomos, às partículas elementares, aos *quarks*, às supercordas e, finalmente, ao vazio quântico, em outras palavras, ao aspecto mais fundamental da matéria. Leibniz perguntava: "Por que existe algo em vez de nada?" Exceto se recorrermos à ideia de um Criador, não podemos responder realmente a essa pergunta. Podemos reconhecer apenas a presença dos fenômenos. Devemos considerar, então, que a matéria, ou o mundo inanimado, é um fenômeno primordial. A partir daí, a física clássica e a física quântica nos permitem descrever esses fenômenos, tentar compreender a natureza de seus elementos constitutivos mais fundamentais e estudar o modo pelo qual eles criam o mundo visível. Mas não podemos responder à pergunta de Leibniz. Acontece, simplesmente, que existe algo em vez de nada. Podemos aprofundar a análise da natureza desse mundo fenomenal. Será que ele possui uma existência intrínseca, como sustentam os defensores das escolas do realismo filosófico, ou então ele se manifesta desprovido de qualquer existência sólida e intrínseca, como afirmam a filosofia budista e a física quântica?

Podemos aplicar a mesma análise na natureza da consciência. É preciso, no entanto, realizar esse exame com coerência e prosseguir a investigação até atingir seu aspecto mais fundamental. O que eu entendo por "coerência"? Existem dois métodos principais para compreender a consciência. Estudá-la a partir do exterior (abordagem na terceira pessoa) ou a partir do interior (abordagem na primeira pessoa). Ao empregar os termos "exterior" e "terceira pessoa", estou me referindo ao estudo dos correlatos cerebrais dos fenômenos conscientes, o sistema nervoso, bem como ao nosso comportamento tal como pode ser observado numa perspectiva na terceira pessoa, a qual não experimenta aquilo que eu vivo. Por "interior", designo a experiência em si mesma.

Podemos, é claro, oferecer uma descrição do modo pelo qual a consciência surge, a partir da complexidade crescente da vida, da elaboração de um sistema nervoso e de um cérebro extremamente desenvolvidos. Podemos fazer uma correlação entre pensamentos, emoções e outros eventos mentais com as diversas formas da atividade cerebral. Hoje sabemos, com precisão cada vez maior, como os diferentes processos cognitivos e emocionais estão relacionados a áreas específicas do cérebro. Trata-se, nesse caso, da análise na terceira pessoa. Também podemos pedir que alguém descreva de maneira extremamente detalhada o que sente, graças a uma série de perguntas cada vez mais precisas. É o que chamamos de "perspectiva na segunda pessoa", porque ela se realiza por intermédio de uma pessoa que ajuda o sujeito a descrever detalhadamente sua experiência.

É inegável que, sem a experiência subjetiva que apreendemos por meio da introspecção, não se poderia falar de consciência. Na verdade, não poderíamos nem falar do que quer que fosse. É completamente impossível descrever essa experiência subjetiva em sua totalidade e plenitude a partir da perspectiva na terceira pessoa. O que significa sentir o amor ou ter a experiência da cor vermelha? Podemos gastar mil páginas descrevendo o que acontece no cérebro de uma pessoa, no nível de seu funcionamento fisiológico e de seu comportamento exterior, sem ter a mínima ideia do que representam para ela o amor ou o vermelho, a menos que façamos nós mesmos uma experiência semelhante. Se você não experimentou o sabor do mel silvestre, nenhuma descrição lhe permitirá conhecer a doçura dele por você mesmo. Os textos budistas contam a história de dois cegos que queriam compreender o que são as cores. Explicaram a um deles que a neve era branca. Ele pegou um punhado de neve e concluiu que o branco era frio. Disseram ao outro cego que os cisnes eram brancos. Ele ouviu um cisne passando por cima da sua cabeça e deduziu que o branco era o som do barulho de asas no ar.

Repito, portanto, que "consciência" não significaria nada sem o suporte da experiência subjetiva. Se quisermos ser coerentes, devemos continuar examinando o que é a consciência a partir da perspectiva na primeira pessoa, sem passar constantemente de um ponto de vista interno a um ponto de vista externo, isto é, adotando ora a perspectiva na primeira pessoa, ora na terceira pessoa. Devemos seguir um eixo de investigação coerente até seu ponto final.

Ora, o que acontece quando aprofundamos a experiência da consciência? Do ponto de vista da perspectiva na primeira pessoa, jamais encontramos neurônios. Como você sabe, participei de experimentos sobre os efeitos da meditação nas funções cerebrais, e vi nos monitores com as imagens do cérebro como o fato de meditar sobre a compaixão ativa a ínsula anterior. No nível subjetivo, porém, não se trata, de maneira nenhuma, de localizações cerebrais – exceto quando tenho uma forte dor de cabeça, nem sinto que tenho cérebro.

WOLF: É verdade. Não temos nenhuma lembrança dos processos cerebrais em ação no nosso cérebro. Eles são transparentes. No caso da dor de cabeça, os sinais que indicam a dor têm origem nas meninges. O cérebro mesmo é insensível à dor.

MATTHIEU: Eu poderia afirmar igualmente que, quando estamos absortos em nossos pensamentos e nossas percepções, a experiência nua da consciência desperta, desprovida de elaborações mentais, também nos é "transparente", isto é, ela nos escapa por completo. E, no entanto, é ali, naquela transparência, que chego ao fim de uma análise cada vez mais fina e minuciosa da minha experiência subjetiva: uma pura consciência desperta, uma consciência fundamental, o aspecto mais essencial do conhecimento. Não é necessário que essa consciência fundamental tenha conteúdos particulares, como elaborações mentais, pensamentos discursivos ou emoções. Trata-se, simplesmente, de uma pura consciência, clara e límpida. Falamos também do aspecto "luminoso" da mente, porque esse estado particular de consciência me permite estar consciente simultaneamente do mundo exterior e do meu estado de consciência interior. Ele me permite lembrar acontecimentos passados, prever o futuro e ter consciência do momento presente.

Mas, quando chegamos ao estado de consciência mais apurado, um estado desprovido de qualquer conteúdo, se nos perguntamos de novo: "Por que existe algo em vez de nada?", uma vez mais só podemos responder: "Simplesmente está ali, e eu o reconheço". Estamos diante de um fato "primeiro". Do ponto de vista fenomenológico ou experimental, a pura consciência desperta precede todas as coisas, seja estar consciente, seja estar vivo ou pressupor uma teoria da consciência.

É indispensável seguir escrupulosamente uma linha de investigação até o fim; esse é um ponto essencial sobre o qual faço questão de insistir. Na física, quando examinamos os fenômenos segundo a perspectiva da mecânica quântica, a ideia de uma realidade sólida constituída de partículas independentes acaba perdendo qualquer sentido. No entanto, foi preciso seguir essa análise até o fim para chegar a essa conclusão. Seria incoerente passar constantemente da mecânica quântica à mecânica newtoniana conforme o ponto de vista que se defenda neste ou naquele momento da argumentação, com o pretexto de que queremos nos limitar a uma explicação realista do mundo fenomenal.

Gostaria de acrescentar uma observação sobre o fato de tratar a consciência como um fenômeno análogo a outro qualquer. De um ponto de vista subjetivo, os defensores da fenomenologia diriam que a consciência nada mais é que a própria aparência dos fenômenos – o reconhecimento geral da presença de um mundo exterior e a consciência particular da existência de uma infinidade de fenômenos variados. Segundo eles, a consciência não é um mero fenômeno entre outros que poderíamos estudar como um objeto, porque, o que quer que façamos e seja qual for o tema estudado, não podemos abstrair a consciência.

WOLF: Esse é realmente o principal problema da epistemologia. Parece que estamos diante de um fenômeno que impede qualquer interpretação coerente e definitiva. Porque, como você ressaltou, se abordarmos o problema da perspectiva na terceira pessoa e analisarmos a matéria, nunca encontraremos consciência. Também não a encontramos quando analisamos o cérebro. Constatamos padrões espaçotemporais da atividade neuronal e discernimos estados mentais específicos; se realizamos um exame mais apurado, descobrimos processos eletroquímicos que nos conduzem, afinal, a processos moleculares, mas em nenhum momento encontramos nada que se pareça com a experiência da consciência. O mesmo acontece com todas as outras manifestações do comportamento. Se seguimos o fluxo da atividade que acontece no cérebro, começando pelas áreas sensoriais situadas na superfície da parte principal e depois seguindo o percurso dessas vias sensoriais até as funções motoras do cérebro, não encontramos jamais traço algum da experiência resultante da atividade neuronal que observamos. Examinamos padrões de ativação que vimos se transformar em função dos estímulos sensoriais e das respostas motoras, mas em nenhum momento estivemos diante daquilo que o cérebro experimenta segundo a perspectiva na primeira pessoa.

MATTHIEU: De acordo, mas penso que você não pode realmente afirmar isso. A única coisa que você pode dizer é que nós, como *sujeitos na primeira pessoa*, temos a experiência de uma infinidade de coisas. Você não pode supor que o cérebro, considerado como um objeto de conhecimento, tem a capacidade de conhecer da mesma maneira que o faria um sujeito, sem misturar de maneira arbitrária as perspectivas na terceira e na primeira pessoas, perspectivas essas que se excluem mutuamente. A única coisa que você pode dizer é que *você* tem a experiência dos seres e do mundo. Você não faz ideia do modo como eu experimento subjetivamente as coisas, e certamente também não pode saber, ao examiná-lo, se um objeto como o cérebro é capaz de ter a experiência do que quer que seja.

WOLF: Somos capazes, no entanto, de estabelecer ligações entre fenômenos vividos de acordo com a perspectiva na primeira pessoa e processos observados de acordo com a perspectiva na terceira pessoa. Vamos pegar o exemplo da dor. Um sujeito sente dor, e uma pessoa (a perspectiva na terceira pessoa) o observa consumido por essa dor. Os dois podem chegar a um acordo sobre o que é a experiência da dor. É possível, portanto, fazer uma correlação entre as perspectivas na terceira e na primeira pessoas. Além disso, é possível avaliar a sensação de dor fazendo referência a escalas normativas que medem sua intensidade e suas características do ponto de vista subjetivo. Assim classificados, esses dados são, por sua vez, correlacionados diretamente à atividade de determinadas áreas cerebrais. Inversamente, lesões em determinados pontos do percurso das vias sensoriais ou uma perturbação do sinal de transmissão provocada por um medicamento podem pôr fim à sensação de dor. Considerando essas correlações entre as sensações subjetivas e os processos cerebrais que as originam, eu me pergunto se a distinção epistemológica entre as perspectivas na primeira e na terceira pessoas é um problema tão insuperável como pensamos. O fato de que cada indivíduo associa suas próprias conotações aos conteúdos da consciência, sejam eles sentimentos, sejam intenções ou crenças, é algo absolutamente comum, considerando que os contextos em que essas experiências se inserem e são concebidas diferem muito pouco. Dentro da escala de variabilidade genética, somos todos dotados de receptores bastante parecidos, que processam, por exemplo, a sensação de frio. Ora, cada um de nós aprendeu a associar a palavra "frio" a uma sensação específica que varia em função do contexto. Portanto, a rede de associações em que a palavra "frio" se insere varia de um indivíduo para outro, assim como a sensação que abrange esse termo.

Acontece o mesmo com todas as conotações da experiência consciente, incluindo conceitos abstratos como intencionalidade e responsabilidade, que têm uma conotação ainda mais pronunciada, já que dependem mais de convenções culturais do que de sensações como a ideia de frio. Todas essas experiências, sejam elas provocadas por um estímulo físico ou por uma interação social, são induzidas através de processos cerebrais. Se um grupo de pessoas chega à conclusão de que determinada experiência provoca os mesmos efeitos, elas geralmente inventam um termo para designá-la. A partir de então, essa experiência adquire o estatuto de realidade social, de objeto imaterial; ela se torna um conceito no qual diferentes sujeitos podem concentrar sua atenção comum.

Como você diz, se nos colocamos na perspectiva na primeira pessoa para apreender processos cerebrais, temos consciência de percepções, decisões, pensamentos, planos, intenções e ações que sentimos como nossas. Podemos até ter consciência de ter consciência e relatar essa experiência. Você também afirmou que os meditadores experientes podem desenvolver essa metaconsciência, isto é, que eles têm consciência de ter consciência, mesmo se não existe nenhum conteúdo específico. Futuramente, deveríamos tentar examinar de maneira mais precisa os processos neuronais que dão origem a esse estado particular. Por ora, quero simplesmente destacar que essas experiências na primeira pessoa não nos dizem absolutamente nada a respeito dos processos neuronais dos quais elas resultam. Não temos consciência dos neurônios, das descargas elétricas ou das descargas químicas dos neurotransmissores. É por esse motivo que durante muito tempo se pensou que a sede da mente consciente poderia se encontrar em diferentes lugares do corpo, até que as pesquisas científicas estabeleceram firmemente que ela se encontra no cérebro.

Matthieu: Alguns pensam que a mente se situa no coração.

Wolf: Sim, nas situações em que emoções intensas provocam uma aceleração cardíaca, ou quando se tem a impressão de estar com um peso no peito, sentimos as manifestações somáticas de um conflito mental. Mas o conflito e a percepção de suas manifestações corporais resultam de processos que ocorrem no cérebro.

Matthieu: Você concorda com o fato de que, ao se basear sempre numa abordagem na terceira pessoa, você não encontrará jamais a consciência. Se quiser encontrá-la, você deve abandonar a perspectiva na terceira pessoa e adotar a abordagem na primeira pessoa. Como você pode esperar provar que a consciência é redutível ao cérebro, quando aceita a ideia de que é impossível encontrá-la analisando a matéria, e que é preciso recorrer a sua própria experiência subjetiva para articular sua teoria? Você conclui, então, que a consciência é uma consequência, uma espécie de subproduto do cérebro, quando seu próprio processo de raciocínio se baseia em sua experiência na primeira pessoa. Ao raciocinar dessa maneira, você trata tacitamente sua própria experiência da consciência como uma realidade primeira.

WOLF: Tentei explicar que as neurociências procuram compreender os mecanismos que estão na origem das funções cognitivas indispensáveis ao surgimento da consciência, isto é, os mecanismos que se desenvolveram ao longo da evolução biológica e ficaram mais apurados por meio da modelagem epigenética. Como os animais são conscientes, têm a experiência da realidade e têm sensações que podem ser avaliadas, é com eles que é realizada a maioria das pesquisas válidas. As dificuldades aparecem quando procuramos explicar conotações específicas que os seres humanos associam à consciência e às experiências. Essas características que atribuímos aos outros e a nós mesmos resultam da evolução cultural e são conceitualizadas em nosso sistema de linguagem simbólica. Os seres humanos se inserem na dimensão das realidades sociais que eles criaram por meio de suas interações, da observação dos outros e do compartilhamento de suas observações e experiências subjetivas. Esses processos de comunicação lhes permitem compartilhar as descrições de suas experiências na primeira pessoa e estabelecer um consenso sobre a legitimidade dessas experiências atribuindo-lhes qualificações (nomes ou símbolos): é assim que eles asseguram que essas experiências sejam comuns a todos os seres humanos.

É assim que esses fenômenos imateriais, que são acessíveis apenas por meio da abordagem na primeira pessoa, adquirem aos poucos um estatuto de realidades sobre as quais podemos falar e que assimilamos ao nosso próprio modelo individual. Em consequência disso, inúmeras características que associamos a fenômenos apreendidos segundo a abordagem na primeira pessoa são, na verdade, características que atribuímos a nós, que são resultado da experiência coletiva e que se manifestam sob a forma de conceitos para os quais inventamos termos linguísticos. Esses fenômenos imateriais resultantes de interações culturais desafiam, portanto, as explicações neurobiológicas, explicações essas que são reservadas à análise do cérebro dos indivíduos. Existe, no entanto, uma ponte epistemológica entre a abordagem de fenômenos na primeira pessoa e a abordagem neurocientífica. Os fenômenos imateriais que concernem à abordagem na primeira pessoa, e as descrições que são feitas deles, devem seu estatuto de realidades às interações sociais entre os agentes que são dotados de funções cognitivas particulares próprias dos seres humanos, e que, portanto, *concernem* à análise neurocientífica.

O surgimento de características novas e a necessidade de construir pontes entre as diferentes descrições são, na verdade, uma prática corrente nas disciplinas científicas que tratam de sistemas complexos. Eis um exemplo típico no contexto da neurociência: o comportamento se explica por meio de interações complexas entre receptores sensoriais, redes neuronais e órgãos efetuadores, isto é, órgãos que reagem sob a ação de um comando de natureza nervosa ou hormonal. Para descrever e estudar um comportamento, utilizamos instrumentos e sistemas descritivos próprios das ciências comportamentais e da psicologia, quando podemos recorrer a descrições e métodos de análise completamente diferentes para estudar as bases neuronais dos fenômenos cerebrais. Todavia, é possível estabelecer correlações e, até mesmo, quando temos sorte, relações causais entre as concepções definidas por esses diferentes sistemas descritivos.

Caso se comprove – e estou convencido de que é assim – que as realidades culturais que definem as dimensões mentais ou espirituais da nossa existência resultam de interações sociais complexas entre seres humanos, então deve ser possível construir pontes semelhantes entre os sistemas descritivos que tratam de fenômenos mentais e os que explicitam os processos socioculturais. Inversamente, deveríamos poder relacionar esses processos socioculturais aos processos que ocorrem nas redes neuronais. Simplificando ao extremo, poderíamos dizer que as interações neuronais desencadeiam funções comportamentais e cognitivas, enquanto as interações entre agentes cognitivos – no caso, seres humanos – resultam em realidades sociais.

Retornemos brevemente a esse fenômeno curioso que faz com que sejamos incapazes de ter consciência de processos que ocorrem no cérebro e que estão na origem das faculdades cognitivas. Não nos damos conta, de maneira nenhuma, dos mecanismos neuronais que preparam nossas experiências, que interpretam nossos sinais sensoriais e submetem à consciência suas respectivas reconstruções. Resta, então, a pergunta: "Quem somos?" Nesse jogo, quem é o observador? É preciso salientar, de novo, que a introspecção e as evidências científicas respondem a essas questões de maneira radicalmente diferente, decerto porque só temos consciência dos resultados dos processos cerebrais, não dos próprios processos.

MATTHIEU: Podemos responder a essa argumentação dizendo que o pesquisador na área de neurociência não tem consciência do fato de que as ideias que ele tem do cérebro, da sua experiência com o cérebro, assim como da interpretação das suas observações, pressupõem consciência.

WOLF: Discutimos esse problema quando abordamos a questão do ego e nos defrontamos com a distância entre a intuição comum, que alega que ele deveria estar localizado numa área privilegiada do cérebro, e a comprovação neurocientífica de que tal localização não existe. Essas duas fontes de conhecimento, a introspecção e a ciência, apresentam respostas diferentes. Durante muito tempo, esses dois métodos pareceram tão distantes um do outro que a construção de conexões entre eles parecia algo inalcançável.

MATTHIEU: No entanto, se adotarmos a posição de Francisco Varela, deve existir uma ponte entre essas duas perspectivas. Ele dizia frequentemente que mesmo o conhecimento adquirido a partir da perspectiva na terceira pessoa provém, na verdade, do trabalho realizado por uma infinidade de experiências na primeira pessoa. É possível, por exemplo, a partir de uma abordagem na primeira pessoa, fazer descobertas (determinadas invariáveis e determinadas estruturas) que são compartilhadas por um conjunto de pessoas, como é o caso da matemática e das leis de física que regem os fenômenos.

WOLF: No momento atual, tudo que a neurobiologia pode fazer é preparar a lista de processos neuronais obrigatoriamente funcionais para sustentar nossa experiência subjetiva da consciência; isto é, por ora, a definição de consciência é apenas *operacional*. Contrapomos a consciência à inconsciência, isto é, aos estados comatosos ou ao sono profundo. Fazemos a lista de um conjunto de mecanismos que devem estar perfeitamente funcionais a fim de sustentar um estado cerebral capaz de exteriorizar a consciência. Sabemos que se injetarmos um produto anestesiante modificaremos esses estados cerebrais, alguns dos quais podem resultar na perda da consciência. Além disso, a consciência não é um fenômeno estático. Uma pessoa pode estar num estado de vigília extremamente claro e absolutamente alerta, assim como pode estar dominada pela sonolência e pela distração e, portanto, menos ligada ao presente. Portanto, a consciência é um fenômeno que pode ser avaliado e definido.

MATTHIEU: O budismo considera que existem seis, sete, até mesmo oito aspectos da consciência. O primeiro é a *consciência de base*, que possui um conhecimento global, geral, do mundo e que sabe que eu existo. Depois, há cinco aspectos da consciência associados às cinco experiências sensoriais: a visão, a audição, o olfato, o paladar e o tato. O sétimo nível é a *consciência mental*, que atribui conceitos abstratos aos seis primeiros aspectos. A filosofia budista considera às vezes uma oitava instância da consciência, ligada a estados mentais conflituosos que alteram a realidade (como o ódio, a cobiça etc.). Esses oito aspectos da consciência são sustentados por aquilo que chamamos de *continuum iluminado da consciência fundamental*.

Segundo o budismo, a dualidade matéria-consciência, o suposto problema corpo-mente, é um falso debate, dado que nenhum deles é dotado de uma existência independente e intrínseca. A natureza fundamental dos fenômenos transcende as noções de sujeito e objeto, de tempo e espaço. Ora, quando o mundo dos fenômenos se manifesta a partir da natureza primordial, perdemos de vista a unidade primeira entre a consciência e o mundo, e introduzimos uma falsa distinção. A clivagem entre o ego e o não ego se instala, e o resultado é o mundo da ignorância, ou *samsara*. O surgimento do *samsara* não acontece num momento determinado do tempo. O *samsara* é o reflexo, em cada instante e em cada um de nossos pensamentos, da reificação do mundo realizada pela ignorância.

Portanto, a concepção budista se diferencia radicalmente do dualismo cartesiano, que pressupõe, de um lado, a existência de uma realidade material, sólida e de fato existente e, do outro, uma consciência totalmente imaterial que não pode sustentar uma verdadeira relação com a matéria. A análise budista dos fenômenos reconhece a falta de realidade intrínseca de *todos os fenômenos*. Sejam animados ou inanimados, eles são igualmente desprovidos de existência autônoma e última. Portanto, existe apenas uma simples diferenciação de ordem convencional entre matéria e consciência.

Dado que o budismo rejeita a realidade última dos fenômenos, ele também rejeita a ideia de que a consciência é uma entidade independente, dotada de existência inerente. O nível fundamental da consciência e o mundo dos fenômenos aparentes estão ligados pela interdependência, e ambos constituem o mundo cuja experiência vivenciamos. O dualismo está ausente do conceito de interdependência, pois pressupõe uma separação clara entre mente e matéria. O budismo afirma que o vazio é a forma e a forma é o vazio. Consequentemente, a dicotomia entre mundo "material" e "imaterial" não faz sentido.

Em outras palavras, o budismo afirma que a distinção entre o mundo interior do pensamento e a realidade física exterior não passa de mera ilusão. Só existe uma realidade, ou, mais precisamente, só existe uma única *ausência* de realidade intrínseca! Entretanto, o budismo não adota um ponto de vista puramente idealista, do mesmo modo que não alega que o mundo exterior é uma construção da consciência. Ele insiste no fato de que, na ausência de consciência, é impossível afirmar que o mundo existe, porque tal afirmação implica a presença de uma consciência.

Essa concepção da consciência e do mundo fenomenal pode parecer desconcertante, mas ela é parecida com a resposta que alguns astrofísicos dão quando lhes perguntam o que existia *antes* do *Big Bang*. Eles respondem que essa pergunta não faz sentido, porque o tempo e o espaço começaram *com* o *Big Bang*. Do mesmo modo, tudo que pode ser dito a respeito do mundo, do cérebro e da própria consciência é indissociável da consciência. Tudo pressupõe a consciência, mesmo uma pergunta como esta: "Um mundo inteiramente privado de vida e de seres sensíveis poderia existir por si só?", assim como todas as respostas que pudéssemos dar a ela. É claro que seria absurdo negar a existência de mundos inanimados, já que, na maioria, os planetas são astros sem vida. No entanto, sem consciência não existe nem pergunta nem resposta, nem conceito nem "mundo" como objeto da experiência.

Consequentemente, nunca podemos nos colocar "fora" da consciência, mesmo quando procuramos determinar a natureza e a origem dela. Esse argumento lembra o segundo teorema da incompletude de Gödel, que afirma que as teorias matemáticas não podem demonstrar sua própria coerência, enunciado que também podemos compreender de maneira mais geral dizendo que nosso conhecimento de qualquer sistema é sempre limitado, a partir do momento em que nós mesmos fazemos parte desse sistema.

WOLF: Permita-me fazer alguns comentários sobre esse raciocínio epistemológico circular, recorrendo a um experimento mental. Imaginemos que o *Homo sapiens* não tivesse evoluído – um cenário que não é improvável, considerando o que sabemos sobre o curso imprevisível da evolução. Não haveria cultura, linguagem nem qualquer estrutura conceitual indispensável à observação dos fenômenos. Existiria, no entanto – a não ser que adotemos um ponto de vista radical que afirme que não existe universo, planeta Terra nem seres humanos para observar e descrever todos esses fenômenos –, uma infinidade de organismos vivos que incluiriam, muito provavelmente, primatas não humanos. Esses organismos vivos experimentariam sensações, fariam experiências das quais se lembrariam e, todo dia, estariam conscientes durante três quartos do tempo. A diferença radical seria que nenhum desses organismos teria consciência de pertencer a uma dimensão imaterial do mundo caracterizada por elaborações mentais, porque tal dimensão simplesmente não existiria para eles. Mesmo em nosso mundo cultural, tal como foi criado pelos seres humanos, os animais só participam "marginalmente" dessa dimensão das elaborações mentais, porque não dispõem das faculdades cognitivas que lhes permitiriam vivenciar a experiência dela. Empreguei a palavra "marginalmente" porque animais domésticos, como os cães, são capazes, em certa medida, de participar de diversos aspectos das realidades sociais elaboradas pelos seres humanos. Por exemplo, eles conseguem compreender o sentido dos gestos que lhes indicam o lugar ao qual devem dirigir a atenção, uma função chamada de atenção compartilhada.*

Voltemos então ao fenômeno que chamamos de consciência, e que representa não apenas a capacidade de ter a experiência das coisas e experimentar uma sensação ou um sentimento, mas também, e sobretudo, de ter consciência disso. É preciso diferenciar entre a consciência como tal e o estado que nos permite ter consciência de algo. Esse estado pode ser muito variável, porque os estados cerebrais são extremamente diversificados. Além disso, como já vimos a respeito do livre-arbítrio, um grande número de processos cerebrais escapa da consciência, mas resulta, de todo modo, numa ação, sem que tenhamos consciência das causas que os provocaram. Portanto, embora o sujeito continue consciente, ocorre um grande número de processos inconscientes.

Em geral, consideramos que se pode ter consciência de uma coisa se prestamos atenção nela, se o foco de concentração é colocado em um conteúdo específico. Esses conteúdos são sinais sensoriais provenientes do mundo exterior ou do corpo, ou processos gerados pelo próprio cérebro, como emoções, estados interiores e sentimentos. O foco de concentração da atenção pode ser deslocado intencionalmente, de acordo com um processamento descendente (*top-down*), ou por meio de estímulos externos importantes, obedecendo, nesse caso, a

---

* A atenção compartilhada se refere à capacidade de compartilhar um acontecimento com o outro, de chamar e manter sua atenção sobre alguém ou um objeto, com o objetivo de obter um olhar compartilhado consciente do compartilhamento da informação. (N. da Edição Francesa.)

um processamento ascendente (*bottom-up*),[*] como o surgimento repentino de um objeto ou uma mudança rápida que ocorra no ambiente que chame automaticamente a atenção da pessoa.

Assim, a atenção é um dos mecanismos indispensáveis para que um conteúdo se torne consciente, o que permite pensar que existe um patamar além do qual os conteúdos alcançam a consciência. Além do mais, a capacidade do espaço de trabalho da consciência é limitada. Por fim, identificamos o trabalho consciente com a capacidade de relatar um acontecimento. Consequentemente, se o indivíduo não consegue lembrar ou relatar claramente um acontecimento, supomos que a informação não foi processada ou que ela só foi processada no nível inconsciente. Em que medida esses *insights* nos ajudam a definir o que é a essência da consciência?

MATTHIEU: A capacidade de ter consciência não é a mais fundamental? Os conteúdos da consciência mudam o tempo todo. Podemos realizar um número ilimitado de pesquisas sobre os conteúdos da experiência, sobre a quantidade possível de informações que a mente é capaz de armazenar, sobre os mecanismos da percepção sensorial ou sobre a influência da memória em função do que vemos ou ouvimos. Mas, no final das contas, a questão mais fascinante continua sendo esta: "Qual é a natureza dessa capacidade quintessencial que é conhecer?"

WOLF: O que faz com que tenhamos consciência de nós mesmos? Abordemos, em primeiro lugar, a questão dos diferentes níveis de consciência. Penso que um dos níveis mais elementares é a

---

[*] Essas duas expressões designam os dois modos de processamento da informação perceptual. O processamento descendente (*top-down*) utiliza conhecimentos que dizem respeito à estrutura do ambiente e que influenciam a percepção. O processamento ascendente (*bottom-up*) utiliza as informações provenientes dos órgãos sensoriais e analisam o ambiente com base nessas informações. (Fonte: LEAD, processo cognitivo e tratamento da informação.) (N. da Edição Francesa.)

consciência fenomenal, isto é, a capacidade de simplesmente ter consciência de algo. Em seguida vem a capacidade de ter consciência de que temos consciência de algo. Por fim, existem os aspectos da consciência que estão mais especificamente associados a nós mesmos: tenho consciência de ser um indivíduo dotado de autonomia, capaz de realizar atos ditados por uma intenção, e de ser diferente dos outros indivíduos. Também temos consciência do nosso próprio ego consciente, o que representa, sem dúvida, o nível mais elevado de metaconsciência. Parece-me que esses níveis superiores de consciência estão ausentes do reino animal. Eles são resultado da experiência e da apreensão subjetiva dos fenômenos possibilitada pela evolução cultural, e cuja amplitude e importância só podem ser experimentadas por sistemas cognitivos tão elaborados como o cérebro humano.

MATTHIEU: Em vez de "ego consciente", eu chamaria esse nível de *consciência que se autoilumina*. A expressão *ego consciente*, que você utilizou, pode facilmente provocar confusão, dando a entender que existe um ego autônomo que se encontraria no centro de nós mesmos. Já falamos disso. Quanto aos animais, um número não desprezível de espécies – grandes primatas, elefantes, golfinhos e gralhas, por exemplo – passam no teste do autorreconhecimento no espelho, algo que filhotes humanos só conseguem entre 18 e 24 meses de idade.

WOLF: Eu gostaria de abordar a seguinte questão: a consciência, ou o aspecto da consciência que gera tantos problemas importantes no âmbito da epistemologia, é uma construção mental resultante do discurso entre indivíduos. Trata-se de uma realidade social, plenamente comparável à elaboração do livre-arbítrio; portanto, a consciência possui um estatuto ontológico particular. Compreendemos mais claramente esse conceito examinando a consciência dos animais em comparação com a dos seres humanos. Minha hipótese é a seguinte: todo o problema epistemológico resulta de não darmos a devida importância ao fato de que o cérebro, nosso órgão da cognição, está encerrado num corpo, e que esse conjunto, a pessoa ou *individuum*,* constitui um elo de uma complexa rede de pessoas interconectadas. Além disso, o modelo de referência desses indivíduos é moldado em função de sua inserção numa sociedade composta de agentes semelhantes que interagem entre si e se espelham uns nos outros. É graças a essas trocas mútuas que novos fenômenos surgem no mundo, algo que jamais teria podido ocorrer se houvesse apenas uma única pessoa, um único cérebro.

MATTHIEU: Essa concepção não é análoga à que Francisco Varela denomina de *inscrição corpórea da mente* ou *enação*, isto é, o fato de que a consciência é o cérebro inscrito em um corpo, que por sua vez é situado em um ambiente, e que essas três instâncias são indissociáveis?

WOLF: Essas realidades sociais são conceitos abstratos que foram criados porque os seres humanos começaram a dialogar entre si, compartilhando entre si sua capacidade de imaginar o que significa ser outra pessoa, imaginando que o outro possa experimentar determinados sentimentos e aspirações e que eles têm em comum determinadas formas de raciocínio e compartilham um interesse comum que pode se concentrar num objeto particular. Essa reciprocidade do discurso permitiu que características como consciência e livre-arbítrio fossem conceitualizadas, características das quais o outro jamais teria tido consciência se ele tivesse crescido sozinho no mundo. Minha hipótese, portanto, é a seguinte: essa interação social que está na origem da evolução cultural permitiu o surgimento de realidades sociais que podemos vivenciar facilmente enquanto tais. No entanto, essas realidades transcendem a forma de realidade predominante antes do início da evolução cultural. Essas realidades existem "entre" os indivíduos. Nessa dimensão da realidade, os objetos culturais são construções mentais resultantes das

---

* Com essa palavra latina, Wolf Singer se refere ao indivíduo como ser consciente e sensível, único e solidário, na medida em que suas partes são interdependentes e colaboram para a vida do conjunto. (N. da Edição Francesa.)

relações entre os indivíduos: eles são imateriais, intangíveis, invisíveis e não são diretamente acessíveis aos sentidos. A título de exemplo, digamos que esses objetos são os valores e as crenças, a confiança e a justiça, a vontade e a responsabilidade, assim como as diversas características da consciência. O conjunto dessas realidades sociais tem um estatuto ontológico específico que é, ao mesmo tempo, diferente do mundo material e da biosfera pré-cultural.*

O fenômeno ao qual nos referimos com o termo *consciência* não existiria sem esse diálogo entre as mentes dos seres humanos, sem a educação, sem a inserção num rico ambiente sociocultural e sem a atribuição mútua de elaborações mentais. Essas elaborações conceituais foram interiorizadas e se tornaram características implícitas de nós mesmos. Nós as experimentamos como parte integrante de nossa realidade e criamos termos para denominá-las e descrevê-las. O mesmo acontece com os valores de que falamos, que também são elaborações sociais e não se situam no cérebro. Tudo que podemos fazer é identificar sistemas que atribuem um valor a determinados estados cerebrais e os associam a emoções. O mesmo acontece com todas as características que associamos à consciência. Não encontramos consciência no cérebro, mas tentamos identificar as estruturas indispensáveis para que ela se manifeste.

MATTHIEU: Esses níveis diferentes de consciência que você acabou de descrever corresponderiam perfeitamente ao que o budismo chama de aspecto "rudimentar" da consciência, isto é, o aspecto da consciência envolvido no mundo complexo das informações, das percepções e de suas interpretações, o nível de consciência que relaciona os diversos fatores uns aos outros e que experimenta emoções em reação

---

* A expressão "biosfera pré-cultural" se refere aqui ao conjunto de espécies que não criaram cultura, isto é, a maioria das espécies animais, com exceção de algumas muito evoluídas, como os grandes primatas, os cetáceos etc. (Comunicação de Matthieu Ricard.)

a eventos externos ou a recordações pessoais. Nenhum desses eventos poderia ocorrer se não estivéssemos em constante interação com nosso ambiente e com os seres sensíveis. O corpo se encarnou no universo e evoluiu para processar da melhor maneira possível essa corporalidade, a fim de que o ser humano pudesse interpretar de maneira eficiente todos os estímulos e se relacionar harmoniosamente com o ambiente e com o outro. O processo de evolução permitiu o surgimento desse método de integração extraordinariamente eficaz. Entretanto, ainda falta compreender o aspecto mais fundamental dessa "pura consciência", o que o budismo chama de aspecto "sutil" da consciência. Lembre-se do exemplo do raio de luz: ele revela o que existe ao seu redor sem se deixar afetar. Do mesmo modo, segundo os contemplativos budistas a pura consciência desperta não é nem ofuscada nem modificada pelo conteúdo dos pensamentos. Ela permanece inalterada, para além de qualquer característica.

Como desenvolver estados sutis de consciência ou a pura consciência desperta

WOLF: Penso que o que você denomina de *pura consciência desperta* corresponde a um estado de "solução", um estado em que o cérebro está livre de conflitos, não procura responder a uma pergunta nem tenta resolver um problema. Quando o cérebro se encontra no estado em que pensa subitamente: "Eureca!", o estado no qual ele acaba de encontrar uma solução, subsistemas específicos são ativados e realizam três tarefas: induzem os sentimentos de satisfação associados a esse estado mental que está temporariamente livre de conflitos internos; possibilitam e facilitam os processos de aprendizagem: o estado mental no qual o sujeito acaba de encontrar uma solução favorece a aprendizagem porque os sentimentos de ambiguidade são mínimos; depois, esses subsistemas põem fim a estado "agradável", a fim de preparar o cérebro para processar novas informações e buscar novas soluções.

Mas tenho uma pergunta a lhe fazer. Pode acontecer você criar um estado altamente receptivo, um estado atento e perfeitamente transparente, e, em seguida, fazer uso dos seus recursos atencionais para mantê-lo sem selecionar conteúdos específicos a serem processados? Nesse caso, a tarefa mais difícil seria preparar o espaço de trabalho indispensável para que você possa realizar o treinamento consciente sem que ele seja preenchido por conteúdos concretos. Em condições normais – e esse é um traço característico do espaço de trabalho da consciência –, diferentes conteúdos podem estar presentes simultaneamente, ligados por um conteúdo semântico comum. É por essa razão que falamos de unidade da consciência. É interessante observar que essas funções de ligação parecem implicar, na verdade, oscilações de alta frequência e uma sincronização da atividade oscilatória que ocorre em grande escala no cérebro. Porém, para preparar e manter um estado lúcido que não seja invadido por conteúdos, você não tem de realizar uma tarefa dupla? Isto é, preparar o espaço de trabalho – o que implica investir recursos atencionais – e, ao mesmo tempo, usar esses recursos atencionais para que eles protejam o espaço de trabalho da intromissão de pensamentos erráticos, em vez de selecionar os conteúdos.

MATTHIEU: Quando se está familiarizado com esse processo, ele se torna natural e não exige mais esforço. Não se trata de impedir que alguma coisa apareça, mas, quando isso acontece, deixamos que ela surja e desapareça, de modo que não há ondas emocionais.

WOLF: Você não dá uma atenção especial aos conteúdos que vão e vêm, simplesmente deixa que eles aconteçam...

MATTHIEU: Não procuramos bloqueá-los, mas também não os estimulamos.

WOLF: Mas como você consegue impedir essa tagarelice interior se não a reprimir energicamente?

MATTHIEU: A tagarelice interior é provocada pela simples proliferação de pensamentos. Sem reprimi-los, você pode simplesmente deixar que eles desapareçam à medida que se manifestam. Não adianta nada tentar interromper as percepções do mundo exterior, como o canto dos pássaros lá fora. Você simplesmente deixa os pensamentos surgirem e se desfazerem sozinhos. Os ensinamentos budistas dão como exemplo um desenho feito com o dedo na superfície de um lago. Se você desenha a letra A, ela desaparece à medida que você a escreve. É completamente diferente de gravá-la numa pedra. Também damos o exemplo de um pássaro que atravessa o céu sem deixar traços. É inútil tentar bloquear os pensamentos que já estão ali. Por outro lado, é certo que podemos impedir que eles invadam nossa mente.

WOLF: Podemos dizer que você concentra todos os seus recursos atencionais na preparação desse espaço interno de trabalho, ficando atento, contudo, para que intromissões externas ou internas – sinais sensoriais, pensamentos ou emoções – passem ou penetrem nesse espaço sem, todavia, ali permanecer?

MATTHIEU: Sim, mas esse processo pode, no final das contas, ser conduzido sem esforço. Além do mais, se você não se apega aos pensamentos, eles não assumem o controle desse espaço de trabalho.

WOLF: Eles não permanecem dentro do sistema, assim como não o dominam. Você conserva esse espaço de trabalho o mais transparente e livre possível, sem prestar muita atenção a essas intromissões, deixando-as entrar e sair.

MATTHIEU: A bem da verdade, não se trata realmente de um espaço de "trabalho", mas de liberdade e de repouso.

WOLF: Você libera, então, esse espaço dos conteúdos que penetram nele aleatoriamente, preenchendo-o com conteúdos selecionados intencionalmente, como, por exemplo, empatia ou compaixão, conteúdos aos quais você concede um espaço privilegiado. É isso que você faz quando medita?

MATTHIEU: Essa é a essência mesma da meditação. Meditar significa se familiarizar com algo e desenvolver uma aptidão de maneira metódica e não confusa. Não se trata de uma aprendizagem semipassiva, mas, ao contrário, de uma aprendizagem plenamente engajada e conduzida de forma coerente.

WOLF: Em outras palavras, você prepara um espaço interno no nível de uma metaconsciência que permite gerar estados unificados. Depois, ao selecionar de modo intencional determinados conteúdos, você gera um estado interior perfeitamente homogêneo, não contaminado e livre de todas as interações que possam entrar em conflito com os conteúdos previamente selecionados. Em seguida, a repetição desse processo permite consolidar a representação dos estados de consciência que você escolheu. Isso me lembra as etapas de um típico processo de aprendizagem: esteja atento, esteja preparado para processar a informação, prepare corretamente as etapas do processamento das informações mantendo-se calmo e atento, concentre-se no conteúdo específico que você deseja aprender e repita-o. Quando o conteúdo estiver bem armazenado e de fácil acesso, o aprendiz terá se tornado especialista.

MATTHIEU: Na verdade, não geramos nada: quando paramos de fabricar pensamentos, permitimos que a consciência pura apareça tal como é. Por exemplo, quando paramos de revolver o fundo de um lago com um bastão, as partículas de lodo em suspensão acabam decantando e a água retoma sua antiga transparência.

A essência do desenvolvimento da mente é a familiarização e o treinamento regular e constante. Se não ficamos mergulhados em lembranças do passado nem somos invadidos por expectativas do futuro, é possível permanecer num estado de clara presença desperta, na clara receptividade do momento presente. Isso permite cultivar características humanas fundamentais como o amor altruísta e a compaixão, mas também refletir lucidamente sobre o passado e o futuro, quando for preciso. É evidente que isso não significa que vamos ficar "encurralados" no instante presente e correr o risco de um desequilíbrio psicológico como alguns temem.

WOLF: Experimentos recentes demonstram que o estado consciente se caracteriza por uma coordenação em larga escala da atividade neuronal distribuída por inúmeras áreas corticais. É muito provável que essa coordenação se faça mobilizando grandes assembleias de neurônios numa atividade coerente. Um dos efeitos desses estados coerentes é a possibilidade de que esses sinais sejam trocados, com uma eficácia e uma rapidez extraordinárias, entre diferentes áreas cerebrais amplamente distribuídas. Essas trocas constituiriam o fundamento indispensável para unir em conceitos unificados os diversos resultados dos processos realizados por essas áreas. O fato de a atenção ter tamanha importância nesse processo é compatível com a ideia de que só conteúdos que constituem o foco da atenção penetram a consciência, e que a atenção gera estados ampliados de consciência. Se selecionamos sinais visuais a fim de processá-los com mais precisão, os centros visuais entram numa atividade oscilatória coerente. Essa atividade permite que os sinais visuais fiquem mais sincronizados e, consequentemente, mais relevantes, o que, em troca, parece facilitar seu acesso à consciência. Um estado consciente é, portanto, um estado dinâmico no qual grandes áreas de processamento das diferentes áreas cerebrais se envolvem numa atividade coerente.

Por sua vez, essa coerência neuronal poderia fornecer o contexto temporal indispensável para unificar a representação dos resultados dos processos distribuídos entre diversas áreas cerebrais. Preparar esse espaço de trabalho da consciência seria o mesmo que estimular grandes assembleias de neurônios a entrar em harmonia. No início de um exercício de meditação contemplativa você prepara o espaço de trabalho evitando intencionalmente enchê-lo de conteúdos, muito embora alguns deles acabem penetrando e desaparecendo. Esses conteúdos são vagamente associados, como imagens de um sonho, sem que consigam, no entanto, se estabilizar nesse espaço de trabalho. Parece que nesse momento do processo é possível escolher intencionalmente conteúdos específicos, levá-los para dentro desse espaço de trabalho vazio, onde eles podem evoluir sem encontrar muitas interferências e, portanto, se manter. Caso se tratasse de um estado de atividade extremamente coerente, poderíamos imaginar que ele pudesse se estabilizar sozinho graças ao processo de aprendizagem. Estudos sobre a plasticidade neuronal demonstram claramente que uma atividade coerente, ou sincronizada, se mantida por um período suficientemente longo, resulta em mudanças nas conexões sinápticas que vão ajudar a estabilizar esse estado de coerência e facilitar, posteriormente, sua reprodução.

MATTHIEU: Podemos recorrer a uma imagem semelhante dizendo: "Deixe que a compaixão preencha todo o espaço da sua paisagem mental".

WOLF: Exatamente! Um único conteúdo ocupa todo o espaço de registro da informação e se mantém ali de maneira dinâmica até que a aprendizagem acabe por gravá-lo na memória. É nesse momento que ele se torna um traço do comportamento, uma capacidade controlada, automática.

MATTHIEU: Nós preferimos denominar essa capacidade de aptidão natural, ou não bloqueada, porque a familiarização com a pura consciência desperta permite que nos livremos de pensamentos automáticos e de tendências habituais.

É assim que a compaixão se torna uma "segunda natureza". Você encarna a compaixão. Essa expressão se refere a uma transformação autêntica realizada no longo prazo, e não a uma experiência pontual, um clarão fugaz de compaixão. É o centro do caminho espiritual.

WOLF: Esse exemplo ilustra uma das funções cruciais da interação entre os mecanismos atencionais e a consciência. Estar consciente permite selecionar entre os inúmeros conteúdos possíveis os que vão se associar para formar conjuntos coerentes, para constituir construções mentais unificadas que caracterizam a experiência consciente. Como você sugere, não somente é possível submeter a esse processo de consolidação intencional experiências induzidas por sistemas sensoriais, mas também estados interiores que nós mesmos geramos, como certas disposições emocionais que, após uma prática constante, se tornam comportamentos naturais aos quais damos o nome de disposições cognitivas.

MATTHIEU: Prefiro dizer que essa competência pode atingir um ponto de perfeição que não exige mais nenhum esforço. Quando controlamos o esqui com perfeição, descemos a encosta com a maior facilidade, sem ficar tensos nem obcecados com o medo de cair.

WOLF: Como você acabou de dizer, o ponto principal é que essa aptidão não exige mais esforço. E é isso também que caracteriza os processos automáticos. Eles não exigem mais uma mobilização da atenção nem a lembrança consciente de instruções ou estratégias.

MATTHIEU: É preciso cautela quando se fala de processo mental "automático", pois esse termo significa muitas vezes a perpetuação de padrões habituais e percepções enganosas. Em vez disso, digamos que essas aptidões não exigem mais um esforço de atenção obrigatório. A atenção não requer mais um controle voluntário e ao mesmo tempo você não se distrai.

Diferentes níveis de consciência

WOLF: Eu gostaria de retomar brevemente a questão dos diferentes níveis de consciência e, mais particularmente, os estados de consciência vazios, isto é, livres de conteúdos.

MATTHIEU: É preciso deixar claro que "vazios" significa que esses estados de consciência estão desprovidos de conteúdos, de pensamentos discursivos. Mas eles não estão "vazios", na medida em que existe uma clareza perfeita. Trata-se de um estado de consciência extremamente sutil no qual a consciência tem consciência de sua própria clareza. Uma luz pode brilhar num espaço vasto, e nem por isso iluminar qualquer coisa específica.

WOLF: Você tem consciência do fato de que existe um substrato que lhe permite ter consciência de um conteúdo, mesmo se nenhum conteúdo está presente.

MATTHIEU: É o que nós chamamos de *consciência não dual*, porque não existe mais distinção entre sujeito e objeto.

WOLF: Concordo. Eu chamaria esse nível de *metaconsciência*. A consciência de ter consciência, de estar presente. Se um conteúdo aparece, temos consciência, mas como observadores da nossa própria consciência.

MATTHIEU: Trata-se de uma pura consciência desperta. Não existe clivagem entre o sujeito que conhece a coisa e o objeto apreendido.

WOLF: Para que essa experiência fosse possível, o "observador" deveria se fundir com o nível de consciência no qual o conteúdo está representado. Trata-se, talvez, de uma segunda etapa.

MATTHIEU: É o que se chama de *permanecer na consciência desperta não dual*; é a experiência mais fundamental. Qual é, então, a natureza dessa pura consciência desperta primordial? O problema todo é esse.

WOLF: Isso mesmo! Quais teriam sido os processos evolucionistas e a pressão da seleção que criaram cérebros capazes de gerar um espaço disponível para a representação consciente e unificada dos conteúdos, que, além disso, são capazes de ter consciência de que dispõem desse espaço de representação? Nesse contexto, talvez seja útil recapitular o que sabemos a respeito da evolução do cérebro. O cérebro dos vertebrados inferiores dispõe de um circuito relativamente curto que liga as áreas corticais que processam os sinais emitidos por órgãos sensoriais às áreas executivas que programam as reações. Esses arcos sensório-motores relativamente curtos são, é claro, muito mais elaborados que os arcos reflexos simples, porque os sinais têm um processamento complexo e sua transmissão depende da experiência passada e de informações de outros sistemas.

O que caracteriza os cérebros mais evoluídos é o acréscimo de novas áreas corticais. Não obstante, é impressionante constatar que a organização característica dos cérebros mais evoluídos é espantosamente semelhante à das áreas corticais dos cérebros menos evoluídos. A principal diferença é o modo como essas novas áreas se inserem nas redes já formadas. As áreas que foram acrescentadas nas etapas posteriores da evolução não se comunicam com o sistema nervoso periférico – na verdade, elas não recebem informações diretas dos órgãos sensoriais – e não possuem conexões diretas com os órgãos efetuadores, isto é, os músculos. Essas áreas novas estão conectadas, sobretudo, às "antigas" áreas corticais, as que evoluíram anteriormente.

Esse princípio se mantém ao longo de todo o processo de evolução. Um número cada vez maior de áreas é acrescentado e elas se comunicam entre si. Pensamos que as diferentes áreas corticais realizam tarefas semelhantes porque seu circuito interno é muito parecido. As diversas funções desempenhadas pelas áreas cerebrais são determinadas pela estrutura do cérebro. Portanto, é provável que estruturas análogas estejam na origem de funções que também sejam similares. Essas considerações puramente anatômicas permitem pensar que as áreas mais recentes, do ponto de vista da evolução, processam os resultados das áreas mais antigas do mesmo modo que essas áreas antigas processam os sinais provenientes do mundo exterior. Essa repetição de processos cognitivos, que encontramos em diferentes níveis hierárquicos, poderia, portanto, gerar representações de representações, isto é, metarrepresentações. Uma informação que já foi processada torna-se objeto de outro processamento cortical, isto é, de uma operação cognitiva secundária. A repetição dessas operações pode até se tornar circular, porque a maioria das áreas corticais está interconectada. Em princípio, esse processo permite gerar metarrepresentações de nível cada vez mais complexo. Em outras palavras, cérebros altamente evoluídos podem aplicar suas funções cognitivas não apenas ao mundo exterior, mas também aos processos que acontecem dentro do próprio cérebro. Os processos cerebrais tornam-se objeto das próprias operações cognitivas do cérebro. Isso poderia constituir a base da consciência fenomenal, a consciência que percebe as coisas, que processa os objetos da percepção e, no caso dos seres humanos, que é capaz de falar sobre eles. É provável que os animais manifestem algumas dessas capacidades, porque a organização do cérebro deles é muito semelhante à nossa.

É surpreendente constatar, contudo, que essa consciência dos processos internos não nos fornece nenhuma indicação sobre os modos de funcionamento que estão na origem dessas funções cognitivas. Não temos nenhuma ideia dos processos neuronais que induzem a cognição, isto é, o conjunto dos processos mentais. Temos consciência apenas dos resultados – do mesmo modo que temos consciência de uma ação sem que sejamos capazes de dizer quais foram os processos neuronais que, nos centros motores do cérebro, provocaram essa ação.

Outra questão fascinante no âmbito da pesquisa da consciência é se o fato de se ter desenvolvido um substrato para o processamento consciente tem alguma importância em termos de sobrevivência. O que aconteceria se o cérebro humano funcionasse sem ter consciência de suas funções cognitivas? Isso faria diferença? O filósofo David Chalmers diz que não. Segundo ele, a consciência não passa de um epifenômeno e nós poderíamos viver muito bem sem ela, porque os processos que estão na origem das funções cerebrais continuariam os mesmos e nos permitiriam realizar as tarefas do dia a dia sem que fosse útil ter consciência delas. De minha parte, duvido que seja assim. Creio que ter consciência das próprias funções cognitivas e ser capaz de transmiti-las por meio do sistema simbólico da linguagem contribuem para a compreensão do outro e, finalmente, para o desenvolvimento de culturas diferentes. Essas capacidades cognitivas aumentam as competências, na medida em que permitem aos indivíduos cooperar, apurar suas concepções do mundo compartilhando e comparando experiências e desenvolver estratégias de luta diversificadas.

MATTHIEU: A ideia de que poderíamos prescindir do aspecto mais essencial da consciência me parece muito estranha. Segundo o budismo, a capacidade da mente de agir sobre si mesma, de se transformar, de reconhecer sua natureza fundamental e de se libertar de estados mentais conflituosos é crucial: ela constitui o centro mesmo do caminho espiritual. É difícil imaginar que se poderia alcançar essa liberdade – que equivale a controlar a mente, já que a liberdade consiste em controlá-la, em vez de ser o escravo impotente de todos os pensamentos e emoções – se a consciência não passasse de um epifenômeno desprezível. Mesmo sem falar em vida espiritual, considerando o lugar que a experiência consciente ocupa em nossa existência, minimizar ou negar sua importância parece, no mínimo, incoerente. Seja como for, a consciência é um fato, e sem ela nosso mundo subjetivo desapareceria completamente.

WOLF: Sim, mas é difícil refutar a argumentação de Chalmers. Se essa capacidade de ter consciência de si é a consequência de processos neuronais que estabelecem uma síntese sobre o estado atual do cérebro, então ter consciência de alguma coisa é a consequência, não a causa, de processos neuronais. Os processos neuronais cumpririam suas funções mesmo sem termos consciência disso. Em si mesma, a consciência não seria capaz de influenciar esses processos, mas somente de refleti-los. Imagino que, na verdade, você pressupõe que a consciência influencia os processos neuronais.

MATTHIEU: Sim, com o objetivo de transformar a si mesma. Roger Penrose não fala na "imperatriz da mente"? Na verdade, se a consciência fosse apenas um epifenômeno, a mente seria um escravo inútil. A consciência nada mais seria que uma luzinha vermelha que se acenderia ao término de cada processo neuronal para dizer: "Pronto, estou 'ligada'". Para que serviria isso?

Por favor lembre-se, como ressaltou David Chalmers, de que todas as funções biológicas, entre elas a elaboração da linguagem, que permite a comunicação entre dois organismos, assim como a metarrepresentação, podem ser elaboradas sem que seja necessária a intervenção da experiência subjetiva. Isso demonstra que a experiência consciente não é um momento particular das funções biológicas objetivas, mas algo de que temos consciência antes mesmo de existir qualquer estudo sobre as suas funções. É justamente isso que torna extremamente difícil o estabelecimento de uma relação de causalidade entre os processos neuronais e a consciência.

Se a consciência não tivesse a capacidade de se transformar, de se conhecer e de modificar seus conteúdos, toda tentativa de transformação seria inteiramente inútil. O budismo aborda o problema pela outra extremidade do espectro: a pura consciência desperta. Em seguida, ele examina como pensamentos, emoções, felicidade e sofrimento se manifestam a partir dessa pura consciência. Ele tenta compreender os processos da sabedoria e da confusão fundamental, associados ao reconhecimento ou ao não reconhecimento da consciência desperta.

Essa compreensão permite reconhecer, permanentemente, que todos os eventos surgem do espaço dessa consciência por meio de um sistema simples composto de inúmeras causas e condições que não fazem parte dela. A pura consciência desperta é incondicionada, semelhante ao espaço que não se altera com a reunião ou a dispersão das nuvens. Como eu disse, a pura consciência desperta é um fato primordial. É impossível alcançar por meio da experiência um nível mais fundamental que esse. Nesse estado de experiência pura, não existe o mínimo traço de ligação com o cérebro, nem com qualquer outro processo biológico.

A pura consciência desperta é que permite que todas as elaborações mentais e pensamentos discursivos se manifestem, sem que ela própria seja uma elaboração mental. Ela também nos permite reconhecer que o fato mesmo de ela não ser uma construção mental deixa sempre em aberto a possibilidade de mudar o conteúdo da mente, porque nossos conteúdos mentais não estão registrados intrinsecamente nessa pura consciência. Assim, o treinamento da mente e a atenção nos permitem eliminar o ódio, a ganância e outras emoções aflitivas.

WOLF: Como é possível imaginar que um fenômeno resultante de processos neuronais, que experimentamos conscientemente, atue sobre esses mesmos processos com o objetivo de modificá-los, segundo um processo de causalidade descendente? Eu diria que é a atividade neuronal associada à experiência consciente, além dos traços mnemônicos que se seguem, que influenciam novos processos neuronais. Tenho a impressão de que você pressupõe que a própria consciência desperta influencia os futuros processos neuronais. É isso?

MATTHIEU: Sim. Pode a característica fundamental da pura consciência desperta afetar os processos mentais por meio de uma causalidade descendente? Podemos recorrer a ela para mudar nossa paisagem mental? Se considerarmos a pura consciência desperta como um fato primordial – e nada desmente essa concepção –, não há nenhum motivo para negar que as elaborações mentais que se manifestam a partir do espaço dessa pura consciência possam atuar por meio da neuroplasticidade. Assim, a causalidade interdependente e mútua permite uma causalidade descendente, ascendente ou horizontal.[1]

WOLF: Penso que estar consciente ou presente no mundo é um estado muito particular do cérebro que lhe permite se envolver com modos de processar a informação muito diferentes dos que não resultam em estados conscientes. Os processos conscientes permitem um alto nível de assimilação de informações. No espaço de trabalho da consciência, os sinais provenientes de diferentes órgãos sensoriais podem ser comparados entre si e se associar. Essa é uma condição indispensável para a elaboração de representações simbólicas abstratas. É também, provavelmente, o motivo que explica a estreita relação entre o processamento consciente e a capacidade de expor, por meio da linguagem, dados que foram processados conscientemente.

Matthieu: Mas tudo que você descreve se refere a funções complexas; você fala, entre outras, de representações simbólicas que não explicam de maneira nenhuma a experiência da pura consciência desperta, que é o estado de consciência mais vivo, mais receptivo e mais claro que existe. Ele é, além disso, desprovido de qualquer forma de complexidade.

* * *

Matthieu: Que manhã realmente magnífica, com esses majestosos picos do Himalaia que acabam de sair das nuvens.

Wolf: Sim, eu gostaria muito que pudéssemos permanecer simplesmente neste estado de consciência fenomenal, em vez de nos perguntarmos a que funções ele poderia corresponder...

Ontem, defendi a hipótese de que a consciência é uma característica emergente dos processos cognitivos do cérebro, e que ela dependeria, aparentemente, da criação de metarrepresentações que nascem da repetição de operações cognitivas sobre os resultados da primeira etapa dos processos cognitivos que transmitem as percepções primárias. Essa capacidade de repetir operações cognitivas pode permitir que o cérebro tome consciência dos resultados de seus próprios processos cognitivos, enquanto, por outro lado, continua completamente inconsciente dos mecanismos que permitiram a realização dessas operações cognitivas. Embora não tenhamos nenhuma lembrança desses mecanismos, parece que somos capazes de reprocessar os resultados da primeira etapa das operações cognitivas, até nos tornarmos conscientes de que somos um sistema cognitivo capaz de experimentar percepções, sentimentos e estados mentais. De fato, duvido que essa metaconsciência possa se desenvolver sem que o indivíduo esteja inserido profundamente em um rico ambiente sociocultural. Penso, na verdade, que essa metaconsciência é uma criação de natureza cultural, e que a capacidade de ter consciência da própria consciência é o resultado da modelagem epigenética das estruturas cognitivas do cérebro, elas próprias resultantes de processos de desenvolvimento que são moldados pela experiência. As estruturas neuronais que estão na origem das funções sensoriais básicas são moldadas pela experiência e pela interação com o mundo exterior. Poderíamos presumir que o mesmo acontece com as redes neuronais que estão na origem das funções cognitivas superiores, indispensáveis ao desenvolvimento da metaconsciência. A única diferença seria que, nesse caso, o "ambiente" que modelaria a experiência seria o mundo cultural, com suas realidades sociais, suas tradições, seus conceitos e suas crenças.

No entanto, mesmo se o desenvolvimento de funções cognitivas superiores for moldado pelas interações com o ambiente cultural, os fenômenos mentais que emergem dessas faculdades cognitivas não deixam de ser uma consequência dos processos neuronais que ocorrem no cérebro. Ao menos, é isso que as evidências da neurobiologia permitem pensar. Por ora, não há nenhum motivo para pensar que existiria qualquer estado mental imaterial, isto é, um estado que não dependeria de substratos neuronais ou de forças que atuariam nos processos neuronais físicos. Se fosse assim, essa concepção seria incompatível com as leis da natureza que conhecemos; isso explica a resistência dos neurobiologistas diante da ideia de uma causalidade descendente, isto é, da possibilidade de que uma consciência imaterial possa influenciar processos neuronais. Porém, como procurei demonstrar, existem mecanismos muito eficazes que fazem com que realidades sociais "imateriais", isto é, concepções e crenças partilhadas coletivamente, possam influenciar as funções cerebrais. Como já sugeri, a evolução de cérebros capazes de realizar operações cognitivas chamadas de "conscientes" permitiu a implantação de modalidades de interações sociais que desempenharam um papel catalisador na evolução cultural, o que provocou uma diferenciação ou uma sofisticação acentuada dos conhecimentos humanos. Poderíamos dizer, então, que se trata de uma causalidade descendente, na medida em que as elaborações imateriais das culturas, isto é, as realidades sociais, influenciam as funções cerebrais. Nesse caso, os mecanismos estão bem definidos e não entram em conflito com as leis da natureza. Os sistemas de crenças, as normas e as concepções partilhados por uma sociedade influenciam a compreensão que seus membros têm si mesmos e de suas ações. Esse conjunto de conceitos atua diretamente no cérebro dos membros da sociedade por meio da troca de códigos sociais. Além disso, a educação e a moldagem epigenética gravam essas crenças no cérebro da geração seguinte, um processo que tem efeitos de longo prazo nas funções cerebrais.

MATTHIEU: A causalidade descendente só representa um inconveniente se nos colocarmos numa perspectiva dualista, situando o problema da matéria como dotada de uma existência sólida – ideia que é questionada pelo budismo e pela física quântica – e de uma consciência caracterizada como "imaterial", que seria uma espécie de fenômeno bizarro, indefinível e sem *status* específico. Segundo o budismo, matéria e consciência pertencem ao mundo da forma. Elas só existem na medida em que têm a capacidade de se manifestar, ao mesmo tempo que estão desprovidas de qualquer realidade intrínseca e tangível. Não podemos reduzir a consciência a matéria bruta, já que a consciência é uma condição prévia da capacidade de conceber a matéria e de descrevê-la em todos os seus aspectos.

Michel Bitbol me explicou que o problema apresentado pelo ponto de vista de Chalmers é que é possível propor uma explicação objetivista e neurobiológica para *todos* os processos de cognição, percepção e ação, sem jamais fazer referência ao fato de que eles estão associados à consciência e, portanto, são considerados experiências vividas. Dado, porém, que a consciência está associada a essas cognições, não se pode afirmar que ela não passa de um estado particular do cérebro. O que está associado ao cérebro, e que a neurociência pode observar, são as *funções* cognitivas que a consciência executa, como memorização, conceitualização e expressão verbal das experiências pessoais do indivíduo.

WOLF: O estado consciente é, muito claramente, um estado particular do cérebro que se diferencia dos estados que induzem a cognição, a percepção e a ação; esses processos não precisam necessariamente estar associados à experiência consciente. A questão essencial é a seguinte:

os estados conscientes, devido a sua própria especificidade, atuam nos processos neuronais de maneira diferente dos processos inconscientes que influenciam os futuros estados neuronais?

MATTHIEU: Na verdade, o que você quer dizer é: haveria uma causalidade descendente?

WOLF: Estou procurando dar uma explicação da causalidade descendente que permitiria ampliar o problema, incluindo nele o campo das realidades sociais. De uma perspectiva estritamente neurobiológica, trata-se de saber se os processos cerebrais conscientes oferecem outras possibilidades de processar informações, possibilidades que os processos não conscientes não teriam. Sabemos que os conteúdos processados de maneira inconsciente afetam os futuros processos cerebrais. Se executamos uma tarefa para a qual treinamos bastante – por exemplo, esquiar ou jogar tênis –, é inevitável cometer, e corrigir, alguns erros muito pequenos, sem ter consciência de tê-los cometido ou corrigido. No entanto, a correção do erro irá favorecer ligeiramente a programação motora; seu resultado será a inserção de uma marca na memória procedural, de modo que, futuramente, se a mesma situação se reproduzir, a tarefa será mais bem executada. Penso que essa mesma explicação poderia justificar a possibilidade de um estado consciente influenciar futuros processos cerebrais. Contudo, esse estado consciente conteria necessariamente uma característica particular, em termos de qualidade ou natureza, da informação codificada que atua nos estados cerebrais posteriores. Deveríamos procurar determinar a natureza dessas funções específicas e compreender seu papel do ponto de vista da adaptação. Minha hipótese é que o processamento consciente implica um nível mais alto de assimilação das diferentes fontes de informação que o processamento não consciente.

MATTHIEU: Você apresentou um grande número de descrições interessantes que podem explicar, em certa medida, que a mente tem consciência de si mesma. Mas será que essas descrições respondem ao argumento apresentado pelo dalai-lama, por Husserl ou pelos adeptos da fenomenologia, como nosso amigo Michel Bitbol, que afirmam que a consciência precede tudo que possa ser dito a seu respeito e que ela também precede toda possibilidade de percepção e de interpretação do mundo fenomenal? Não podemos sair do campo da consciência para examiná-la, como se ela fosse apenas um aspecto entre outros do nosso mundo. E, mesmo se um desses projetos grandiosos conseguisse elaborar o mapa do nosso cérebro e descrever cada neurônio e cada conexão neuronal, ele não nos diria muita coisa sobre a experiência pura.

A grande maioria dos neurocientistas está intimamente convencida de que um dia conheceremos suficientemente o cérebro e de que a neurobiologia nos permitirá compreender todos os aspectos da consciência. Mas essa convicção está baseada apenas na esperança de resolver o que Chalmers e seus colegas chamam de "problema simples", que consiste em explicar por meio de processos neurofísicos funções atribuídas à consciência. Eles não abordam o "problema difícil", que permitiria explicar a experiência vivida quando vemos a cor azul ou sentimos amor ou ódio. Resumindo: eles explicam as modalidades de consciência, não a consciência em si. Outros filósofos ocidentais chegaram à mesma conclusão. Assim, Cohen e Dennett escrevem: "Longe de representar um obstáculo formidável para a ciência, o 'problema difícil' deve sua aparente dificuldade ao fato de se situar sistematicamente fora do âmbito da ciência, não apenas da ciência contemporânea, mas fora de todas as ciências futuras, e isso porque ele é o resultado de funções cognitivas (como o relato verbal, o fato de se apertar um botão etc.) que permitem estudar empiricamente a consciência".[2]

É o que diz também o dalai-lama: "Corremos o risco de objetivar o que é essencialmente um conjunto de experiências internas e de excluir a presença indispensável do sujeito da experiência. Não podemos nos excluir da equação. Nenhuma descrição científica dos mecanismos neuronais que explicam os processos de discriminação de cores jamais permitiria compreender o que sentimos quando percebemos, por exemplo, a cor vermelha".[3]

O budismo oferece alguns argumentos, que devem ser investigados, para indicar que os *qualia* de consciência poderiam não ser redutíveis a puras funções cerebrais. Como afirmei antes, esses argumentos não podem ser rejeitados como mero dualismo cartesiano.

WOLF: Essas posições fenomenológicas representam um problema para mim. Não há dúvida de que cada um é livre para adotar uma posição como essa, mas é preciso ter em mente que nenhuma evidência permite comprová-la. Esse ponto de vista se baseia em argumentos resultantes de discussões que são, elas mesmas, a consequência lógica de um dogma indemonstrável, ou seja, que a consciência precede todas as coisas. O objetivo que me proponho é conseguir reduzir o "problema difícil" da consciência recorrendo a uma explicação naturalista que consideraria que os fenômenos mentais existem devido à própria coevolução dos agentes cognitivos e da cultura. A neurociência pode elucidar os mecanismos em que se baseiam as funções cognitivas que permitem aos seres humanos engendrar uma evolução cultural. As ciências humanas analisam a dinâmica dos sistemas culturais, assim como o surgimento de conceitos, normas e modelos novos. As áreas pioneiras da neurociência, como a chamada neurociência social, estão começando a explorar como a inserção profunda do cérebro humano nos contextos socioculturais atua no desenvolvimento do cérebro e contribui para diversificar suas funções.

Mas eu gostaria de retomar a questão de saber se a capacidade de ter consciência de ações passadas e presentes, de sentimentos e experiências, acrescenta elementos importantes que estariam ausentes dos processamentos não conscientes. A meu ver, o surgimento da consciência tem uma vantagem sobre as outras capacidades cognitivas do cérebro, uma vantagem que associo à capacidade de abstração e à codificação simbólica, codificação que se revela particularmente importante quando se trata de criar sociedades complexas. O que faz pensar que, de um lado, foi preciso ocorrer uma coevolução dos mecanismos que estão na origem do surgimento do comportamento consciente e, do outro, a criação das sociedades, duas formas de desenvolvimento que se consolidam mutuamente.

Geralmente pensamos que um estado consciente é um estado de consciência unificado no qual certo número de conteúdos se associa a fim de criar uma experiência unitária.* O que aparece para a consciência é coerente. Seria interessante associar essa coerência a estados cerebrais, pois, pelo que se sabe, os estados conscientes estão associados a um alto nível de coerência e sincronia. Devemos continuar aprofundando a hipótese de que os conteúdos conscientes que penetram na consciência se associam uns com os outros de maneira específica e única, o que provavelmente não acontece com conteúdos inconscientes.

MATTHIEU: Ao formular essa hipótese dessa maneira, você assume a responsabilidade de definir a consciência como a função que sintetiza diferentes cognições. No entanto, essa definição não explica de maneira nenhuma o que é a pura consciência livre de qualquer conteúdo. Depois, você afirma que os conteúdos conscientes que penetram na consciência associam-se uns aos outros. De um lado, você diz que a consciência é o *resultado* da síntese de diferentes cognições e, de outro, que diferentes conteúdos, que equivalem a cognições, "penetram" na consciência.

WOLF: Sei muito bem que mesmo as abordagens experimentais científicas se baseiam, afinal de contas, em pressupostos que não podemos provar. A abordagem científica possui, no entanto, um poder explicativo. Ela oferece *insights* que vão além do que se poderia deduzir por meio do simples debate ou da contemplação. Essa abordagem não deve nos preocupar, desde que continuemos conscientes do fato de que *nós* é que somos os observadores, que construímos os instrumentos de pesquisa, que formulamos hipóteses, que interpretamos e criamos regras,

---

*A natureza unitária da consciência corresponde ao fato de que nossas experiências chegam até nós como um todo unificado, isto é, que as diversas modalidades sensoriais se misturam numa experiência consciente e coerente única e singular. (N. da Edição Francesa.)

e desde que estejamos dispostos a admitir que nossas conclusões só são válidas dentro de limites bem definidos e na ausência de evidências em contrário. Para realizar nossas pesquisas, utilizamos um conjunto de funções cognitivas que são o resultado de um processo evolutivo que foi otimizado para garantir a sobrevivência num mundo ao qual ele se adaptou, e não para avaliar a "realidade objetiva" – supondo que ela exista. Devemos admitir, portanto, que nossas capacidades cognitivas são limitadas e talvez extremamente específicas.

Não obstante, se a pesquisa científica nos permite descobrir constantes que podemos transformar em leis, e se essas leis permitem, por sua vez, que elaboremos previsões verificáveis dentro de um determinado sistema descritivo, e se, além disso, os artefatos concebidos a partir dessas leis funcionam de acordo com o previsto, conseguimos, então, avançar um pouco. Devemos, humildemente, partir desse avanço e ver até onde essa abordagem empírica e verificável pode nos levar, sabendo que existem limites ao nosso conhecimento e que, por outro lado, ignoramos até onde essas fronteiras podem ser ampliadas. Penso que, além desses limites, estende-se o universo da metafísica e das crenças. Espero que esta exposição esclareça minha posição e defina o que entendo por evidências.

Depois desse parêntese epistemológico obrigatório, voltemos à dicotomia entre processamentos conscientes e inconscientes da informação. No processamento inconsciente, o cérebro é atraído por estímulos, visuais, auditivos ou táteis, sem prestar atenção neles conscientemente; em seguida, ele analisa automaticamente, e com facilidade, sua relevância, mas a assimilação de informações entre as diferentes modalidades sensoriais continua reduzida. Os estímulos percebidos inconscientemente são processados de forma mais independente do que se tivessem penetrado no âmbito da consciência. Se tivessem sido processados conscientemente, eles estariam associados e teriam criado um percepto unificado e coerente.

A fim de realizar essa integração, os sinais de diferentes sistemas sensoriais devem estar codificados num nível suficiente de abstração e se estruturar em um modelo suficientemente homogêneo para estarem realmente associados. O fato de a evolução ter acrescentado novas áreas corticais talvez tenha fornecido o substrato necessário para a integração dos sinais processados por meio de sistemas sensoriais distintos. A possibilidade de integrar e comparar sinais provenientes de diferentes sistemas sensoriais permitiu fazer descrições simbólicas e mais abstratas de objetos e de suas características. Essa integração multimodal, isto é, que associa informações provenientes de sistemas sensoriais diferentes, também permitiu descobrir que os objetos tinham características invariáveis, mesmo que pareçam muito diferentes quando percebidos por cada um desses sistemas sensoriais. O acréscimo dessas novas áreas corticais também permitiu a codificação simbólica, ela mesma uma condição prévia do desenvolvimento do sistema simbólico da linguagem e do raciocínio abstrato. Portanto, podemos considerar que a consciência, ou, mais precisamente, o estado de processamento consciente de informações, é um estado no qual os resultados das buscas de soluções podem se associar para formar um conjunto coerente que estabelece inúmeras relações simultâneas entre diferentes redes neuronais. É evidente, portanto, que esse processo permite uma descrição mais abstrata, simbólica e completa das situações. Trata-se, nesse caso, de uma forma de processamento da informação altamente avançada, cujo valor adaptativo, em termos evolutivos, é evidente. Ademais, se for possível canalizar essa informação unificada, condensada e abstrata em um sistema polivalente de comunicação, a evolução das sociedades que cooperam entre si será enormemente facilitada. Os conteúdos que são processados de maneira consciente têm acesso à linguagem, o que não acontece com os conteúdos que são objeto de processamento inconsciente. Se o grande número de sinais provenientes de diferentes modalidades sensoriais já tiverem se associado para formar conjuntos coerentes, não somente será mais fácil exprimir as próprias percepções, mas, por causa da natureza reflexiva da consciência, também será mais simples fornecer informações sobre os próprios estados internos.

Portanto, podemos considerar que a consciência é o substrato em que os resultados das buscas de soluções, após terem sido processados de modo a criar uma estrutura abstrata comum, são associados em um conjunto coerente a fim de serem transmitidos aos outros de forma muito concisa.

É evidente que a capacidade desse substrato é limitada, como acontece com todos os sistemas de processamento físico da informação. Todos os resultados das buscas de soluções obtidos nos diferentes centros do cérebro a cada instante não podem aceder ao âmbito da consciência nem se associar para criar uma representação unificada. É por isso que a atenção é indispensável: na verdade, precisamos selecionar os resultados que queremos associar entre si a fim de que eles formem uma cognição consciente, que possa ser transmitida por meio da linguagem e armazenada como "conhecimento" explícito na memória episódica, também conhecida como memória biográfica. Esse conhecimento poderá, então, ser trazido à memória e fazer parte integrante das deliberações conscientes.

Se você fizer um relato minucioso do que está presente em sua consciência neste momento, posso prestar atenção nesse fluxo de símbolos, decodificá-los e transferir o conteúdo semântico para o meu nível de consciência e, se necessário, armazená-lo em minha memória declarativa. Podemos dizer, em certo sentido, que inseri, e armazenei, uma descrição condensada e altamente simbólica do seu estado de consciência atual em meu próprio cérebro. Seu estado interior pode, então, atuar sobre futuros processos do meu cérebro. O mesmo acontece, naturalmente, com os conteúdos abstratos e extremamente complexos que foram unificados no âmbito da minha própria consciência e guardados na memória declarativa. Cada um desses conteúdos mudará de forma definitiva o meu cérebro, modificando, assim, os futuros processos. É assim que essas capacidades particulares de busca de soluções, que só ocorrem no nível da consciência, são assimiladas nos processos cerebrais de nível "inferior", isto é, nas redes do cérebro límbico. É assim que a causalidade descendente funciona. Ela se baseia nos mecanismos clássicos de transdução* de sinais e armazenagem de informações.

---

* No processo da percepção, a transdução sensorial, que se situa no nível dos receptores biológicos, é a transformação da energia física ou química de uma mensagem nervosa numa energia bioelétrica. (N. da Edição Francesa.)

MATTHIEU: O budismo afirma que a natureza última da consciência não cabe em palavras, símbolos, conceitos e qualquer forma de descrição. Podemos falar de uma pura consciência despida de construções mentais, mas isso é o mesmo que apontar o dedo para a Lua e depois dizer que esse dedo é a Lua. Sem ter uma experiência direta da pura consciência desperta, todo o resto não passa de palavras vazias de sentido. Como você disse, não existe problema enquanto examinamos a formação, o processamento e a integração de conteúdos mentais, as modalidades por meio das quais a atividade mental permite se relacionar com o mundo e com os outros. Dito isso, penso que todas essas pesquisas não abordam o problema da natureza fundamental da consciência. Os mecanismos que permitem transformar nossa experiência em conceitos, elaborar a memória, nos envolver numa comunicação interpessoal, todas essas esferas de pesquisa podem ser analisadas em níveis diferentes por contemplativos e neurocientistas. Existe um *corpus* de conhecimento fascinante, de uma complexidade extraordinária, a ser descoberto. Mas isso exige uma análise mais profunda do fenômeno mais essencial ainda, que é o fato de termos consciência.

WOLF: Mas por que isso é tão misterioso? Suponha que você tem um substrato que lhe permite imaginar conteúdos visuais. Você fecha os olhos para que essa base não seja congestionada com outros dados: existe sempre esse substrato no qual a visão pode se exprimir. Não é o que acontece com o substrato da consciência, ou mesmo da metaconsciência? Por sermos dotados de um cérebro altamente evoluído, dispomos de um espaço de trabalho da consciência, de um substrato ou de um estado funcional que nos permite ligar entre si representações muito abstratas e bastante dispersas. Sabemos que dispomos dessas capacidades porque já as experimentamos no passado. Se conseguimos, então, impedir a intromissão de qualquer conteúdo nesse substrato, continuamos sempre conscientes desse espaço de trabalho em que podemos permitir que os conteúdos penetrem graças à intenção e à atenção.

MATTHIEU: Mas, se você tem consciência "desse" espaço de trabalho, isso significa que essa consciência não se encontra "no" próprio espaço de trabalho, mas que ela se situa em um nível mais fundamental. Mais uma vez, nada aqui explica a característica fundamental da experiência da pura consciência livre de qualquer conteúdo conceitual. Os contemplativos que controlaram a capacidade de identificar claramente essa pura consciência – o que você chama de substrato sem conteúdo – a descrevem como um estado plenamente consciente, extremamente claro e impregnado de uma paz profunda. Eles veem claramente os pensamentos se elevando do espaço dessa consciência e se dissolvendo nela, como as ondas brotam do oceano e se desfazem nele. As pessoas que controlam esse processo desfrutam de um poderoso equilíbrio emocional, de uma força interior, de uma paz e de uma liberdade profundas. Portanto, deve ocorrer alguma coisa muito especial quando um meditador acessa esses níveis sutis de processos mentais.

WOLF: Tenho dificuldade em compreender essa questão. Quando estamos em estado de vigília, temos consciência dos nossos estados mentais. Temos consciência de estarmos em estado de vigília, temos consciência de estarmos conscientes, estamos prontos a nos envolver em todos os processos que um cérebro em estado de vigília é capaz de criar, estamos prontos a dirigir a atenção a estados internos ou a estímulos externos. Em que concentrar a atenção unicamente nesse estado tão particular seria tão diferente? Não consigo acompanhar seu raciocínio, segundo o qual esse estado de pura consciência é totalmente despido de qualquer conteúdo cognitivo. Como você explicou, é um estado que está impregnado de uma sensação de beatitude, que chamamos de tranquila, atemporal, ilimitada etc. Trata-se simplesmente de um estado de consciência particular em que os conteúdos habituais e ordinários foram substituídos por outros conteúdos. É um estado alterado de consciência que, aparentemente, pode ser alcançado por meio do treinamento da mente. Isso quer dizer que a indução desse estado não depende de mecanismos neuronais análogos aos que induzem os inúmeros estados de consciência que conhecemos? Tomemos, por exemplo, os estados de consciência induzidos por hipnose, autossugestão ou rituais. Todas essas práticas manipulam deliberadamente o fluxo de sinais sensoriais e a entrada de conteúdos cognitivos na consciência dirigindo a atenção para certos pontos de concentração.

Permita-me sugerir outra explicação. Parece que a atenção tem uma dupla função. Uma é selecionar os sinais que vêm do mundo exterior; a outra, selecionar os conteúdos cognitivos que serão processados em seguida no nível consciente. Está plenamente comprovado que é possível treinar a atenção com o objetivo de estabilizar suas interações com o mundo exterior. Algumas doenças aumentam a dificuldade de concentração e de atenção. Um dos objetivos da educação é treinar as crianças para que aprendam a focalizar a atenção, a filtrar os sinais sensoriais e a se concentrar em suas tarefas.

Segundo um processo muito parecido, deveríamos poder treinar os mecanismos atencionais que ajudarão a pessoa a escolher os conteúdos cognitivos que, em seguida, serão processados no nível consciente, evitando, portanto, a intromissão de dados indesejáveis. A prática que você defende talvez não consista tanto em treinar os mecanismos atencionais que selecionam os estímulos provenientes do mundo exterior como em exercitar os mecanismos que regulam o acesso dos conteúdos à consciência. Nesta altura dos acontecimentos, só posso especular, porque não sabemos o bastante a respeito da organização dos mecanismos da atenção. Além do mais, ainda ignoramos se existem dois sistemas atencionais distintos: um que realizaria a seleção dos sinais sensoriais, e outro que examinaria seu acesso à consciência. Geralmente, esses dois processos estão estreitamente ligados.

Os sinais aos quais prestamos atenção tendem a ser processados de forma consciente, têm acesso à memória de trabalho e à memória episódica e podem ser verbalizados. Existe outro problema relacionado ao conceito de espaço de trabalho. Quando falo de *espaço de trabalho* ou de *substrato*, não me refiro a uma área cerebral localizável. Trata-se, em vez disso, de um estado dinâmico específico em que se realizam funções associativas que caracterizam o processamento consciente. Poderíamos supor que uma das funções dos mecanismos atencionais é preparar esse estado. Será que essa explicação faz sentido?

MATTHIEU: Sim. Mas perdoe-me se insisto: ainda não explicamos a natureza da consciência fundamental.

WOLF: Ela poderia ser explicada simplesmente pela preparação do espaço de trabalho que a atenção exige, a instalação desse suporte.

MATTHIEU: Nós não diríamos que a pura consciência é uma forma de atenção, já que a atenção significa estar atento a algo, um processo que se realiza segundo o modo dualista de um sujeito que presta atenção em um objeto. É mais correto dizer que diferentes funções mentais podem se desenvolver no meio dessa pura consciência, entre elas a atenção dirigida a percepções ou a outro fenômeno mental qualquer. O que você acaba de dizer parece ser uma explicação satisfatória do treinamento da atenção. Mas isso não basta para explicar o conjunto da experiência em toda a sua riqueza e, sobretudo, o fato de que a experiência sempre é mais importante. Esse é um fato incontestável.

Experiências perturbadoras

MATTHIEU: Seria interessante analisar determinados fenômenos que, caso se mostrem válidos, nos levariam a reconsiderar a concepção geral de uma consciência inteiramente dependente do cérebro. Vêm-me à mente três casos que merecem ser analisados detidamente, e com relação aos quais sem dúvida deveríamos separar a ilusão da realidade, os fatos dos boatos: indivíduos com acesso a conteúdos cognitivos dos outros; pessoas que conseguem se lembrar de suas vidas passadas; e pessoas que passaram por experiências de quase morte ou que descreveram em detalhes seu ambiente no momento em que estavam aparentemente inconscientes, cujo eletroencefalograma (EEG) não registrava nenhuma alteração, o que indica que não havia nenhuma atividade elétrica nas zonas principais do cérebro. Esses fenômenos, citados com frequência como provas factuais de que a consciência não se restringe ao corpo físico, nos obrigam a rever nossos critérios de validação. Além disso, como as pesquisas de Steven Laureys revelaram, em alguns estados comatosos a pessoa tem, de fato, consciência do ambiente.[4]

WOLF: De fato, é uma questão epistemológica importante. Se um desses relatos sobre fenômenos parapsicológicos se mostrasse válido e resistisse a explicações banais como percepções enganosas, memórias imaginárias ou coincidências, estaríamos diante de um problema fundamental, já que esses fenômenos não podem ser explicados por nenhum dos mecanismos neuronais conhecidos e, pior, eles violariam algumas das leis fundamentais em que se baseiam as ciências naturais. Um dos principais problemas de fenômenos desse tipo é que eles não são reproduzíveis. Como é impossível desencadeá-los intencionalmente, não podemos examiná-los de forma experimental. É claro que poderíamos responder dizendo que eles pertencem a uma categoria de fenômenos cuja característica constitutiva é não ser reproduzível, que eles representam as exceções de uma dinâmica que nunca se repete por si. Nesse caso, é impossível estudá-los com os instrumentos científicos disponíveis.

Vou lhe contar uma história que aconteceu comigo, e que até hoje me intriga. Minhas filhas, quando tinham mais ou menos 8 anos de idade, foram convidadas para uma festa de Carnaval no outro extremo da cidade, aonde eu nunca tinha ido. Os pais de um de seus amigos as tinham levado, e eu teria de buscá-las à noite. Saí do laboratório e rodei uma hora debaixo de uma tempestade de neve, até chegar ao endereço que me haviam passado. Vi-me diante de uma casa escura e vazia. Era uma situação muito desagradável. O endereço estava errado e, como ainda não existia telefone celular nessa época, só me restava voltar para casa e esperar que minhas filhas me ligassem para me passar o endereço certo. Ou seja, eu teria de dirigir durante uma hora para voltar para casa, depois mais uma hora para ir pegá-las e, por fim, ainda mais uma hora para voltar para casa com elas. Fiquei furioso. O que fiz? Continuei dirigindo rumo à saída da cidade, virando à direita e à esquerda, sem saber para onde ir, num estado alterado de consciência. Acabei indo parar numa rua sem saída, dei meia-volta, percorri uma centena de metros e, então, por um motivo que ignoro, senti que tinha de estacionar imediatamente. Do outro lado da rua havia um prédio de vários andares. Atravessei a rua para ler os nomes dos moradores na placa de entrada. Não me pergunte por que escolhi aquele prédio. Enquanto lia os nomes, percebi um movimento em meu campo periférico de visão; voltei-me e, através da porta envidraçada, vi uma das minhas filhas subindo do porão onde tivera lugar a festa. Ela abriu a porta e disse: "Você chegou bem na hora. A festa está no fim. Tania vai subir daqui a pouco". Quando contei o que acontecera, elas não demonstraram a mínima surpresa! Disseram: "Como você é o nosso pai, é claro que sabia onde nós estávamos". Foi um conhecimento inconsciente? Eu já tinha visto o mapa da cidade? Tinha ouvido falar que a família se mudara? Lembrava-me inconscientemente do nome da rua e de que a família em questão agora morava num prédio? É possível que todos esses dados estivessem armazenados e que meu inconsciente tenha se baseado numa abordagem intuitiva, e que, em vez de continuar dirigindo por mais três horas, eu tenha pensado: "Seria melhor rodar um pouco ao acaso, apesar de tudo existe a possibilidade de que eu encontre minhas filhas"? Pois tenho a sensação de ter me virado por acaso, sem saber por que me meti num processo de busca tão irracional.

MATTHIEU: Você nem olhou o nome das ruas?

WOLF: Não, eu estava muito contrariado. Fiquei apenas dirigindo sem rumo, e não tinha nenhuma lembrança explícita do novo endereço. O fato de eu ter sido capaz, num estado alterado de consciência, de recordar uma infinidade de dados armazenados no inconsciente e de utilizá-los para me orientar seria uma interpretação compatível com o que sabemos atualmente a respeito dos mecanismos cerebrais. Mas, se a interpretação das minhas filhas estivesse correta, teríamos motivo para questionar nossas concepções do cérebro e da natureza em geral e deveríamos admitir que falhamos em algo essencial. Mas, por ora, e apesar das experiências e dos relatos do mesmo gênero, não dispomos de nenhum argumento convincente o bastante para mudar nossa linha de investigação, pois não saberíamos qual seria o objeto de nossas pesquisas.

MATTHIEU: Você deve ter se sentido estranho depois desse episódio.

WOLF: Sim, muito estranho.

MATTHIEU: Mas, como todo cientista que se preza, se você tivesse atribuído uma importância exagerada a essa experiência, as pessoas começariam a dizer: "Ei, vejam, o Wolf Singer virou um desses tipos birutas que acreditam em fenômenos paranormais!"

WOLF: Se eu tivesse iniciado um programa de pesquisa sobre esse tema, certamente teriam dito isso. Porém, correndo o risco de me repetir, eu diria que talvez exista uma explicação simples para tudo isso. O cérebro possui uma capacidade enorme de armazenar informações. E, na vida cotidiana, para evitar o perigo, nós dependemos continuamente de informações das quais não temos consciência. Recorremos a canais intuitivos que se mostram muito eficazes, mas que são diferentes das estratégias que consideramos racionais. Se essas tentativas falham, temos a tendência de considerar essa falha natural. Por outro lado, se elas têm êxito, ficamos muitas vezes com a impressão de que essas soluções são de natureza milagrosa.

MATTHIEU: Vou lhe contar uma história pessoal. Já a contei antes porque acho que é um exemplo perfeito de que é possível. Quando eu vivia numa pequena cabana ao lado de meu primeiro mestre, Kangyur Rinpoche, em Darjeeling, lembrei que um dia, na adolescência, eu tinha matado alguns animais. Costumava pescar, até o dia em que, com mais ou menos 13 anos de idade, tomei consciência de que causava um sofrimento horrível nos peixes quando lhes tirava a vida. Nunca tinha caçado, e me opunha firmemente à caça, mas meu tio tinha sugerido que fôssemos dar uns tiros de espingarda nos ratões-do-banhado que estavam destruindo seu gramado, e achei que seria divertido. Então atirei, estupidamente, em um deles. Ele deu um salto. Não sei se o matei, espero que não, mas ele desapareceu na água do lago.

Ao refletir sobre o que tinha acontecido, pensei: "Mas como eu pude fazer uma coisa dessa?" Foi um gesto completamente insensato, uma total falta de consideração pela vida de um ser sensível. Podia ser uma fêmea que estivesse amamentando. Eu me arrependi profundamente ao pensar que tinha matado o animal simplesmente porque ele estava comendo a grama do meu tio.

A lembrança desse episódio provocou em mim um desejo muito forte de me encontrar com meu mestre Kangyur Rinpoche no mosteiro, que ficava bem ao lado da minha cabana, para me confessar. Nessa época, eu não falava bem tibetano, mas seu filho mais velho, que também é um dos meus mestres e fala fluentemente inglês, estava presente. Enquanto eu me prostrava três vezes diante de Kangyur Rinpoche, percebi que ele ria e dizia alguma coisa ao filho. Então, quando me aproximei para receber sua bênção e contar a história, antes mesmo de abrir a boca, seu filho me disse: "Rinpoche quer saber quantos animais você matou na vida".

Por mais estranho que pareça, na verdade a situação não era nada surpreendente. Tudo aquilo parecia muito natural. Contei a Kangyur Rinpoche que eu tinha matado um ratão-do-banhado e vários peixes. Ele riu novamente, como se a história fosse uma boa piada. Não precisou dizer mais nada.

Certo dia, contei esse episódio ao neurocientista Jonathan Cohen. Ele disse o seguinte: "Milhões de coisas acontecem em sua vida. A todo momento acontece alguma coisa. No meio desses milhões de eventos, em raras ocasiões, duas coisas aparentemente sem ligação parecem se associar perfeitamente, como o fato de ganhar na loteria. Essa associação provoca uma forte impressão em sua mente, e você conclui que esses dois eventos estão associados de maneira misteriosa. Mas isso nada mais é que uma explicação pontual de eventos aleatórios". Penso, porém, que minha história é muito diferente, pois a todo momento ocorrem eventos muito improváveis que dependem da lógica ordinária e têm explicações muito simples, o que não foi o caso com Kangyur Rinpoche.

WOLF: Mesmo o que parece extremamente improvável é sempre possível. E, quando acontece, atribuímos enorme importância àquela circunstância.

MATTHIEU: Devo dizer que esse tipo de situação se repetiu com frequência quando eu vivia junto dos meus mestres — era como se eu ganhasse na loteria mês sim, mês não.

WOLF: Em tempo de guerra, é comum ouvirmos as mães dizerem: "Sonhei que meu filho tinha morrido, e dois dias depois me deram a notícia". Dizem que as mães dos soldados vivem ansiosas. Certamente elas têm esse sonho todas as noites, nada acontece e se esquecem dele. A explicação que se dá a esse fenômeno é que as "visões" são interpretações *a posteriori* de simples coincidências.

MATTHIEU: É claro que se pode dizer que todos os dias acontecem inúmeras coincidências estranhas, mas que elas são puramente fortuitas. Os encontros que temos diariamente na rua, no trem, em qualquer lugar, têm uma probabilidade em milhões de ocorrerem, mas não lhes damos muita atenção porque eles não parecem ter significado especial para nós. Em compensação, quando acontece nos sentarmos ao lado de uma pessoa conhecida no trem, alguém que normalmente não toma aquela linha, ficamos espantados de que tal coincidência possa ter ocorrido. Na verdade, não existe nenhuma diferença entre as duas situações. Elas têm as mesmas chances de ocorrer e de não ocorrer, mas a segunda alternativa assume para nós um significado especial e, portanto, nós lhe damos atenção especial.

Posso dar dois exemplos impressionantes desse tipo de circunstância. Um dia eu caminhava pelas ruas de Paris para me encontrar com meu editor, depois do que iria participar de um programa de TV sobre literatura dedicado ao meu último livro. Subitamente, um táxi parou e dele desceu um homem com uma carta na mão. Ele me disse: "Eu não o conheço, mas li seu livro e estava prestes a lhe enviar esta carta. Aqui está ela". De acordo, muito bem: trata-se simplesmente de um desses eventos que assumem um significado especial para cada um de nós. Naquela noite, depois do programa, fomos todos jantar em um restaurante. Mais tarde, peguei um táxi com um amigo que ia na mesma direção que eu. Estávamos conversando sobre o programa quando o motorista se virou e disse: "Duas horas atrás peguei uma mulher que fazia parte da plateia desse programa". Quando perguntei onde ele a tinha deixado, ele deu o endereço da minha irmã. O motorista de táxi disse que havia 14.000 táxis em Paris.

Eu tinha acabado de me deparar com duas coincidências impressionantes no espaço de algumas horas. Francamente, não vejo nada de extraordinário nisso, é como ganhar duas vezes na loteria no mesmo dia; isso não acontece com frequência, mas é apenas uma questão de probabilidade. Esses eventos são perfeitamente explicáveis. Aquele homem tinha inúmeros motivos para escrever uma carta para mim e pô-la no correio, assim como eu de caminhar pela rua, minha irmã de pegar um táxi e eu de fazer a mesma coisa duas horas mais tarde.

No caso da pergunta que o meu mestre fez, penso que existe uma diferença de natureza. Não havia nenhuma razão para que ele me perguntasse abruptamente se eu já tinha matado animais. Durante muitos anos, Kangyur Rinpoche nunca me fizera perguntas a respeito da minha infância ou da minha vida na França. Eu tinha simplesmente dito que havia estudado ciência no Ocidente, que tinha pais, um tio e uma irmã, e que eu gostava muito deles. Só isso.

Tudo que ele me falou ao longo dos anos dizia respeito apenas à prática da meditação, à vida dos grandes mestres do passado ou, ainda, às coisas relacionadas ao momento presente e à vida cotidiana. Por que, então, pela primeira e última vez em sete anos, ele me fez aquela pergunta à queima-roupa sobre um acontecimento relativamente obscuro e distante, bem no momento em que eu ia lhe confessar esse episódio? A meu ver, trata-se de algo que não depende de uma simples interpretação probabilística como era o caso em Paris. A explicação mais simples e evidente é que ele tinha lido meus pensamentos. Eu não tenho nenhuma dúvida disso.

Não se trata de um caso isolado. Eu poderia relatar quatro ou cinco histórias semelhantes testemunhadas por mim com meu segundo mestre espiritual, Dilgo Khyentse Rinpoche, e alguns de seus discípulos.

A tradição tibetana considera que a capacidade de ler os pensamentos dos outros é um dos efeitos secundários de um nível de meditação extremamente puro e profundo. Não encontramos essa capacidade em pessoas comuns, cuja mente não passou por um treinamento espiritual. Os mestres espirituais não se vangloriam jamais dessas aptidões particulares como fazem às vezes alguns "médiuns"; eles nem as reconhecem abertamente. Esse fenômeno ocorre de tempos em tempos, no momento oportuno, com o objetivo de reforçar a confiança do discípulo na prática espiritual. Trata-se sempre de uma alusão sutil, nunca de uma demonstração ostentatória.

WOLF: Durante a Guerra Fria, foram realizados experimentos desse tipo na Universidade Stanford, nos Estados Unidos. Como as autoridades estavam tentando imaginar um meio de se comunicar com submarinos submersos, tiveram a ideia de recorrer à telepatia. Laboratórios de física conhecidos pela seriedade deram início a uma série de experimentos. Uma pessoa-alvo era enviada para um dos locais selecionados, enquanto um médium ficava sentado numa sala blindada, uma espécie de gaiola de Faraday – um espaço fechado construído de material eletricamente condutor, utilizado para bloquear campos elétricos. O médium tinha de fazer uma descrição verbal e pictórica do que a pessoa-alvo via naquele momento. Em seguida, esses dados eram transmitidos a um grupo de sujeitos que conheciam bem os cinco locais selecionados, mas que desconheciam o objetivo do experimento. Pedia-se a esses sujeitos que indicassem o local mais parecido com a descrição verbal e com os desenhos do médium. Parece que o índice de correspondência foi extraordinário. Houve uma correlação extremamente significativa entre a opinião dos observadores imparciais que avaliavam os desenhos e o lugar para o qual a pessoa-alvo tinha sido enviada. Dois relatórios das pesquisas foram publicados na revista *Nature*, e um ou dois artigos na revista do Instituto de Engenheiros Eletricistas e Eletrônicos (IEEE), uma instituição americana muito séria. Essas publicações não tiveram repercussão; pelo menos, não ouvi mais falar do assunto.

MATTHIEU: Em que época foi isso?

WOLF: Nos anos 1960. Creio que esses físicos fizeram um belo trabalho científico, criaram um teste duplo-cego etc. Em Friburgo, na Alemanha, um instituto de pesquisas dirigido pelo professor Bender também tentou comprovar esses fenômenos estranhos num contexto experimental científico. Mas nesse caso todas as tentativas foram malsucedidas e as estatísticas nunca se mostraram relevantes.

MATTHIEU: A questão é o que fazer com essas pesquisas. Como tais experimentos vão de encontro a todas as crenças ocidentais – ao menos nos meios científicos reconhecidos –, os pesquisadores tendem a não levá-los em conta, mesmo se os resultados obtidos forem válidos.

WOLF: Lembro-me de que há cerca de vinte anos o estudo do substrato neuronal da consciência não era considerado algo sério. Hoje, é um campo de pesquisas plenamente aceito. Em contrapartida, não vejo uma única fundação conceder um mísero centavo se você lhe propuser o estudo de fenômenos paranormais. Os artigos dos físicos de Stanford publicados na *Nature* foram, sem dúvida, totalmente esquecidos. Uma noite, enquanto tomava um copo de vinho, conversei com um colega que conhecia essas publicações. Diante das minhas dúvidas, ele me apresentou relatórios de pesquisas publicados em revistas muito sérias. Embora esses artigos parecessem fundamentados, a maioria das pesquisas realizadas sobre os fenômenos parapsicológicos nunca deu em nada.

Lembrar vidas passadas?

MATTHIEU: Ian Stevenson, hoje falecido, era professor na Universidade da Virgínia. Ele analisou os relatos de centenas de pessoas que afirmavam se lembrar de suas vidas passadas, descartando a maioria das histórias por serem pouco conclusivas ou completamente falsas. No final da pesquisa, ele selecionou vinte casos para os quais as explicações habituais – coincidência, fraude, investigações superficiais – aparentemente não se sustentavam: considerando os detalhes e a precisão das recordações, era difícil explicar esses relatos de outra maneira que não pelo fato de resultarem de uma forma especial de memória.[5] Todos os casos diziam respeito a crianças comuns. Psiquiatra e antropólogo, Stevenson não era uma pessoa religiosa.

Um dos casos mais célebres nessa área é o de Shanti Devi. Não é a primeira vez que conto essa história, e ela é realmente espantosa. Shanti Devi nasceu em Déli, na Índia, em 1926. Aos 4 anos de idade, ela começou a dizer coisas estranhas aos pais. Dizia que sua verdadeira casa ficava na cidade de Mathura, onde seu marido morava. Shanti Devi era uma criança adorável e inteligente. No início, suas palavras divertiam as pessoas que a rodeavam, as quais, contudo, logo passaram a temer por sua saúde mental. Na escola, todo mundo zombava dela.

Seu professor e o diretor da escola ficaram tão intrigados com aquela garotinha estudiosa e séria que acabaram indo se encontrar com os pais dela para tentar entender a situação. Eles interrogaram Shanti Devi durante muito tempo, e, durante a conversa, ela utilizou palavras que pertenciam ao dialeto de Mathura, que ninguém em sua família nem na escola falava. Em meio a um grande número de detalhes, ela afirmou que seu marido se chamava Kedar Nath. O diretor da escola, então, levantou informações em Mathura, descobriu que havia ali um comerciante com esse nome e lhe escreveu. Chocado, o comerciante respondeu que sua mulher tinha morrido havia nove anos, dez dias após ter dado à luz um menino. Ele enviou um de seus primos a Déli, onde Shanti Devi morava. A menina o reconheceu de imediato e o acolheu calorosamente, embora fosse a primeira vez que o via.

Comentou que ele tinha engordado e que ficava triste por constatar que ele ainda continuava solteiro, além de ter lhe feito muitas outras perguntas. O primo, que fora até lá pensando que iria desmascarar uma impostora, estava estupefato. Depois, ela pediu notícias do filho que trouxera ao mundo nove anos antes. Quando lhe relataram todos esses fatos, Kedar Nath resolveu ir imediatamente a Déli com o filho, pretendendo se fazer passar por cunhado dela. Mas, assim que ele se apresentou com sua falsa identidade, Shanti Devi exclamou: "Você não é o meu *jeth* ("cunhado", no dialeto de Mathura), você é o meu marido, Kedar Nath". Em seguida, ela se jogou em seus braços, chorando. Quando o filho dele, que era um pouco mais velho que a menina, entrou na sala, ela o abraçou como uma mãe faria. Shanti Devi perguntou então a seu marido se ele tinha mantido a promessa que lhe fizera em seu leito de morte de nunca mais se casar. Quando ele admitiu que tinha tomado uma segunda esposa, ela o perdoou. Kedar Nath fez um grande número de perguntas a Shanti Devi, que ela respondeu com precisão desconcertante.

Gandhi em pessoa foi conhecer a menina, sugerindo que ela fosse a Mathura acompanhada dos pais, de três cidadãos honrados da cidade, de advogados, jornalistas e empresários, todos de excelente reputação. Quando o grupo chegou à estação de Mathura, uma multidão o esperava na plataforma. De imediato, a criança deixou todo mundo espantado ao reconhecer todos os membros de sua "antiga família". Correu na direção de um homem idoso, gritando: "Vovô!" A menina guiou o cortejo diretamente para sua casa. Durante os dias que se seguiram, ela reconheceu dezenas de pessoas e lugares. Encontrou os pais de sua vida passada, que ficaram desorientados. Seus pais atuais ficaram muito preocupados diante da ideia de que ela não quisesse mais ficar com eles. Dividida entre suas duas famílias, ela acabou decidindo voltar para Déli. Suas perguntas tinham revelado que seu marido não tinha mantido nenhuma das promessas que lhe fizera no momento da sua morte. Nem mesmo oferecera ao deus Krishna as 10 rupias pela salvação de sua alma que ela tinha economizado e escondido debaixo das tábuas do assoalho. Só Lugdi Devi (seu nome de casada) e o marido sabiam onde ficava o esconderijo. Shanti Devi perdoou todas as faltas do marido, enquanto crescia a admiração entre todos que a ouviam falar. Um comitê local realizou um inquérito minucioso, verificando as informações por meio de acareações. A conclusão foi que Shanti Devi era mesmo a reencarnação de Lugdi Devi. Mais tarde, depois de estudar literatura e filosofia, Shanti Devi levou uma vida simples, dedicada à oração e à meditação.[6]

Sem ficar fascinado nem obcecado com acontecimentos estranhos, como as pessoas que passam a vida interessadas em OVNIs, penso que o estudo desses fenômenos faz parte da abertura da mente.

WOLF: Temos de manter a mente aberta. A história da ciência está cheia de investigações que eram incompatíveis com as teorias em voga. Essas investigações levaram à realização de pesquisas diferentes que acabaram modificando teorias, ou que resultaram na descoberta de princípios inteiramente novos. As investigações que acabamos de discutir não podem ser levadas em conta no contexto das teorias científicas contemporâneas. Para que elas fossem objeto de uma pesquisa científica, teríamos que poder reproduzi-las de acordo com um protocolo bem definido. Se esses fenômenos misteriosos têm características únicas, como as que estão presentes nos sistemas complexos não lineares, isto é, se uma das suas características é ser não reproduzível, então não é mais possível aplicar as abordagens científicas convencionais.

É claro que é possível objetar que outros processos não reproduzíveis, como a evolução e a criação do universo, são facilmente acessíveis a investigações e a explicações científicas. Por que não aconteceria o mesmo com fenômenos parapsicológicos que foram observados e relatados por tantas pessoas? A resposta é que a evolução – tanto a evolução biológica como a evolução do universo – pode ser analisada no âmbito de leis da natureza que conhecemos, enquanto os princípios que conhecemos sobre a transmissão da informação no tempo e no espaço não podem explicar esses fenômenos e, no momento atual e com os instrumentos de investigação disponíveis, não podemos apreender os objetos das nossas pesquisas. A história dos progressos científicos ensinou que na maioria das vezes é inútil tentar resolver um problema se nem ao menos se souber como abordá-lo. A estratégia mais inteligente é simplesmente prosseguir com as pesquisas ali onde a luz brilha, quer dizer, nas situações em que é possível formular hipóteses verificáveis. Se, ao longo dessas pesquisas, descobrirmos novos princípios que podem esclarecer os processos que estão na origem de alguns desses fenômenos parapsicológicos, então será hora de submetê-los a uma investigação científica. Por enquanto, ainda não chegamos lá.

O que podemos aprender com as experiências de quase morte?

MATTHIEU: O terceiro exemplo de testemunho que seria interessante analisar é o da experiência de quase morte (EQM). Parece que a maior parte das experiências vividas por pessoas que passaram por uma EQM (sentimento de bem-aventurança, visões de luz no fim de um túnel, sensação de flutuar acima do corpo etc.) se explica facilmente pelo fluxo repentino de neurotransmissores no cérebro, fenômeno que ocorre com as pessoas no limiar da morte. Mas também existem testemunhos solidamente documentados, inclusive um relatório publicado em *The Lancet*, revista médica das mais sérias, sobre pessoas que se lembravam de alguns eventos ocorridos no quarto de hospital enquanto elas estavam em coma, com um EEG zerado. Pim van Lommel, o autor desse relatório, que citava 354 casos de pacientes vítimas de parada cardíaca,[7] conta que um dos doentes se lembrava muito claramente de que uma enfermeira tinha posto sua dentadura numa bandeja, enquanto seu cérebro estava aparentemente inativo. Quando ele saiu do coma, a enfermeira não estava de serviço. Quando ela voltou, alguns dias mais tarde, o paciente perguntou: "Onde você pôs minha dentadura?" A enfermeira ficou estupefata.

WOLF: Existe um grande número de relatos, publicados em revistas renomadas e comentados por colegas, mencionando pacientes que contaram esse tipo de experiência depois de terem sido reanimados após uma parada cardíaca ou outros acidentes que eliminaram temporariamente qualquer possibilidade de medir a atividade cerebral. Na grande maioria dos casos, essas experiências podem ser atribuídas a importantes perturbações das funções cerebrais que antecedem o estado comatoso e se seguem a ele. Em geral, é impossível saber com exatidão quando essas EQMs ocorrem: se durante a fase em que o paciente entra em coma ou, então, durante a fase do despertar. Não é possível confiar nos cálculos de tempo transmitidos pelos doentes.

Quando o cérebro entra em coma ou em repouso, as sequências de ativação e desativação dos diferentes subsistemas cerebrais não seguem a ordem normal que caracteriza as fases de sono e de vigília; isso explica o fato de os pacientes terem experiências de dissociação e confusão na percepção do espaço e do tempo. Quanto ao caso citado por Van Lommel, não tenho explicação. Poderíamos tentar interpretar o que aconteceu especulando que o paciente tinha visto a enfermeira antes de entrar em coma e que se lembrava, inconscientemente, de alguém tirando a dentadura de sua boca – o que é uma operação bastante invasiva, sobretudo se os reflexos orais primários continuam presentes –, e que o processamento inconsciente estabeleceu uma relação entre esses dois eventos associados no tempo. Também sabemos, por meio de experimentos muito bem controlados realizados sob anestesia, que pacientes podem ter lembranças inconscientes de eventos ocorridos durante uma cirurgia, mesmo se o eletroencefalograma mostra que eles estão profundamente anestesiados, em um estado muito semelhante ao coma. O mesmo acontece com o sono profundo. Embora a pessoa adormecida esteja inconsciente, o cérebro continua capaz de analisar sinais sensoriais. Se identifica um deles como estranho ou perigoso, ele reage despertando. É o que mostram os trabalhos de Steven Laureys e de outros pesquisadores.

No entanto, repito, se existem indícios convincentes que mostram que os indivíduos vivenciaram eventos que de fato ocorreram, conservando a lembrança deles apesar de o cérebro estar completamente inativo – o que não é fácil de confirmar apenas com os registros da eletroencefalografia –, então nos encontramos diante do mesmo problema mencionado quando nos referimos aos fenômenos parapsicológicos. Nesse contexto, é oportuno lembrar que existem inúmeras evidências que demonstram que a atividade cerebral anormal que ocorre durante a aura de um ataque epiléptico – o lapso de tempo que antecede o ataque propriamente dito – às vezes desencadeia nos pacientes experiências que se parecem bastante com as vivenciadas por ocasião das EQMS.

Em *O idiota*, Dostoiévski apresenta testemunhos literários eloquentes em que descreve de maneira resumida os estados alterados de consciência que precediam seus ataques de epilepsia. Ele vivenciou esses estados como momentos extremamente gratificantes, cheios de beatitude e clareza. Parecia que todos os conflitos estavam solucionados: ele se sentia em perfeita harmonia com o mundo, totalmente livre, tomado por uma profunda lucidez, e tinha a impressão de se mover num presente absoluto. Experiências surpreendentemente parecidas são descritas por pessoas que sofrem de epilepsia focal da ínsula anterior, uma zona do neocórtex que apresenta forte conexão com as áreas do córtex pré-frontal, com o córtex cingulado anterior e com as estruturas cerebrais responsáveis pelos sistemas de recompensa.[8] Uma das inúmeras funções atribuídas à ínsula inferior é a detecção de disparidades entre o que é esperado e os estados presentes do cérebro. Essa disparidade normalmente gera uma sensação de conflito interno, uma tensão desagradável. Dado que a atividade epiléptica atrapalha o funcionamento das regiões afetadas, poderíamos interpretar essas sensações de êxtase e felicidade associadas às epilepsias focais como uma ausência temporária de sinais indicativos desse gênero de disparidade e, portanto, de conflitos internos. Essa ausência de sinais poderia produzir tais sensações de beatitude e clareza, a sensação de ter resolvido todos os conflitos e de estar em perfeita harmonia com o mundo e consigo mesmo. Um dos pacientes descreve esse estado como uma sequência ininterrupta de momentos de "eureca", esses instantes de satisfação e bem-estar que experimentamos depois de ter encontrado a solução de um problema, ou o fato de viver subitamente um momento de profunda lucidez.

Seria a consciência formada por algo que não é matéria?

WOLF: Se a causalidade descendente fosse possível, deveríamos pressupor a existência de um processo sustentado por uma dimensão da natureza que, até o momento, é desconhecida. Essa "coisa" deveria controlar os processos neuronais e modelá-los de tal maneira que eles se manifestassem em pensamentos, desejos e emoções, impregnando assim todos os traços da personalidade. Nesse caso, esse processo não estaria ligado ao corpo nem ao cérebro e garantiria nossa continuidade para além da morte.

MATTHIEU: Ele seria o vetor da continuidade da consciência.

WOLF: Nesse caso, a questão que se coloca é a seguinte: como esse processo iria interagir com as redes neuronais altamente sofisticadas do cérebro, para fazer com que elas executem as "vontades" de um processo que pertence a uma ordem superior? Além disso, o que complica ainda mais as atuais explicações a respeito da telepatia, as redes cerebrais variam muito de uma pessoa para outra, não só em razão da diversidade genética, mas também porque elas evoluíram em ambientes diferentes e, portanto, sofreram modificações epigenéticas que também são diferentes. Como você saberia gerar as ondas, ou os campos de força, que poderiam influenciar meu cérebro de forma específica? É impossível fazer essas perguntas no âmbito das teorias científicas que conheço.

Indícios sugerem que os campos elétricos gerados pela atividade neuronal sincronizada são suficientemente poderosos, mesmo em baixa intensidade, para influenciar a atividade de outros neurônios que se encontram mais próximos. Continuamos sem saber se essa modificação da atividade neuronal que não depende de conexões sinápticas – que chamamos de efapse – desempenha algum papel funcional. Durante as crises de epilepsia, os campos elétricos produzidos pelas descargas altamente sincronizadas de uma grande população de neurônios são suficientemente poderosos para ativar os neurônios adjacentes, mesmo se estes últimos não tiverem conexões sinápticas com essas

populações de neurônios. Seus efeitos, no entanto, são muito localizados, ocorrendo numa distância da ordem de uma fração de milímetro.
Desconhecemos, até o momento, qualquer campo elétrico capaz de
produzir efeitos a longa distância. É possível influenciar a atividade
neuronal; para isso, porém, é preciso aplicar poderosos campos elétricos por meio da colocação de eletrodos no crânio, ou desencadeando
impulsos eletromagnéticos muito poderosos perto da caixa craniana.
Trata-se, porém, de métodos ainda rudimentares e que só provocam
modificações de excitabilidade na zona visada.

MATTHIEU: É um fato muito interessante, mas do ponto de vista do
budismo isso diz respeito apenas ao aspecto rudimentar da consciência, não a sua natureza fundamental.

WOLF: No entanto, esses fatos vão de encontro à ideia de que alguns
fenômenos mentais são totalmente desconectados e independentes do
substrato físico do cérebro. Isso põe em questão os fundamentos mesmos de todas as religiões, que pressupõem a existência de um espírito
ou alma imaterial, que seria independente do cérebro e permaneceria
em seu próprio reino espiritual e incorpóreo, enquanto interage com o
cérebro. Existe, é claro, outra maneira de conceituar a ideia de que somos dotados de uma dimensão em que o "espírito", ou a "alma", continua existindo depois da vida e influencia outras funções cerebrais.
Como discutimos, nossas atividades sociais e científicas acrescentam
um grande número de realidades ao mundo em que nos movemos.
Dissemos que muitas dessas realidades são imateriais: trata-se de crenças, conceitos, conhecimentos, consensos, símbolos, características,
julgamentos de valor etc. Cada um de nós ajuda, com sua participa-
ção, a criar a cultura, a forjar essas realidades imateriais que se conservam para além da nossa própria existência.
    Como diz o provérbio: "Nenhuma palavra jamais é perdida". Além
disso, por mais imateriais que elas sejam, essas realidades influenciam profundamente o cérebro de outras pessoas, criando restrições,
exigências morais e objetivos sociais para os membros da sociedade.

Elas podem até influir na estrutura cerebral funcional do cérebro das gerações futuras por meio da moldagem epigenética, que depende da experiência adquirida durante o desenvolvimento do cérebro. Apresentamos os mecanismos por meio dos quais as realidades sociais imateriais modificam as estruturas cerebrais durante o crescimento. No que concerne à herança genética, nosso cérebro não é muito diferente do cérebro dos nossos ancestrais que viviam nas cavernas. No entanto, é bem provável que a inserção num ambiente sociocultural muito mais rico e complexo, associada a uma infinidade de medidas educativas eficazes, tenha contribuído bastante para diferenciar a estrutura do nosso cérebro. Em outras palavras, as atividades culturais, as atividades do "espírito", criam realidades imateriais que, por sua vez, atuam no cérebro e moldam sua estrutura.

Talvez intuições implícitas desses processos tenham originado conceitos e crenças numa dimensão imortal e imaterial da nossa existência – nossa alma –, a possibilidade de causalidade mental e de reencarnação.

MATTHIEU: É inegável que existe uma relação estreita entre o funcionamento neuronal do cérebro e o que o budismo chama de "aspecto rudimentar" da consciência. É por isso que a condição física do cérebro afeta de maneira fundamental esse aspecto da consciência.

Dito isso, é verdade que as teorias científicas são influenciadas, em certa medida, pelas concepções metafísicas predominantes nas culturas em que elas foram concebidas. A maioria dos cientistas e filósofos ocidentais tem a tendência de pensar que existe uma realidade sólida por trás do véu das aparências.

Como dissemos, a física quântica não concebe as partículas como "coisas", mas como "eventos" que podem se comportar ou como ondas não localizadas ou como partículas localizadas, o que se mostra profundamente desconcertante diante da crença na "solidez" do mundo.

A física nos oferece, assim, diferentes concepções do mundo, das quais o realismo representa apenas uma possibilidade entre outras. É mais fácil para as culturas ocidentais questionar a realidade "sólida" dos fenômenos do mundo. Para elas também é mais fácil imaginar níveis de consciência mais fundamentais e primeiros: a pura consciência desperta ou a experiência pura.

A esse respeito, nosso amigo comum Francisco Varela escreveu o seguinte: "Esses níveis sutis de consciência aparecem aos olhos do Ocidente como uma forma de dualismo e são rapidamente eliminados. [...] É importante ressaltar que esses níveis da mente sutil não são teóricos; na verdade, eles são delimitados de maneira bastante precisa com base na experiência real, e merecem a atenção respeitosa de todo aquele que pretenda se basear no método científico empírico".[9]

Certo dia, Francisco me disse que, no que concerne à natureza última da consciência, seria sensato manter a mente aberta, de modo a não cristalizar deliberadamente e de uma vez por todas os limites das diferentes formas de explicação que podem dar conta do que é a consciência.

Nesse espírito de abertura que conservamos ao longo dos nossos calorosos encontros, do nosso diálogo e da nossa profunda amizade, convém, então, deixar essa questão crucial totalmente aberta a futuras explorações, conduzidas, ao mesmo tempo, da perspectiva na terceira e na primeira pessoas.

CONCLUSÃO EM FORMA DE GRATIDÃO

Este livro chega ao fim, fruto de oito anos de discussões que temos a grande alegria de compartilhar com os leitores. Motivados pela curiosidade e por uma amizade recíproca, abordamos alguns problemas fundamentais que tratam da natureza da mente humana. Nossa intenção foi associar nossos saberes específicos e tirar proveito de duas fontes complementares de conhecimento: a perspectiva na primeira pessoa, caracterizada pela introspecção e pela prática contemplativa, e a perspectiva na terceira pessoa, método próprio da neurociência. Desde o começo de nossas conversas, sabíamos que não conseguiríamos fornecer respostas definitivas às questões profundas que a humanidade vem debatendo há milhares de anos. Esperamos, no entanto, ter conseguido elucidar alguns pontos comuns, assim como divergências que subsistem no nível dos nossos respectivos conhecimentos. Gostaríamos de agradecer aos leitores por terem nos acompanhado ao longo desta obra.

Gostaríamos de agradecer também àqueles que bondosamente nos acompanharam ao longo desse périplo. Em primeiro lugar, nossos editores: Ulla Unseld Berkewicz, Nicole Lattès e Guillaume Allary, que nos deixaram livres para conduzir as conversas no nosso ritmo ao longo dos encontros e amadurecer as ideias durante esses oito anos. Esse é um fato raro no mundo editorial, no qual frequentemente o tema de um livro que não existia na véspera de repente se torna um imperativo ao qual é preciso responder sem demora. Somos profundamente gratos aos nossos editores por sua paciência e apoio.

Nossos agradecimentos vão também para todos aqueles que nos receberam por ocasião dos diversos encontros: a Editora Suhrkamp, em Frankfurt, onde as discussões começaram; o retiro de Shechen Pema Osel Ling, diante da majestosa cordilheira do Himalaia, no Nepal, onde ficamos alojados duas vezes; Klaus Hebben, que nos acolheu em seus belos bangalôs do Thanyamundra Jungle Resort, em Khao Sok, na Tailândia.

Agradecemos à Editora Suhrkamp, que transcreveu nossas conversas, realizadas em inglês, que não é nossa língua materna.

Somos especialmente gratos a Janna White, que revisou cuidadosamente a versão em inglês, fazendo correções criteriosas, assim como a Carisse Busquet pela excelente tradução francesa e por todas as sugestões relevantes. Agradecemos a Frédéric Maria pela releitura atenta.

Matthieu agradece em especial a Michel Bitbol, Richard Davidson e Antoine Lutz pelos esclarecimentos prestados a respeito de alguns pontos abordados neste livro. Wolf agradece a sua mulher Francine pela paciência e generosidade de aceitar suas ausências enquanto ele trabalhava no livro.

Um grande número de amigos e pessoas próximas nos acompanharam ao longo desses anos. Fica aqui o nosso agradecimento a eles.

NOTAS

Introdução

1   O Instituto Mind and Life ("Mente e Vida") foi fundado em 1987, ao final de um encontro entre três mentes visionárias: Tenzin Gyatso, Sua Santidade o 14º dalai-lama; Adam Engle, advogado e empresário; e o neurocientista Francisco Varela. O objetivo do instituto é facilitar o diálogo interdisciplinar da ciência ocidental com as ciências humanas e as tradições contemplativas. Com esse propósito, busca-se apoiar e incorporar a visão da primeira pessoa, que se baseia nas experiências de meditação e em outras práticas contemplativas, à metodologia científica tradicional. A influência determinante desse objetivo foi relatada em diversos livros: *Entraîner votre esprit – Transformer votre cerveau*, de Sharon Begley; *Surmonter les émotions destructrices*, de Daniel Goleman; e *The Dalai Lama at MIT*, de Anne Harrington e Arthur Zajonc.

2   Estas conversas foram realizadas em setembro de 2007, em Frankfurt, em dezembro de 2007 e fevereiro de 2014, no Nepal, em novembro de 2010, na Tailândia, e em algumas outras ocasiões, em Hamburgo e em Paris.

Capítulo 1

1   Hurk, P. A. V. den; Janssen, B. H.; Giommi, F.; Barendregt, H. P.; Gielen, S. L. "Mindfulness Meditation Associated with Alterations in

344   Cérebro e meditação

Bottom-up Processing: Psychophysiological Evidence for Reduced Reactivity". *International Journal of Psychophysiology*, v. 78, n. 2, pp. 151-7, 2010.

2   Röder, B.; Teder-Sälejärvi, W.; Sterr, A.; Rössler, F.; Hillyard, S. A.; Neville, H. J. "Improved Auditory Spatial Tuning in Blind Humans". *Nature*, n. 400, pp. 162-6, 1999.

3   Kempermann, G.; Kuhn, H. G.; Gage, F. H. "More Hippocampal Neurons in Adult Mice Living in an Enriched Environment". *Nature*, n. 386, pp. 493-5, 1997.

4   Eriksson, P. S.; Perfilieva, E.; Bjök-Eriksson, T.; Alborn, A. M.; Nordborg, C.; Peterson, D. A.; Gage, F. H. "Neurogenesis in the Adult Human Hippocampus". *Nature Medicine*, v. 4, n. 11, pp. 1313-7, 1998.

5   Eichenbaum, H.; Stewart, C.; Morris, R. G. M. "Hippocampal Representation in Place Learning". *Journal of Neuroscience*, n. 10, pp. 3531-42, 1990.

6   Espinosa, J. S.; Styker, M. P. "Development and Plasticity of the Primary Visual Cortex". *Neuron*, n. 75, pp. 230-49, 2012; Singer, W. "Development and Plasticity of Cortical Processing Architectures". *Science*, n. 270, pp. 758-64, 1995.

7   Praag, H. Van; Schinder, A. F.; Christie, B. R.; Toni, N.; Palmers, T. D.; Gage, F. H. "Functional Neurogenesis in the Adult Hippocampus". *Nature*, n. 415, pp. 1030-4, 2002.

8   Luders, E.; Clark, K.; Narr, K. L.; Toga, A. W. "Enhanced Brain Connectivity in Long-term Meditation Practitioners". *NeuroImage*, v. 57, n. 4, pp. 1308-16, 2011.

9   Lazar, S. W.; Kerr, C. E.; Wasserman, R. H.; Gray, J. R.; Greve, D. N.; Treadway, M. T. *et al.* "Meditation Experience is Associated with Increased Cortical Thickness". *NeuroReport*, v. 16, n. 17, p. 1893, 2005; Hölzel, B. K.; Carmody, J.; Vangel, M.; Congleton, C.; Yerramsetti, S. M.; Gard, T.; Lazar, S. W. "Mindfulness Practice Leads to Increases in Regional Brain Grey Matter Density". *Psychiatry Research: Neuroimaging*, v. 191, n. 1, pp. 36-43, 2011.

10 Fries, P. "A Mechanism for Cognitive Dynamics: Neuronal Communication Through Neuronal Coherence". *Trends in Cognitive Science*, v. 9, n. 10, pp. 474-80, 2005.

11 Lutz, A.; Slagter, H. A.; Rawlings, N. B.; Francis, A. D.; Greishar, L. L.; Davidson, R. J. "Mental Training Enhances Attentional Stabilit: Neural and Behavioral Evidence". *Journal of Neuroscience*, v. 29, n. 42, pp. 13418-27, 2009; MacLean, K. A.; Ferrer, E.; Aichele, S. R.; Bridwell, D. A.; Zanesco,

A. P.; Jacobs, T. L. *et al.* "Intensive Meditation Training Improves Perceptual Discrimination and Sustained Attention". *Psychological Science*, v. 21, n. 6, pp. 829-39, 2010.

12 Brefczynski-Lewis, J. A.; Lutz, A.; Schaefer, H. S.; Levinson, D. B.; Davidson, R. J. "Neural Correlates of Attentional Expertise in Long-term Meditation Practitioners". *Proceedings of the National Academy of Sciences*, v. 104, n. 27, pp. 11483-8, 2007.

13 Ricard, M. *Plaidoyer pour le bonheur.* Paris: NiL Éditions, 2007.

14 Mingyur Rinpoche, Y. *Le Bonheur de la méditation: Les Liens qui libèrent.* Paris: Le Livre de Poche, 2007.

15 Jha, A. P.; Krompinger, J.; Baime, M. J. "Mindfulness Training Modifies Subsystems of Attention". *Cognitive, Affective & Behavioral Neuroscience*, v. 7, n. 2, pp. 109-19, 2007.

16 Lutz, A.; Greischar, L. L.; Rawlings, N. B.; Ricard, M.; Davidson, R. J. "Long-term Meditators Self-induce High Amplitude Gamma Synchrony During Mental Practice". *Proceedings of the National Academy of Science USA*, v. 101, n. 46, pp. 16369-73, 2004.

17 Fries, P. "Neuronal Gamma-band Synchronization as a Fundamental Process in Cortical Computation". *Annual Review of Neuroscience*, n. 32, pp. 209-24, 2009; Lutz, A.; Slagter, H. A.; Dunne, J. D.; Davidson, R. J. "Attention Regulation and Monitoring in Meditation". *Trends in Cognitive Science*, n. 12, pp. 163-9, 2008.

18 Roelfsema, P. R.; Engel, A. K.; König, P.; Singer, W. "Visuomotor Integration is Associated with Zero Time-lag Synchronization Among Cortical Areas". *Nature*, n. 385, pp. 157-61, 1997.

19 Fries, P. "A Mechanism for Cognitive Dynamics: Neuronal Communication Through Neuronal Coherence". *Trends in Cognitive Science*, v. 9, n. 10, pp. 474-80, 2005; Singer, W. "Neuronal Synchrony: A Versatile Code for the Definition of Relations?" *Neuron*, n. 24, pp. 49-65, 1999; Fries, P.; Reynolds, J. H.; Rorie, A. E.; Desimone, R. "Modulation of Oscillatory Neuronal Synchronization by Selective Visual Attention". *Science*, n. 291, pp. 1560-3, 2001; Lima, B.; Singer, W.; Neuenschwander, S. "Gamma Responses Correlate with Temporal Expectation in Monkey Primary Visual Cortex". *Journal of Neuroscience*, v. 31, n. 44, pp. 15919-31, 2011.

20 Fries, P.; Roelfsema, P. R.; Engel, A. K.; König, P.; Singer, W. "Synchronization of Oscillatory Responses in Visual Cortex Correlates with Perception in Interocular Rivalry". *Proceedings of the National Academy of Science USA*, n. 94, pp. 12699-704, 1997; Fries, P.; Schröder, J. H.; Roelfsema, P. R.; Singer, W.; Engel, A. K. "Oscillatory Signal Synchronization in Primary Visual Cortex as a Correlate of Stimulus Selection". *Journal of Neuroscience*, v. 22, n. 9, pp. 3739-54, 2002.

21 Carter, O. L.; Prestl, D. E.; Callistemon, C.; Ungerer, Y.; Liu, G. B.; Pettigrew, J. D. "Meditation Alters Perceptual Rivalry in Tibetan Buddhist Monks". *Current Biology*, v. 15, n. 11, pp. 412-3, 2005.

22 Melloni, L.; Molina, C.; Pena, M.; Torres, D.; Singer, W.; Rodriguez, E. "Synchronization of Neural Activity Across Cortical Areas Correlates with Conscious Perception". *Journal of Neuroscience*, v. 27, n. 11, pp. 2858-65, 2007.

23 Varela, F.; Lachaux, J. P.; Rodriguez, E.; Martinerie, J. "The BrainWeb: Phase Synchronization and Large-scale Integration". *Nature Review Neuroscience*, n. 2, pp. 229-39, 2002.

24 Lazar, S. W.; Kerr, C. E.; Wasserman, R. H.; Gray, R. J.; Greve, D. N.; Treadway, M. T. *et al.* "Meditation Experience is Associated with Increased Cortical Thickness". *NeuroReport*, v. 16, n. 17, pp. 1893-7, 2005.

25 Boyke, J.; Driemeyer, J.; Gaser, C.; Buchel, C.; May, A. "Training Induced Brain Structures Changes in the Elderly". *Journal of Neuroscience*, n. 28, pp. 7031-5, 2008; Karni, A.; Myer, G.; Jezzard, P.; Adams, M. M.; Turner, R.; Ungerleider, L. G. "Functional MRI Evidence for Adult Motor Cortex Plasticity During Motor Skill Learning". *Nature*, n. 377, pp. 155-8, 1995.

26 Dux, P. E.; Marois, R. "The Attentional Blink: A Review of Data and Theory". *Atten Percept Psychophys*, n. 71, pp. 1683-700, 2009; Georgiu-Karistianis, N.; Tang, J.; Vardy, Y.; Sheppard, D.; Evans, N.; Wilson, M. *et al.* "Progressive Age-related Changes in the Attentional Blink Paradigm". *Aging, Neuropsychology, & Cognition*, v. 14, n. 3, pp. 213-26, 2007; Slagter, H. A.; Lutz, A.; Greischar, L. L.; Francis, A. D.; Nieuwenhuis, S.; Davis, J. M.; Davidson, R. J. "Mental Training Affects Distribution of Limited Brain Resources". *PLoS Biology*, v. 5, n. 6, pp. 131-8, 2007; Leeuwen, S. Van; Müller, N. G.; Melloni, L. "Age Effects of Attentional Blink Performance

in Meditation". *Consciousness and Cognition*, n. 18, pp. 593-9, 2009. O estudo do qual Matthieu Ricard participou foi realizado na Universidade de Princeton, no laboratório de Anne Treisman, por Karla Evan. Estudo inédito.

27 Slagter, H.; Lutz, A.; Greischar, A.; Francis, L. L.; Nieuwenhuis, A. D.; Davis, S.; Davis, J. M.; Davidson, R. J. "Mental Training Affects Distribution of Limited Brain Resources". *PLoS Biology*, v. 5, n. 6, p. 138, 2007.

28 Leeuwen, S. Van; Müller, N. G.; Melloni, L. "Age Effects of Attentional Blink Performance in Meditation". *Consciousness and Cognition*, n. 18, pp. 593-9, 2009.

29 Esse estudo-piloto, inédito, foi conduzido por Paul Ekman na Universidade da Califórnia em San Francisco. Ver também o capítulo 8 do livro de Daniel Goleman *Surmonter les émotions destructrices*, Paris: Robert Laffont, 2003.

30 Levenson, R. W.; Ekman, P.; Ricard, M. "Meditation and the Startle Response: A Case Study". *Emotion*, v. 12, n. 3, pp. 650-8, 2012.

31 Wang, G.; Grone, B.; Colas, D.; Appelbaum, L.; Mourrain, P. "Synaptic Plasticity in Sleep: Learning, Homeostasis and Disease". *Trends in Neuroscience*, v. 34, n. 9, pp. 452-63, 2011.

32 Ou seja, na fase de sono profundo e não durante a fase de "sono paradoxal" (REM), que corresponde ao estado de sonho. Ferrarelli, F. *et al.* "Experienced Mindfulness Meditators Exhibit Higher Parietal-occipital EEG Gamma Activity During NREM Sleep". *PloS One*, v. 8, n. 8, p. e73417, 2013.

33 Skaggs, W. E.; MacNaughton, B. L. "Replay of Neuronal Firing Sequences in Rat Hippocampus During Sleep Following Spatial Experience". *Science*, n. 271, pp. 1870-3, 1996.

34 Lutz, A.; Slagter, H. A.; Rawlings, N. B.; Francis, A. D.; Greischar, L. L.; Davidson, R. J. "Mental Training Enhances Attentional Stability: Neural and Behavioral Evidence". *The Journal of Neuroscience*, v. 29, n. 42, pp. 13418-27, 2009.

35 Lutz, A.; Greischar, L. L.; Perlman, D. M.; Davidson, R. J. "Bold Signal in Insula is Differentially Related to Cardiac Function During Compassion Meditation in Experts vs. Novices". *NeuroImage*, v. 47, n. 3, pp. 1038-46, 2009; Lutz, A.; Brefczinski-Lewis, J.; Johnstone, T.; Davidson, R. J. "Regulation of the Neural Circuitry of Emotion by Compassion Meditation: Effects of Meditative Expertise". *PLoS One*, v. 3, n. 3, p. l897, 2008.

348 Cérebro e meditação

36 Outros estudos mostram que lesões na amígdala perturbam o aspecto emocional da empatia, sem afetar seu aspecto cognitivo. Ver Hurlemann, R.; Walter, H.; Rehme, A. K. *et al.* "Human Amygdala Reactivity is Diminished by the B-noradrenergic Antagonist Propranolol". *Psychological Medicine*, n. 40, pp. 1839-48, 2010.

37 Klimecki, O. M.; Leiberg, S.; Ricard, M.; Singer, T. "Differential Pattern of Functional Brain Plasticity After Compassion and Empathy Training". *Social Cognitive and Affective Neuroscience*, v. 9, n. 6, pp. 873-9, 2013.

38 Fredrickson, B. L.; Cohn, M. A.; Coffey, K. A.; Pek, J.; Finkel, S. M. "Open Hearts Build Lives: Positive Emotions, Induced Through Loving-kindness Meditation, Build Consequential Personal Resources". *Journal of Personality and Social Psychology*, v. 95, n. 5, p. 1045, 2008.

39 Botvinick, M.; Nystrom, L. E.; Fissell, K.; Carter, C. S.; Cohen, J. D. "Conflict Monitoring versus Selection-for-action in Anterior Cingulate Cortex". *Nature*, n. 402, pp. 179-81, 1999.

40 Tania Singer é diretora do Departamento de Neurociências Sociais do Instituto Max Planck, em Leipzig. Ela é reconhecida por suas pesquisas sobre a empatia e a compaixão. Matthieu Ricard colabora com essas pesquisas há muitos anos.

41 Kaufman, S. B.; Gregoire, C. *Wired to Create: Unraveling the Mysteries of the Creative Mind.* Nova York: Perigee, 2015.

42 Tammet, D. *Je suis né un jour bleu.* Paris: Les Arènes, 2007.

43 Biederlack, M.; Castelo-Branco, M.; Neuenschwander, S.; Wheeler, D. H.; Singer, W.; Nikolic, D. "Brightness Induction: Rate Enhancement and Neuronal Synchronization as Complementary Codes". *Neuron*, n. 52, pp. 1073-83, 2006.

44 Condon, P.; Desbordes, G.; Miller, W.; DeSteno, D.; M. G. Hospital. "Meditation Increases Compassionate Responses to Suffering". *Psychological Science*, v. 24, n. 10, pp. 2125-7, 2013.

Capítulo 2

1 Kahneman, D. *Système 1 / Système 2: Les deux vitesses de la pensée.* Paris: Flammarion, col. "Essais", 2012.

2 Fredrickson, B. *Love 2.0: Ces Micro-moments d'amour qui vont transformer votre vie*. Paris: Marabout, 2014.

3 Beck, A. T. "Buddhism and Cognitive Therapy". *Cognitive Therapy Today*, The Beck Institute Newsletter, 2005.

Capítulo 3

1 Citado em Pettit, J. W. *The Beacon of Certainty*. Boston: Wisdom Publications, 1999, p. 365.

2 Kaliman, P.; Alvarez-Lopez, M. J.; Costin-Tomas, M.; Rosenkranz, M. A.; Lutz, A.; Davidson, R. J. "Rapid Changes in Histone Deacetylases and Inflammatory Gene Expression in Expert Meditators". *Psychoneuroendocrinology*, n. 40, pp. 97-107, 2014.

3 Boyd, R.; Richerson, P. J. *Not by Genes Alone: How Culture Transformed Evolution*. Chicago: University of Chicago Press, 2004, p. 5.

4 Boyd, R.; Richerson, P. J. "A Simple Dual Inheritance Model of the Conflict Between Social and Biological Evolution". *Zygon*, v. 11, n. 3, pp. 254-62, 1976.

5 Boyd, R.; Richerson, P. J. *Not by Genes Alone: How Culture Transformed Evolution*. Chicago: University of Chicago Press, 2004, p. 5.

6 Nagel, T. "What Is It Like to Be a Bat?". *The Philosophical Review*, v. 83, n. 4, pp. 435-50, 1974.

7 Poincaré, H. *La Valeur de la science*. Paris: Flammarion, 1990.

8 No teste duplo-cego, metade dos pacientes toma um produto ativo, enquanto os outros recebem um placebo. Nem a pessoa que dá o medicamento nem o paciente sabem qual produto foi ministrado.

9 Wallace, B. A. *The Taboo of Subjectivity: Towards a New Science of Consciousness*. Nova York: Oxford University Press, 2000.

10 Ricard, M. *L'Art de la méditation*. Paris: NiL Éditions, 2008.

11 Ricard, M. *Plaidoyer pour l'altruisme*. Paris: NiL Éditions, 2013.

12 Tagore, R. *Les Oiseaux de passage*. Trad. N. Baillargeon. Montreal: Les Éditions du Noroît, 2008.

Capítulo 4

1 Metzinger, T. *Being No One: The Ego-Model Theory of Subjectivity*. Cambridge: MIT Press, 2004; Metzinger, T. *The Ego Tunnel: The Science of the Mind and the Myth of the Ego*. Nova York: Basic Books, 2009.

2 Gilbert, P.; Irons, C. "Focused Therapies and Compassionate Mind Training for Shame and Ego-attacking". In: Gilbert, P. (org.). *Compassion: Conceptualisations, Research and Use in Psychotherapy*. Nova York: Routledge, 2005, pp. 263-325; Neff, K. *Ego-Compassion: Stop Beating Yourself Up and Leave Insecurity Behind*. Nova York: William Morrow, 2011.

3 Campbell, W. K.; Bosson, J. K.; Goheen, T. W.; Lakey, C. E.; Kernis, M. H. "Do Narcissists Dislike Themselves 'Deep Down Inside'?". *Psychological Science*, v. 28, n. 3, pp. 227-9, 2007.

4 Paul Ekman, depoimento pessoal, 2001.

5 Como o neuropsiquiatra David Galin resume claramente, a noção de "pessoa" é mais ampla, um *continuum* dinâmico que se estende pelo tempo incorporando vários aspectos da nossa existência corporal, mental e social. Seus limites são mais fluidos. Pessoa pode se referir a corpo ("*personal fitness*"), pensamentos íntimos ("um sentimento bem pessoal"), personalidade ("uma pessoa legal"), relações sociais ("separar a vida pessoal da vida profissional") ou ao ser humano em geral ("respeito por uma pessoa"). Sua continuidade no tempo nos permite conectar as representações de nós mesmos do passado às projeções que fazemos para o futuro. Ela denota como cada um se diferencia dos outros e reflete nossas características únicas. D. Galin, "The Concepts of 'Self,' 'Person,' and 'I,' in Western Psychology and in Buddhism," in *Buddhism & Science, Breaking New Ground*, ed. B. Alan Wallace. Nova York: Columbia University Press, 2003.

Capítulo 5

1 Haynes, J. D.; Rees, G. "Predicting the Orientations of Invisible Stimuli from Activity in Human Primary Visual Cortex". *Nature Neuroscience*, v. 8, n. 5, pp. 686-91, 2005; Haynes, J. D.; Rees, G. "Predicting the Stream of

Consciousness from Activity in Human Visual Cortex". *Current Biology*, v. 15, n. 14, pp. 1301-7, 2005; Haynes, J. D.; Sakai, K.; Rees, G.; Gilbert, S.; Frith, C.; Passingham, R. E. "Reading Hidden Intentions in the Human Brain". *Current Biology*, v. 17, n. 4, pp. 323-8, 2007; Singer, W. "The Ongoing Search for the Neuronal Correlate of Consciousness". In: Metzinger, T.; Windt, J. M. (orgs.). *Open Mind*, v. 36 (T), Mindgroup, Frankfurt, p. 1630; Singer, W. "Large Scale Temporal Coordination of Cortical Activity as a Prerequisite for Conscious Experience". *Blackwell Companion to Consciousness*, n. 2, 2016.

2 Vohs, K. D.; Schooler, J. W. "The Value of Believing in Free Will: Encouraging a Belief in Determinism Increases Cheating". *Psychological Science*, n. 19, pp. 49-54, 2008.

3 Taylor, C. *Les Sources du moi: La Formation de l'identité moderne*. Paris: Le Seuil, 1998. [Ed. bras.: *As fontes do self: A construção da identidade moderna*. São Paulo: Loyola, 1997.]

4 Varela, F. *Quel savoir pour l'éthique? Action, sagesse et cognition*. Paris: Le Seuil, 2004.

5 Ver, especialmente, McCullough, M. E.; Pargament, K. I.; Thoresen, C. E. *Forgiveness: Theory, Research, and Practice*. Nova York: Guilford Press, 2001; Worthington, E. L. *Forgiveness and Reconciliation: Theory and Application*. Nova York: Routledge, 2013.

6 Ver a autobiografia de Eric Lomax: Lomax, E. *The Railway Man*. Nova York: Vintage, 1996.

7 *Ibid.*, p. 276.

8 A respeito disso, ver a pesquisa realizada por Bruno Philip no *Le Monde* de 6 de novembro de 2015.

9 Ricard, M.; Thuan, T. X. *L'Infini dans la paume de la main: Du Big Bang à l'éveil*. Paris: Fayard/NiL, 2000.

Capítulo 6

1 Para uma explicação detalhada dessas possibilidades, ver Bitbol, M. "Downward Causation without Foundations". *Synthese*, n. 185, pp. 233-55, 2012.

2 Cohen, M. A.; Dennett, D. "Consciousness Cannot Be Separated from Function". *Trends in Cognitive Sciences*, n. 15, pp. 358-63, 2011. Agradeço a Michel Bitbol por ter fornecido essa citação.

3 Dalai Lama. *The Universe in a Single Atom*. Nova York: Morgan Road, 2005, p. 122.

4 Schnakers, C.; Laureys, S. *Coma and Disorders of Consciousness*. Londres: Springer, 2012; Laureys, S. *Un si brillant cerveau*. Paris: Odile Jacob, 2015; Laureys, S.; Owen, A. M.; Schiff, N. D. "Brain Function in Coma, Vegetative State, and Related Disorders". *The Lancet Neurology*, v. 3, n. 9, pp. 537-46, 2004; Owen, A. M.; Coleman, M. R.; Boly, M.; Davis, M. H.; Laureys, S.; Pickard, J. D. "Detecting Awareness in the Vegetative State". *Science*, v. 313, n. 5792, p. 1402, 2006.

5 Stevenson, I. *Twenty Cases Suggestive of Reincarnation*. 2. ed. Charlottesville: University of Virginia Press, 1988.

6 Ver o relatório redigido pelos três homens comissionados por Gandhi: Gupta, L. D.; Sharma, N. R.; Mathur, T. C. *An Inquiry into the Case of Shanti Devi*. Déli: International Aryan League, 1936; e também o artigo de Patrice Van Eersel publicado em *Clés*, n. 22, 1999, resumido nesta obra.

7 Lommel, P. Van; Wees, R. Van; Meyers, V.; Elfferich, I. "Neardeath Experience in Survivors of Cardiac Arrest: A Prospective Study in the Netherlands". *The Lancet*, v. 358, n. 9298, pp. 2039-45, 2001.

8 Picard, F.; Craig, A. D. "Ecstatic Epileptic Seizures: A Potential Window on the Neural Basis for Human Ego-awareness". *Epilepsy and Behavior*, v. 16, n. 3, pp. 539-46, 2009; Picard, F. "State of Belief, Subjective Certainty and Bliss as a Product of Cortical Dysfunction". *Cortex*, v. 49, n. 9, pp. 2494-500, 2013. Varela, F. (org.). *Sleeping, Dreaming, and Dying: An Exploration of Consciousness with the Dalai Lama*. Boston: Wisdom, 1997, pp. 216-7.